Wissenschaftliche Taschenbücher

WTB

Biologie

Paul Hoffmann

Photosynthese

Akademie-Verlag Berlin

WTB Wissenschaftliche Taschenbücher

BIOLOGIE

Eine Auswahl lieferbarer Bände:

Hans Bergner
Tierernährung

J. G. Collee
Angewandte medizinische Mikrobiologie

Helmut Friemel / Josef Brock
Grundlagen der Immunologie

Wolfgang Fritsche
Umwelt-Mikrobiologie
Mikrobiologie des Umweltschutzes und der Umweltgestaltung

Detlef Gröger / Siegfried Johne
Mikrobielle Gewinnung von Arzneistoffen
Pharmazeutische Mikrobiologie

Eberhard Hofmann
Die stofflichen Grundlagen des Lebens
(Dynamische Biochemie, Teil I)

Enzyme und Bioenergetik
(Dynamische Biochemie, Teil II)

Der Stoffwechsel
(Dynamische Biochemie, Teil III)

Zellbiochemie
(Dynamische Biochemie, Teil IV)

Funktionelle Biochemie des Menschen
Band 1 und 2

Lothar Jäger
Grundlagen der klinischen Immunologie

Klaus-Dieter Jentzsch
Regulation des Wachstums und der Zellvermehrung

Manfred Knoke / Hannelore Bernhardt
Mikroökologie des Menschen
Mikroflora bei Gesunden und Kranken

Wolfgang A. Knorre
Pharmakokinetik
Theoretische Grundlagen und praktische Anwendungen

Joachim Nitschmann
Entwicklung bei Mensch und Tier

Peter Nuhn / Hans-Jörg Hofmann
Molekulare Wirkungsmechanismen von Pharmaka
Eine Einführung in die Molekularpharmakologie

Stephan Schnitzler
Pharmakologische Aspekte von Immunreaktionen

Eberhard Teuscher
Pharmakognosie
Teil I—III

Regine Witkowski
Falko H. Herrmann
Einführung in die klinische Genetik

WTB

BAND 158

Paul Hoffmann

Photosynthese

2., bearbeitete Auflage

mit 102 Abbildungen, 12 Tafeln und 39 Tabellen

AKADEMIE-VERLAG BERLIN

Reihe BIOLOGIE

Herausgeber:
Prof. Dr. H. Bochow, Berlin
Prof. Dr. H. Böhme, Gatersleben
Prof. Dr. E. Hofmann, Leipzig
Prof. Dr. J. O. Hüsing, Rerik
Prof. Dr. G. Lerch, Potsdam
Prof. Dr. U. Taubeneck, Jena

Verantwortlicher Herausgeber dieses Bandes:
Prof. Dr. sc. G. Lerch
Potsdam

Verfasser:
Prof. Dr. sc. Paul Hoffmann
Berlin

ISBN 3-05-500322-5
ISSN 0084-0963

1987
Erschienen im Akademie-Verlag Berlin,
DDR - 1086 Berlin, Leipziger Str. 3—4

Lizenznummer: 202 · 100/493/87
Printed in the German Democratic Republic
Gesamtherstellung: VEB Druckhaus „Maxim Gorki", 7400 Altenburg
Lektor: Christiane Grunow
LSV 1314
Bestellnummer: 762 030 3 (7158)
01250

Vorwort

Seit dem Erscheinen der 1. Auflage dieses Taschenbuches 1975 hat sich die Photosyntheseforschung weiter stark entwickelt. Ein Schwerpunkt lag im Bereich der photophysikalischen Primärprozesse, bedingt durch die raschen methodischen Fortschritte in der Ultrakurzzeitspektroskopie. Die Biotechnologie induzierte verstärkte Untersuchungen zur Aufklärung der molekularbiologischen Grundlagen, vor allem der regulativen Wechselbeziehungen zwischen Genom und Plastom sowie zwischen dem plastidischen und nichtplastidischen Stoffwechselkompartiment der Zelle. Die weltweiten Bemühungen um „alternative" Energiequellen und stärkere Berücksichtigung ökologischer Aspekte in der technischen und gesellschaftlichen Entwicklung förderten die Physiologie ebenso wie die Analyse der energie- und stoffwandelnden Strukturen und Teilprozesse der Photosynthese.

Dem bewährten Prinzip dieser Taschenbuchreihe folgend wurde versucht, die gewachsenen Einsichten in die Photosynthese als den globalen, das Leben energetisch tragenden Prozeß anhand neuer Schemata und Tabellen zu veranschaulichen. Alle Abschnitte wurden aktualisiert, einige Kapitel zu den photophysikalischen und photochemischen Primärvorgängen neu geschrieben und das Buch um die Abschnitte „Photosynthese als photonengetriebener Wasserstoffgenerator im kosmischen Entropiefluß" und „Biotechnologische Ansätze zur Optimierung der photosynthetischen Energieumwandlung und zum künstlichen Nachvollzug der Photosynthese" erweitert.

Allen Kolleginnen und Kollegen, die zu dieser Neuauflage beigetragen haben, bin ich zu großem Dank verbunden. Dem Akademie-Verlag, insbesondere der Lektorin dieses Bandes, Frau Christiane Grunow, danke ich für die so kollegiale Zusammenarbeit und hilfreiche Unterstützung bei der Herausgabe dieser 2. Auflage.

Berlin, 25. 4. 1986 Paul Hoffmann

Inhaltsverzeichnis

Verwendete Abkürzungen

ABA — Abscisinsäure
ALS — δ-Aminolaevulinsäure
AS — Antennensystem

BChl — Bakteriochlorophyll
BPhae — Bakteriophaeophytin
BR — Bakteriorhodopsin

CAM — Säurestoffwechsel (crassulaceae acid metabolism)
Car — Carotenoide
Chl — Chlorophyll
Chl(id) — Chlorophyll(id)
Cyt — Cytochrom

DAD — Diaminodurol
DCPIP — 2,6-Dichlorphenolindophenol
DHAP — Dihydroxyacetonphosphat

FAR — „Photosynthetic active radiation"
Fd — Ferredoxin
FM — Frischmasse

GA — Gibberellinsäure
GAP — Glycerinaldehyd-3-phosphat

LAI — Leaf area index
LHC — light harvesting complex

NAR — Netto assimilation rate

Pa — anorganisches Phosphat
PC — Plastocyanin
PChl — Protochlorophyll
PChl(id) — Protochlorophyllid
PGS — 3-Phosphoglycerat
PMS — Phenazinmethosulfat
PP — Photophosphorylierung
PPK — Pigment-Protein-Komplex

PQ	– Plastochinon
PQH_2	– Reduziertes Plastochinon
PS	– Photosynthese
PS I	– Photosystem I
PS II	– Photosystem II
PSE	– Photosynthetische Einheit
RuBPCO	– Ribulose-Bisphosphat-Carboxylase-Oxygenase
RZ	– Reaktionszentrum
TCC	– Tricarbonsäurezyklus
TM	– Trockenmasse
Vit.	– Vitamin

1. Einführung

Unter Ausnutzung von nur 0,11 Prozent der gesamten auf die Erdoberfläche eingestrahlten Sonnenenergie vermögen nach überschlägigen Berechnungen die photoautotrophen Pflanzen in den Weltmeeren ($3{,}6 \times 10^8$ km^2) jährlich 20 bis $30 \cdot 10^{12}$ kg Kohlenstoff in organische Substanz zu überführen, während die Landpflanzen (auf $1{,}5 \times 10^8$ km^2) jährlich ca. 45 bis $55 \cdot 10^{12}$ kg Kohlenstoff fixieren. Für 1955 wurde die industrielle Ausnutzung aller zugänglichen Energieformen auf der Erde dagegen nur auf $3{,}4 \times 10^{12}$ kg Kohlenäquivalente berechnet. Es ist allgemein bekannt, daß dieser organisch gebundene Kohlenstoff in vielschichtiger Weise wieder in den Stoffkreislauf der Natur einbezogen wird (Abb. 1).

Weniger beachtet wird jedoch, daß mit diesen gewaltigen Umsetzungen eine nicht minder bedeutsame Freisetzung von Sauerstoff verbunden ist; man rechnet mit einer Jahresproduktion von etwa 10^{11} Tonnen. Aus der photosynthetischen O_2-Produktion sowie dessen Verbrauch durch Atmungs- und Gärungsprozesse (sowie abiogene Spaltungen von Wasserdampf und CO_2 durch ultraviolette Strahlen bzw. Oxidation von Mineralien) hat sich in ungefähr drei Milliarden Jahren ein Gleichgewicht ausgebildet, auf Grund dessen etwa 20% der Atmosphäre ($\approx 10^{15}$ t) aus O_2 bestehen. Dies ergäbe für eine Erdbevölkerung von 5 Milliarden Menschen ca. 200000 t O_2 pro Kopf. Dazu kommen aber noch 4×10^{12} t O_2, die in der Hydrosphäre, insbesondere im Meerwasser, gelöst sind (die jährliche O_2-Produktion des Phytoplanktons wird auf 40 Milliarden Tonnen geschätzt). In diesem Gleichgewicht hat zunächst die Tätigkeit der Menschen im Verhältnis zu den „natürlichen Großverbrauchern" kaum eine Rolle gespielt. Noch im Jahre 1860 betrug der O_2-Verbrauch der Industrie nur 0,6% derjenigen Menge, die jährlich auf biologischem Wege produziert wurde. Dieser Anteil hat sich im Verlauf von 90 Jahren nahezu verzehnfacht (~ 5%), und man stellt z. Z. bereits ein jährliches Sauerstoffdefizit von 10 Milliarden Tonnen fest. In entsprechender Weise sind steigende Volumenanteile an CO_2 in der Atmosphäre zu registrieren (jährliche Zunahme um 1,5‰ vom derzeitigen „Grundwert“ 330 ppm).

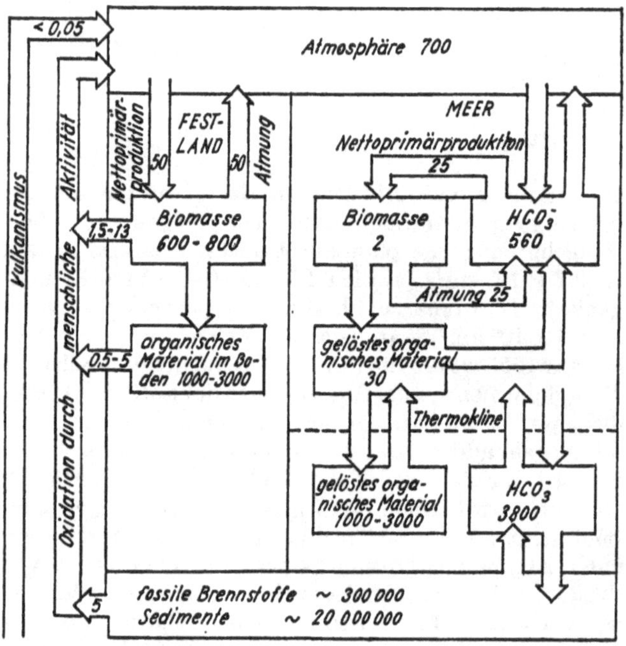

Abb. 1. Der CO_2-Kreislauf in der Natur unter Berücksichtigung der wichtigsten beteiligten Faktoren (aus BORRISS u. LIBBERT 1984).
(Die Werte bedeuten 10^{15} g C = Milliarden Tonnen Kohlenstoff).

Die überragenden Energiequellen stellen (mit 97%) die natürlichen fossilen Brennstoffe (wie Öl, Kohle, Erdgas) dar (Abb. 2). Die gesamte Menge der bekannten unterirdischen fossilen Energieträger, die noch nicht bekannten fossilen Energieträger eingeschlossen, ist nicht größer als die z. Z. auf der Erdoberfläche, meist in Form von Wäldern, stehende Biomasse. Kalkuliert man dafür das 10fache, käme dies der photosynthetischen Produktivität von 100 Jahren gleich. Andererseits repräsentiert die in der stehenden Biomasse gespeicherte CO_2-Menge etwa die Summe des atmosphärischen CO_2 und des in den Oberflächenschichten der Ozeane enthaltenen.

Die grünen Pflanzen liefern auch für die nächste Zukunft die organischen Verbindungen, welche die Grundlage zur Aufrechterhaltung des Bau- und Energiestoffwechsels aller Lebewesen und nicht zuletzt die Ernährungsgrundlage für die so gewaltig zunehmende Weltbevölkerung bilden (Abb. 3). Dabei ist bemerkenswert,

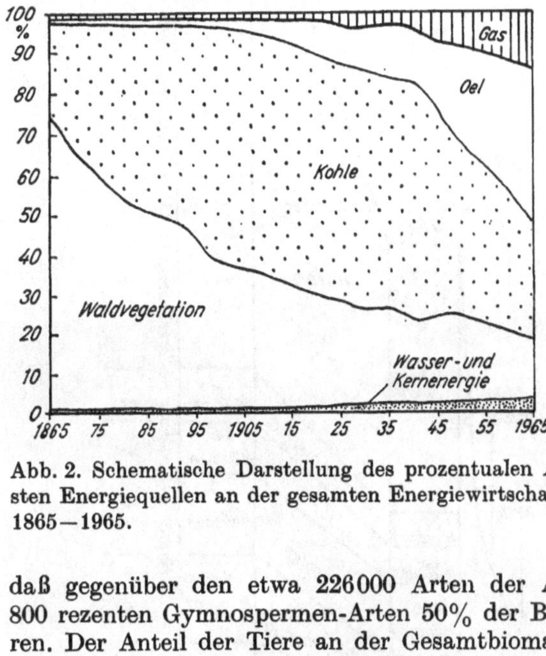

Abb. 2. Schematische Darstellung des prozentualen Anteils der wichtigsten Energiequellen an der gesamten Energiewirtschaft auf der Erde von 1865—1965.

daß gegenüber den etwa 226000 Arten der Angiospermen die 800 rezenten Gymnospermen-Arten 50% der Biomasse produzieren. Der Anteil der Tiere an der Gesamtbiomasse auf der Erde beträgt nur ca. 0,01%, von der wiederum 80% auf die Gewässer entfallen.

Wenn auch heute die vollständige chemische Synthese von „hochwertigen“ organischen Verbindungen möglich ist, bleiben trotzdem aus ökonomischen und energetischen Gründen die die Sonnenenergie ausnutzenden autotrophen Pflanzen die Hauptproduzenten. Allein die Landpflanzen speichern über die Photosynthese jährlich 2×10^{18} kJ in Form von Kohlenhydraten. Unter der Voraussetzung, daß nur 1,0% dieser Energie für die menschliche Ernährung nutzbar gemacht wird ($2{,}4 \times 10^{16}$ kJ), könnten heute schon 5 Milliarden Menschen mit Nahrungsenergie ausreichend

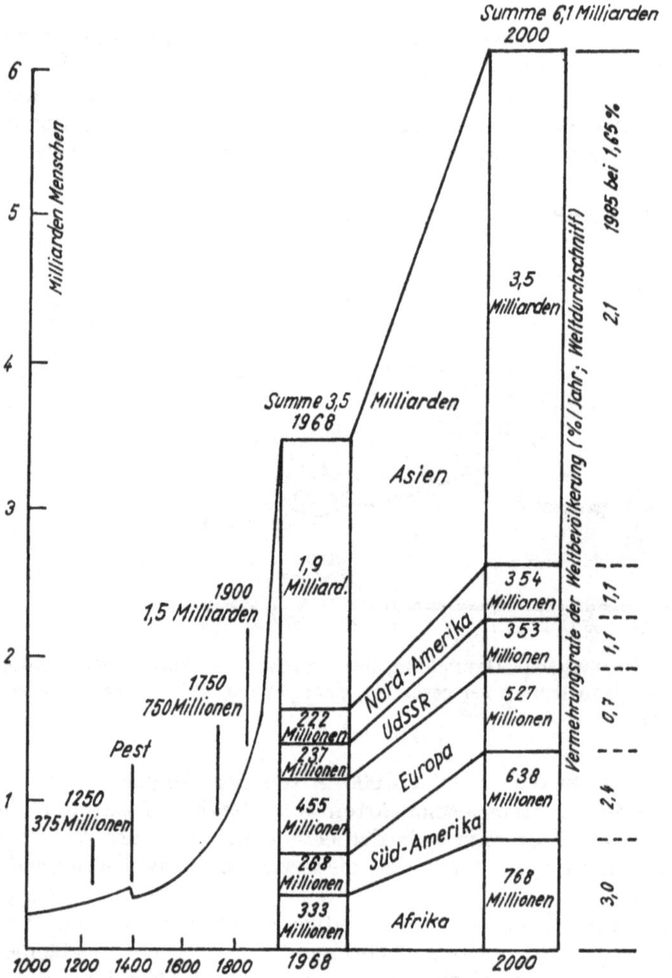

Abb. 3. Schematische Darstellung des Wachstums der Weltbevölkerung (nach Mc Hale 1971).

versorgt werden (durchschnittlicher Bedarf eines Menschen im Jahr etwa $4 \cdot 10^6$ kJ).

Damit sollen jedoch die vielfältigen Probleme nicht übersehen werden, die sich aus der gegenwärtigen Weltbevölkerungsentwicklung ergeben (Verdopplung der Bevölkerung in etwa 30 Jahren von 3,782 Milliarden Menschen 1972 auf 7 Milliarden 2007, Verdopplung des Energieverbrauchs bereits in 10 Jahren). Die Sicherung des Wasserreservoirs wie die rationelle Nutzung der Rohstoffversorgung und die Erhaltung einer gesunden Umwelt erfordern in gleicher Weise hohe Anstrengungen der gesamten Menschheit. Mit den rasch zunehmenden technischen Möglichkeiten des Menschen, gravierend in den Haushalt der Natur einzugreifen, erhöht sich in entscheidendem Maße die Verantwortung des Wissenschaftlers.

Die Photosyntheseforschung hat somit neben der erkenntnistheoretischen vor allem auch eine sehr praxisbezogene Bedeutung. Sie ist heute zu einer der umgangreichsten Spezialdisziplinen innerhalb der Biologie geworden, in der sich allgemeine Botaniker mit Ökologen und Physiologen, mit Biochemikern und Biophysikern in Forschungskollektiven zu fruchtbarer Arbeit vereint haben. Die Aufgabenstellungen sind durch die zentralen Erfordernisse der Praxis — Sicherung einer quantitativ und qualitativ ausreichenden Ernährung für die ständig zunehmende Weltbevölkerung in allen Ländern und Erhaltung der Ökosysteme in einer für produktionsbiologische und gesellschaftliche Belange optimalen Struktur — gegeben. Dabei zeichnen sich zwei Hauptforschungsrichtungen ab. Die eine hat zum Ziel, den Mechanismus der Photosynthese in künstlichen „Halbleiter-Systemen" über elektro-chemische Reaktionen von optisch erregbaren Farbstoffen nachzuvollziehen. Über erste Schritte auf diesem Wege ist bereits berichtet worden.

Der zweite, gegenwärtig noch dominierende Forschungsschwerpunkt, ist darauf gerichtet, unter Berücksichtigung der physiologisch-genetischen Grundlagen und gezielter agrotechnischer Maßnahmen das Leistungspotential unserer Kulturpflanzen voll auszuschöpfen, Formen mit höherer Effektivität zu entwickeln, sowie neue Quellen für die Stoffproduktion zu erschließen. Während die physiologischen Probleme der Stoffproduktion und Ertragsbildung in den folgenden Kapiteln noch verschiedentlich Berücksichtigung finden, soll hier in Kürze nur auf die letztgenannten Problemstellungen verwiesen werden.

In diesem Zusammenhang kommt der stärkeren Nutzung der Primärproduktion des Meeres besondere Bedeutung zu; z. Z. werden nur etwa 0,02 der Biomasse des Meeres, vorrangig durch Erträge der Fischerei, genutzt, obwohl bereits breite Ansätze zur Verwertung von Makro- und Mikroalgen vorliegen. So nahmen z. B. beim durchschnittlichen täglichen Nahrungsmittelverbrauch eines Japaners bereits 1961 die Meeresalgen mit 90 g die 4. Stelle ein. Wenn jedoch im Jahre 2000 die Menschheit etwa 1/5 des für die Ernährung benötigten Eiweißes aus dem Meer gewinnen soll, werden besonders die niedrigen Glieder der Nahrungskette eine Rolle spielen müssen (bei gleicher Biomasseproduktion entspricht 1 kg Thunfisch 100 kg Zooplankton).

Nicht weniger bedeutsam ist die Funktion des Waldes. Er verkörpert mit rund 2 Milliarden ha $^1/_7$ der Landfläche der Erde. Auf vielen Gebieten kommen ihm Schutzfunktionen zu, die seine Erhaltung erfordern (Wasser-, Boden-, Klima-, Imissionsschutz, Naturschutz, Erholung u. a.). Die Verbindung dieser vielfältigen Belange mit stärkeren Nutzungsmöglichkeiten ist eine der perspektivischen Aufgaben in der Forstwirtschaft.

Kaum überschaubar sind bisher alle Probleme, die sich aus der Weltraumforschung auch für die Photosynthese ergeben. Bedeutsam sind die diesbezüglichen Arbeiten zur Realisierung des Einsatzes von Pflanzen in geschlossenen Systemen im Kosmos zur Aufrechterhaltung des biologischen Gleichgewichtes unter Ausnutzung der Strahlungsenergie sowie zur Versorgung der Raumfahrer mit vitaminreicher Frischkost.

Die täglich wachsenden Aufgaben und technischen Möglichkeiten erfordern in immer stärkeren Maße Einsichten in die Primärprozesse der Photosynthese und deren wechselseitige Abhängigkeit auf den verschiedenen Systemebenen als Voraussetzung für eine effektive Nutzung und Steuerung. Das vorliegende Taschenbuch versucht unter diesem Aspekt einen Überblick über den gegenwärtigen Stand unseres Wissens über die Photosynthese zu geben und den Gesamtprozeß als energetische Basis des Lebens in den kosmischen Entropiefluß einzuordnen.

2. Geschichte der Photosyntheseforschung

Es ist erstaunlich, daß bei der fundamentalen Bedeutung der photosynthetischen CO_2-Assimilation für die Existenz des Lebens auf der Erde die Analyse dieses Vorganges erst in den letzten Jahrzehnten unseres Jahrhunderts allgemein gültige Einsichten brachte. Praktische Pflanzenkultur wird aber schon seit etwa 10000 Jahren betrieben.

Nach den uns überlieferten Vorstellungen über die Ernährung und Produktion der Pflanzen von Aristoteles (384—322 v. u. Z.) und seinem Schüler Theophrastus (372—286 v. u. Z.) diente der Boden als ausschließliche Nährstoffquelle. Diese Theorie war über Jahrhunderte bestimmend. Sie wurde nur durch Malpighi (1628 bis 1694) dahingehend erweitert, daß er den Blättern eine Beteiligung bei der Umwandlung der durch die Wurzeln aufgenommenen Stoffe zuschrieb.

Es wäre reizvoll, den Weg der Entdeckungsgeschichte der Photosynthese und ihrer Teilprozesse anhand der klassischen Versuche und deren Interpretationen durch die jeweiligen Experimentatoren darzustellen. Hier ist es jedoch nur möglich, in einer zusammenfassenden tabellarischen Übersicht die wesentlichsten Stationen widerzuspiegeln (Tab. 1).

Während 300 Jahren wurden somit jene Bausteine zusammengetragen, die eine erste allgemeine Übersicht über diesen bedeutungsvollen chemischen Vorgang auf unserem Planeten erlaubten. Aber erst der technische Fortschritt unserer Zeit ermöglichte mit der Einbeziehung immer besserer und exakterer quantitativer Methoden in die Photosyntheseforschung eine tiefergehende Analyse. Die stürmische Entwicklung der Nachbardisziplinen war eine weitere Voraussetzung. Die Fülle der Einzelergebnisse hat neue Betrachtungsebenen erschlossen und zu generalisierenden Schlußfolgerungen geführt. Die intensive Forschungsarbeit hat uns aber auch eine nahezu ebensogroße Zahl neuer Probleme auferlegt. Auch die Photosyntheseforschung befindet sich noch im vollen Fluß. Es kann daher nur versucht werden, unseren gegenwärtigen Wissensstand über dieses attraktive Kapitel der Pflanzenphysiologie zusammenzufassen. Im vorgegebenen Rahmen war dabei weder eine Vollständigkeit anzustreben noch zu erreichen.

3. Biogenese des Photosyntheseapparates

Als Biogenese des photosynthetischen Apparates fassen wir diejenigen Prozesse zusammen, die zum Aufbau der für die photoautotrophen Pflanzen charakteristischen Mg-Porphyrine aus Bausteinen des pflanzlichen Stoffwechsels sowie zu ihrer geordneten Einlagerung in die spezifischen Trägersubstanzen innerhalb der lebenden Zelle führen. Die Gesamtheit dieser Vorgänge, die von den ver-

Tabelle 1
Historischer Überblick über die Entwicklung der Photosyntheseforschung

1. Frühgeschichte der Pflanzenernährung		
1577–1644	van Helmont	stellt im Gegensatz zu Aristoteles im klassischen „Weidenversuch" fest, daß die Pflanze nicht den Boden, sondern nur das Wasser zum Aufbau ihres Körpers benötigt.
1699	J. Woodward	Pfefferminzsprosse wuchsen im Drainagewasser mit Erde besser als im Regenwasser allein.
1761	J. G. Wallerius	faßte die Diskussion um die Bedeutung des Bodens zusammen, gilt als Begründer der Humustheorie.
1677–1761	S. Hales	Der „Vater der Pflanzenphysiologie" gab erste Hinweise auf die Bedeutung des Lichtes und der Luft als Nährstoffquelle für die Blätter (1727).
1731	Jethro Tull	gab eine erste vollständige Liste der zum Pflanzenwachstum notwendigen Faktoren (nitre, water, air, fire, earth).
2. Entdeckung der Photosynthese		
1733–1804 (1776)	Joseph Priestley	Entdecker des Sauerstoffs („dephlogisticated air"). Er beobachtete, daß Pflanzen die durch tierischem Atem oder brennende Kerzen „verdorbene" Luft wieder verbessern (Mäuse überlebten in einem abgeschlossenen Zylinder mit Minzestengeln, starben aber ohne diese).
1730–1799 (1779)	Jan Ingen-Housz	Er erkannte – in Erweiterung der Versuche Priestleys –, daß das Sonnenlicht und der grüne Pflanzenfarbstoff unentbehrlich sind; O_2- und CO_2-Austausch beschrieben.
1742–1800 (1782)	Jean Senebier	Die rote Strahlung ist wirkungsvoller. Im Licht verbrauchen die Pflanzen CO_2. Weitere Einsichten in den Mechanismus wurden durch unproduktive Kompetenzstreitigkeiten zwischen den drei „Pionieren" verzögert.

(Tabelle 1 Fortsetzung)

1767–1845 (1804)	Nicolas THEODORE	gab eine erste quantitative Darstellung des Quotienten O_2/CO_2 bei krautigen Pflanzen und Sukkulenten, betonte die Rolle des Wassers, negierte aber das Chlorophyll (denn eine anthocyanhaltige rote Varietät von *Atriplex hortensis* zersetzte ebenfalls das CO_2).
1814–1878 (1842)	Julius Robert MAYER	formuliert das grundlegende Gesetz von der Umwandlung der Energie: „Die Pflanzen nehmen eine Kraft, das Licht, auf und bringen eine Kraft hervor: die chemische Differenz. Das Gesetz des logischen Grundes nötigt den Naturforscher, die Leistung mit dem Aufwande in Kausalzusammenhang zu bringen. Dieser Aufwand oder die Lichtaufnahme ist, wie wir seit SAUSSURE wissen, das notwendige Erfordernis zu einer Leistung, zur Reduktion".

3. Die Geschichte der Photosynthese vom 19. bis zur Mitte des 20. Jahrhunderts

3.1. Das Chlorophyll

1817	F. PELLETIER u. J. B. CAVENTOU	prägten den Begriff „Chlorophyll", nachdem bereits GREW (1682) die Blattpigmente als grüne Präzipitate (Chloroplasten?) beobachtet hatte.
1838	J. BERZELIUS	Chlorophyll im Extrakt.
1864	G. G. STOKES	unterscheidet – in Fortsetzung der Arbeiten von FREMY (1860) – zwischen 2 grünen und 2 gelben Pigmentformen sowie einem Chlorophyll c.
1873	H. C. SORBY	charakterisiert durch die Absorptionsspektren bereits ein blaugrünes sowie ein gelbgrünes Chlorophyll, bei Blaualgen ein Chlorofucin und 2 Xanthophylle aus Pflanzen verschiedener systematischer Gruppen
1913	R. WILLSTÄTTER u. A. STOLL	vertiefen die eigentliche Chemie des Chlorophylls, insbesondere hinsichtlich seiner Abbauformen, und ermitteln empirisch die Summenformel von Chlorophyll a, b und Xanthophyll. Entdek-

(Tabelle 1 Fortsetzung)

		kung der Chlorophyllase. Darüber hinaus stammen die wohl umfangreichsten vergleichenden Untersuchungen zur Physiologie der Photosynthese von ihnen.
1906	M. Tswett	Säulenchromatographische Trennung der Chlorophylle.
1939	H. Fischer	Aufstellung der Konstitutionsformel des Chlorophylls.
1960	R. B. Woodward	Bestätigung der Konstitutionsformel durch die Totalsynthese des Chlorophylls.
3.2. Die Chloroplasten		
1837	H. v. Mohl	beschrieb erstmals Chloroplasten und darin enthaltene Stärkekörner, aber erst
1862	J. v. Sachs	schlußfolgerte, daß Stärke in den Chloroplasten im Ergebnis der Assimilation entsteht (Jodprobe).
1864	T. B. Boussingault	In etiolierten Blättern beginnt die O_2-Freisetzung erst, wenn die Plastiden Chlorophyll enthalten.
1883	A. Meyer	beschreibt und benennt die Grana, deren generelle Existenz von Stiles noch 1925 bestritten wurde.
1883	A. F. W. Schimper	prägt den Begriff Plastiden; er diskutiert sie erstmals als mögliche Endosymbionten.
1936	E. Heitz	Wiederentdeckung der Grana.
1940	G. A. Kausche u. H. Ruska	Erste elektronenmikroskopische Aufnahmen der Chloroplasten.
1954	D. I. Arnon M. B. Allen u. F. R. Whatley	zeigen, daß auch der isolierte Chloroplast den gesamten Photosyntheseprozeß ausführen kann (Hillreaktion, ^{14}C-Fixierung, zyklische und nichtzyklische Photophosphorylierung).

4. Zur Entwicklung der Physiologie der Photosynthese

(Hier wird insbesondere auf die Lichtwirkung und die CO_2-Absorption eingegangen. Für die weiteren Faktoren werden die historischen Aspekte in den einschlägigen Kapiteln mit berücksichtigt, zumal sie oft erst in den letzten Jahren intensiver untersucht wurden.)

(Tabelle 1 Fortsetzung)

4.1. Das Licht

1836	C. DAUBENY	Die Assimilation ist der Lichtintensität proportional.
1882	T. W. ENGELMANN	erhielt aus seinen Experimenten über die relative Verteilung von aerophilen Bakterien an einem belichteten *Spirogyra*-Faden das erste Aktionsspektrum der Photosynthese (Maxima im roten und blauen Bereich). Bezug zwischen O_2-Ausscheidung und Chloroplasten belegt.
1900	K. A. TIMIRJASEW	beschrieb die energetische Rolle des Lichtes bei der Photosynthese. Die in der Pflanze gespeicherte Energie ist niemals größer als die des aufgenommenen Lichtes.
1905	F. F. BLACKMAN u. G. L. C. MATTHAEI	Die Größe der Lichtausnutzung von *Helianthus*-Blättern hängt von der jeweiligen CO_2-Zufuhr ab.
1905	H. T. BROWN u. F. ESCOMBE	Einführung der intermittierenden Belichtung in die Photosyntheseforschung.
1923	O. WARBURG u. E. NEGELEIN	studierten die Quantenbeziehungen und erhielten bei einer *Chlorella*-Suspension folgende relative Photosynthesewerte: blau — 88; grün — 93; gelb-grün — 100; rot — 100.
1937	V. M. ALBERS u. H. V. KNORR	Erste Einsichten über den Zustand des Chlorophylls in vivo.
1940	E. K. GABRIELSEN	Laubblätter von Sonnenpflanzen haben ein Assimilationsmaximum bei 30000 Lux (ca. 30% des vollen Sonnenlichtes), bei größeren CO_2-Mengen werden höhere Beleuchtungsstärken ausgenutzt.

4.2. CO_2-Absorption

1868	J. B. BOUSSINGAULT	Das CO_2 gelangt über die Stomata in das Blatt. Entsprechendes postulierten bereits SENEBIER und DE SAUSSURE. Bekannt geworden waren die Spaltöffnungen jedoch schon durch MALPIGHI und HALES (Transpiration).

(Tabelle 1 Fortsetzung)

1900	H. T. Brown u. F. Escomb	publizierten die klassische Arbeit über die Diffusion durch multiperforate Membranen. Ein Blatt von *Catalpa bignonioides* absorbierte mit 1% Stomataareal die Hälfte der CO_2-Menge einer Kaliumhydroxid-Lösung mit einer dem Gesamtblatt entsprechenden Oberfläche.
1914	V. S. Iljin	Stomatabewegungen mit Zucker-Stärkeumwandlungen verbunden.
1932	G. W. Scarth	Enzyme dieser Umwandlung wirken pH-abhängig, korreliert mit der Photosynthese der Schließzellenchloroplasten.

4.3. Der Photosynthese-Mechanismus

1815	B. Heyne	Mit der Feststellung, daß *Bryophyllum*-Blätter mit zunehmender Sonnenscheindauer am Tage weniger sauer schmecken, dagegen stärker ansäuern im Verlaufe der Nacht, gibt er erste Hinweise auf die besondere Form der Crassulaceen-Photosynthese.
1843	J. v. Liebig	Säurehypothese; danach sind die organischen Säuren Zwischenglieder bei der Überführung des CO_2 in Zucker.
1870	A. Baeyer	postuliert die Bildung von Formaldehyd als erstes Zwischenprodukt der CO_2-Assimilation: $CO + H_2 \rightarrow COH_2$.
1918	R. Willstätter u. A. Stoll	Publizieren umfassende vergleichende Untersuchungen zur Physiologie der Photosynthese: — Es besteht keine direkte Beziehung zwischen Chlorophyllgehalt und Photosyntheseintensität — Der Assimilationsquotient $CO_2/O_2 = 1$ — Mechanismus ebenfalls über Formaldehyd unter Einbeziehung des Chlorophylls diskutiert.
1922	O. Warburg u. E. Negelein	4—5 Quanten über 3 Chlorophyllmoleküle zur Reduktion von 1 Molekül CO_2 notwendig; 1-Quanten-Hypothese entwickelt 1950 (aus anderen Laboratorien später andere Zahlen publiziert (8).

(Tabelle 1 Fortsetzung)

1932	R. EMERSON u. W. ARNOLD	schließen aus Versuchen mit intermittierender Bestrahlung auf die Chlorophylleinheit (photosynthetische Einheit) als strukturelle Größe
1939	R. HILL	beweist die Photolyse des Wassers über die O_2-Freisetzung durch isolierte Chloroplasten von *Stellaria media* im Licht in Gegenwart geeigneter H-Akzeptoren (Ferri-Oxalat) ohne Beteiligung von CO_2 (Hill-Reaktion). O_2-Messung durch Überführung von Hämoglobin in Oxyhämoglobin.
1939	S. RUBEN W. HASSID u. M. D. KAMEN	experimentieren mit $^{14}CO_2$ und beschreiben eine niedermolekulare, stabile Verbindung als Assimilationsprodukt, die später als Phosphoglycerinsäure identifiziert wird.
1931	C. B. VAN NIEL	beschreibt auf Grund seiner vergleichenden Untersuchungen mit Schwefelbakterien verschiedene Assimilationsprozesse als Hydrierungsvorgänge.
1941	F. LIPMANN	postuliert die Beteiligung energiereicher Phosphatverbindungen bei der Photosynthese.
1951	R. HILL	beschreibt als erster das Vorkommen von Cytochromen (Cyt b_6; Cyt f) in Chloroplasten
1954	K. LOHMANN	Entdeckung des ATP
1956	M. CALVIN	klärt den Weg des Kohlenstoffs (Calvinzyklus, 1961 Nobelpreis für Chemie).
1957	R. EMERSON	gibt mit der Erklärung des „red drop" der Aktionsspektren durch den Enhancement-Effekt die experimentelle Grundlage für die Entwicklung der Konzeption von zwei Photosystemen.
1958	A. SAN PIETRO u. H. M. LANG	Beschreibung der photosynthetischen Pyridin-Nucleotid-Reduktase
1959	D. I. ARNON	unterscheidet zwischen zyklischer und nichtzyklischer Photophosphorylierung.

(Tabelle 1 Fortsetzung)

1960	R. Hill u. F. Bendall	stellen das Schema des Elektronentransportes („Zick-Zack-Schema") im Potentialgradienten auf.
1961	P. Mitchell	entwickelt die Chemiosmotische Theorie der Phosphorylierung.
1962	I. K. Tagawa u. D. I. Arnon sowie Mortensen u. Mitarbeiter	Entdeckung des Ferredoxins.
1966	M. D. Hatch u. C. R. Slack	finden den C_4-Dicarbonsäureweg.

schiedensten inneren und äußeren Bedingungen beeinflußt werden, führt zum Ergrünen des Organismus. Damit erst erlangt die Pflanze die für sie und alles Leben auf der Erde so entscheidende Fähigkeit zur Photosynthese.

Die vergleichende Biochemie hat gezeigt, daß sich im Verlauf der Evolution bei den Pflanzen unterschiedlicher systematischer Gruppen und verschiedener Ökotypen durchaus unterschiedliche Photosynthesesysteme herausgebildet haben. Am meisten verbreitet ist jedoch der in den linsenförmigen Chloroplasten der höheren Pflanzen realisierte Photosyntheseapparat. Seine Biogenese soll daher zunächst ausführlich beschrieben werden, wobei aus didaktischen Gründen zwischen der Biosynthese der Pigmente und der Strukturbildung bei der Chloroplastenentwicklung unterschieden wird. Weitere Photosynthesesysteme erfahren in gesonderten Kapiteln ihre Berücksichtigung (8).

3.1. Biogenese und Chemie der Pigmente

3.1.1. Chlorophylle

Die Chlorophylle (Chl) stellen die wichtigsten Photosynthesepigmente dar. Bisher sind 5 chemisch verschiedene Chl-Formen bekannt geworden. Aber nur das Chlorophyll a bildet bei den höheren Pflanzen die Voraussetzung für die Fähigkeit zur Photosynthese. Es gibt wohl eine Reihe von Mutanten, denen das Chlorophyll b fehlt, es ist jedoch noch keine photosynthetisch aktive höhere Pflanze gefunden worden, die kein Chlorophyll a enthielt.

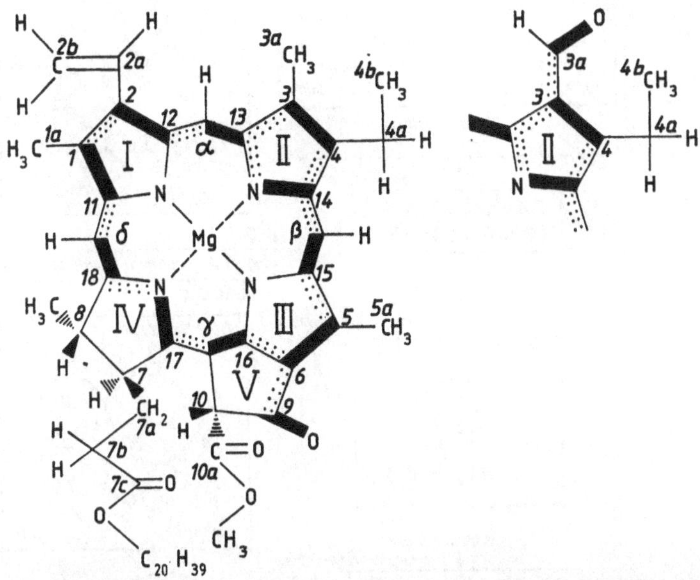

Abb. 4. Strukturformel von Chlorophyll a mit Kohlenstoff-Nomenklatur. Chl a ist die Trivialbezeichnung des Mg-Komplexsalzes des 1,3,5,8-Tetramethyl-4-äthyl-2-vinyl-9-oxo-10-carbmethoxyporphin-7-Propionsäurephytylesters.

Die Chlorophylle sind magnesiumhaltige Tetrapyrrolfarbstoffe; vier Pyrrolringe sind durch Methin-Brücken miteinander verknüpft und mit dem aliphatischen Alkohol Phytol (sowie Methanol) verestert (Abb. 4).

Die von H. FISCHER (1939) angegebene Konstitutionsformel fand durch die Totalsynthese des Chl a, die zwei unabhängig voneinander arbeitenden Forschungsgruppen fast gleichzeitig gelang, eine endgültige Bestätigung.

Wesentliche Erkenntnisse über die Biosynthese der Chlorophylle in der Pflanze wurden vor allem durch die Einführung neuer Untersuchungsmethoden gewonnen: durch die Anwendung von Isotopen (^{14}C; ^{15}N) und das vergleichende Studium biochemisch gekennzeichneter Mutanten. Diese und weiterführende Untersuchungen zeigten, daß die chemisch nahe verwandten Cytochrome, Blut- und Blattfarbstoffe von den einfachen Bausteinen bis zu den Tetrapyrrolkörpern einen gemeinsamen Syntheseweg besitzen (Aufklärung an Chlorella-Mutanten durch GRANICK; an Purpur-

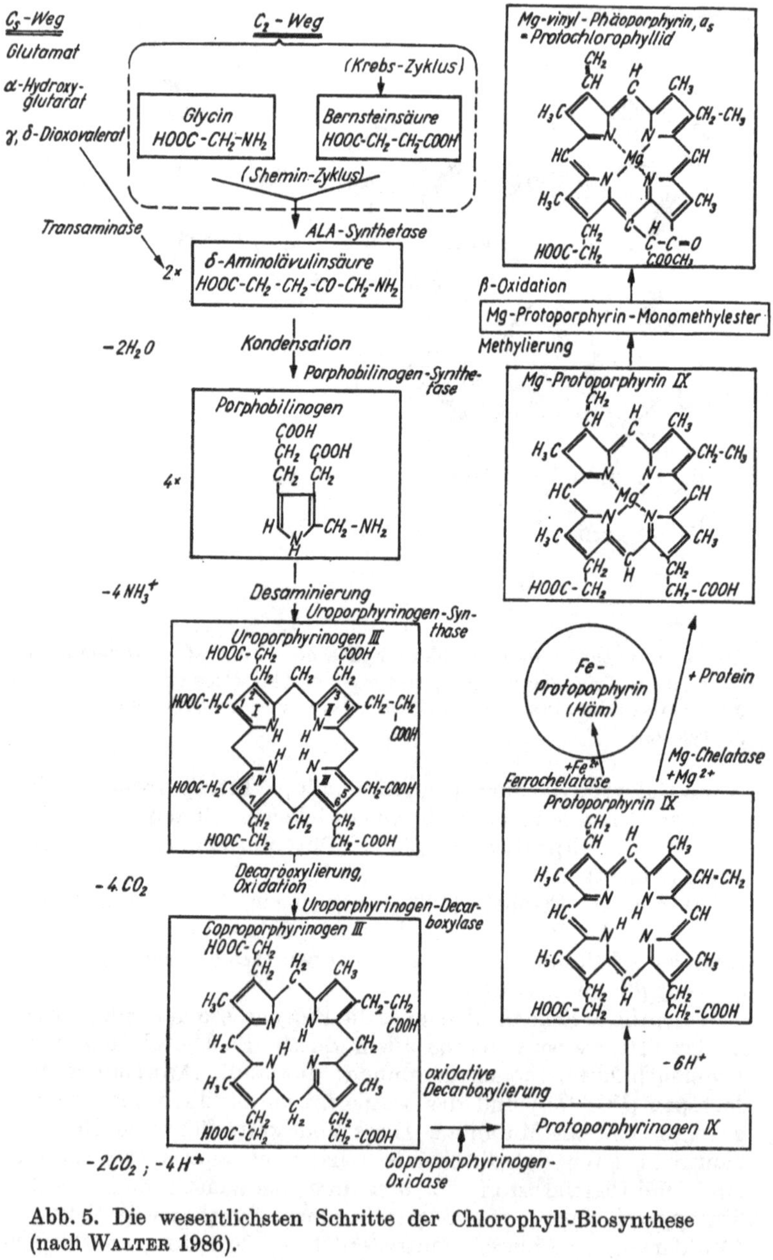

Abb. 5. Die wesentlichsten Schritte der Chlorophyll-Biosynthese (nach WALTER 1986).

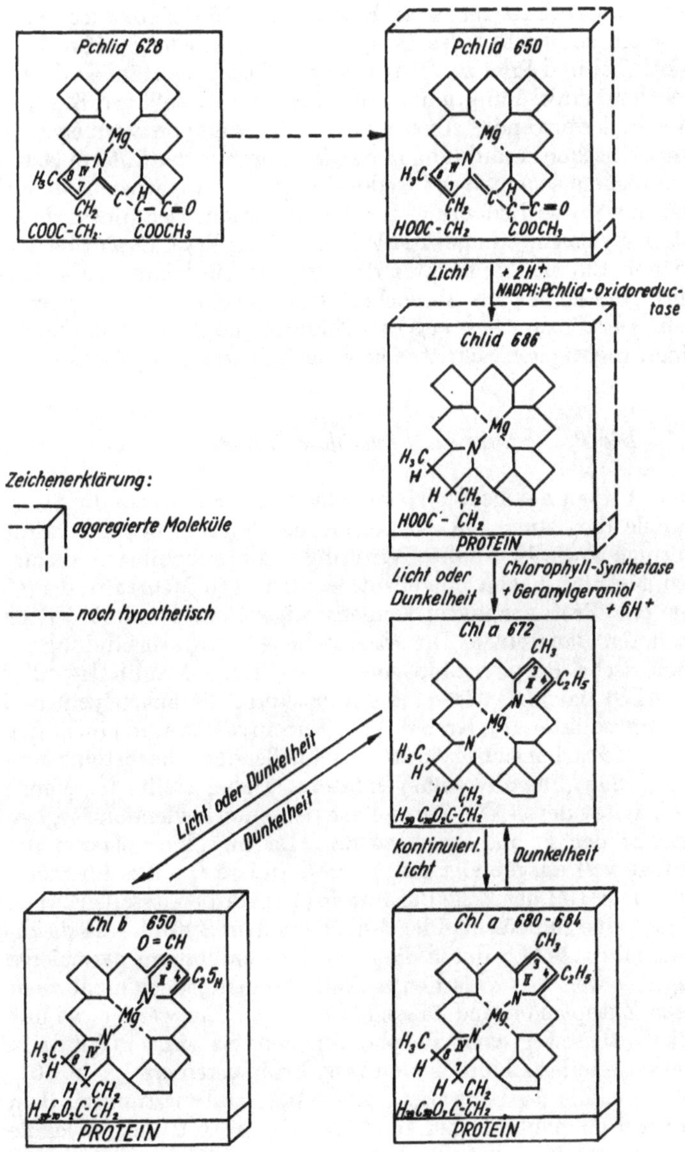
Pchlid 628
Pchlid 650
Licht
+ 2H+
NADPH:Pchlid-Oxidoreductase
Chlid 686
PROTEIN
Licht oder Dunkelheit
Chlorophyll-Synthetase
+ Geranylgeraniol
+ 6H+
Chl a 672
Zeichenerklärung:
aggregierte Moleküle
noch hypothetisch
Licht oder Dunkelheit
Dunkelheit
kontinuierl. Licht
Dunkelheit
Chl b 650
PROTEIN
Chl a 680-684
PROTEIN

Abb. 5

bakterien durch LASCELLES; an Erythrozyten der Ente durch SHEMIN) — ein eindrucksvolles Beispiel für einheitliche Stoffwechselwege bei Tier und Pflanze. Das Chlorophyll und das Häm sind auch hinsichtlich ihrer Funktionen als „Katalysatoren“ im Energiestoffwechsel verwandt. Aber nur die Chlorophylle vermögen in ihrer spezifischen Anordnung in den Membranen der Chloroplasten auf photochemischem Wege Redox-Vorgänge zu bewirken; darauf beruht ihre große Bedeutung für die Evolution. Der Biosyntheseweg stellt gleichsam eine gewisse Wiederholung dieser Evolution dar; auf frühen Entwicklungsstufen der Organismen konnten alle Porphyrinverbindungen als photochemische Sensibilisatoren genutzt werden. Der Biosyntheseweg der Chlorophylle ist in Abbildung 5 in seinen wichtigsten Schritten schematisch wiedergegeben.

3.1.1.1. Die Biosynthese des Protochlorophyllids

Für den Aufbau des Porphyringerüstes stellt das Glycin die Stickstoffquelle dar. Auch die α-C-Atome des Glycins können in die Pyrrolringe sowie in die die Pyrrolringe zum Porphinring verbindenden Methinbrücken eingebaut werden. Die Mehrzahl der C-Atome des Protoporphyrin-Kohlenstoffgerüstes stammt jedoch von anderen Bausteinen. Die spezifische Ausgangsverbindung für die biologische Porphyrinbiosynthese stellt die δ-Aminolaevulinsäure (ALS) dar. Dies ist eine Aminosäure, die aus Glycin und Zwischenprodukten des Krebszyklus (Succinyl-SCoA) in einem sich an den Tricarbonsäurezyklus anschließenden Bernsteinsäure-Glycin-Zyklus (Sheminzyklus) entsteht. Dabei stellt die Menge bzw. Aktivität der δ-ALS-Synthetase den entscheidenden Regulationsfaktor der PChlid-Synthese dar. Da im Chloroplasten der TCC nicht voll ausgebildet ist, müssen andere Quellen im nichtplastidischen Teil der Zelle das Succinyl-SCoA bereitstellen, wenn man nicht eine Zulieferung der δ-ALS aus dem Zytoplasma diskutiert, zumal die δ-ALS durch die Plastidenmembran zu permeieren vermag. Die weiteren Zwischenprodukte können jedoch nicht mehr zwischen Zytoplasma und Plastiden transportiert werden, so daß der Biosyntheseweg vom Porphobilinogen bis zum PChl(id) in sich entwickelnden Chloroplasten bzw. Etioplasten erfolgt (S. 50).

Zwei Moleküle δ-ALS werden unter Wasserabspaltung zu dem Monopyrrol Porphobilinogen kondensiert (Abb. 5.). Vier Moleküle dieses farblosen Monopyrrols vereinigen sich unter Desaminierung zu einem Porphyrin, dem Uroporphyrinogen III. Aus diesem bildet sich, stets unter Mitwirkung entsprechender Fermentgarnituren, durch sukzessive Decarboxylierung und Oxidation über das Koproporphyrinogen III das Protoporphyrin IX. Dieses gilt als gemeinsame Ausgangsbasis der Häm- und Chlorophyllsynthese. Einlagerung von Eisen führt zum Fe-Protoporphyrin oder Häem, während durch Einbau von Magnesium des Mg-Protoporphyrin gebildet wird, aus welchem schließlich das Mg-vinyl-Phäoporphyrin a_5 oder Protochlorophyllid entsteht.

3.1.1.2. Die Bildung von Chlorophyll a und b

Das Protochlorophyllid kann in der Pflanze in verschiedenen Zustandsformen vorliegen: als freies Molekül, an Protein gebunden oder mit Phytol zu Protochlorophyll verestert. Im mit organischen Lösungsmitteln gewonnenen Pflanzenextrakt lassen sich diese verschiedenen Formen jedoch nicht unterscheiden. Als erster bestätigte SHIBATA (1957) anhand von Absorptionsspektren etiolierter Blätter von *Phaseolus vulgaris* nach Belichtung die Existenz zweier Protochlorophyllid-Formen in vivo. Sie sind durch die Lage der Absorptionsmaxima im roten Spektralbereich als „langwellige Form" aggregierter Moleküle $P_{650(655)}$ charakterisiert.

Die Mehrzahl der gegenwärtigen Arbeiten zur Chlorophyllbildung beschäftigt sich mit diesen Umwandlungen, die zum funktionellen Chlorophyll a und b führen. Die entscheidende Voraussetzung für die weiteren Umwandlungen ist die Verknüpfung mit einem Protein. Diese spiegelt sich in der Verschiebung des Absorptionsmaximums des als partiell inaktiv zu bezeichnenden $PChl(id)_{635}$ auf 650 nm wider. Das Verhältnis beider Formen variiert mit der Pflanzenart und dem Entwicklungszustand des Gewebes; bei Weizenkeimpflanzen z. B. schwankt es zwischen 2,2 (5. Tag), 5,3 (9. Tag) und 1,6 (11. Tag). Interessanterweise führt eine Behandlung etiolierter 7—9 Tage alter Bohnenblätter mit H_2S (3 min) zur Abnahme des photoaktiven $PChl(id)_{650}$ und einer simultanen Zunahme der inaktiven Form ($PChl(id)_{633}$). Ein Ersatz der H_2S-haltigen Atmosphäre durch Luft oder N_2 bewirkt umgekehrt eine Zunahme der aktiven Komponente, die von einer Verringerung der inaktiven Form begleitet ist; die Halbwertzeit dieser Reversion hängt von der Behandlungsdauer ab und wird mit zunehmender Einwirkungsdauer des H_2S geringer. HCN und NH_3 ergeben eine irreversible Überführung des aktiven $PChl_{650}$ in $PChl(id)_{633}$.

Die aktive Form PChl(id)$_{650}$ geht nach Belichtung und dadurch erfolgende Photoreduktion im Ring IV in das Chlid-Holochrom$_{684}$ über (einige Algen und Koniferenkeimlinge vermögen für diesen Reduktionsschritt Atmungsenergie einzusetzen und können somit im Dunkeln ergrünen). Nach 14—36 Minuten beob-

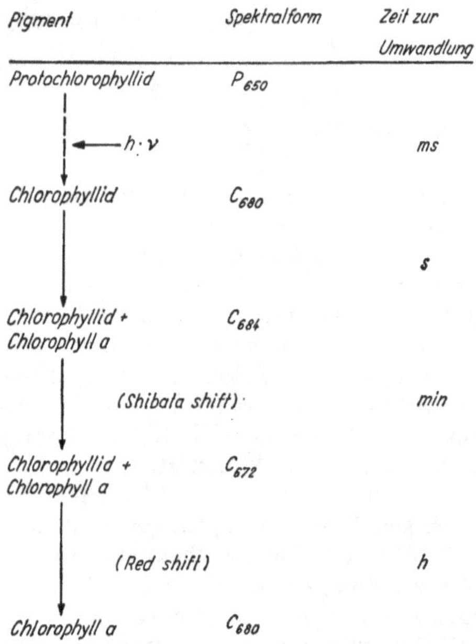

Abb. 6. Einige spektroskopisch charakteristische Zwischenformen der Chlorophyll-Biogenese in etiolierten Pflanzen sowie deren Umwandlungsgeschwindigkeit nach Belichtung.

achtet man zwischenzeitlich ein Chlid$_{672}$; mehrere Autoren führen dies auf eine Ablösung des Pigmentmoleküls von seinem Proteincarrier zurück. Nach weiteren 40—100 Minuten erscheint aufgrund einer erneuten Verknüpfung mit Proteinen die Form 680. Parallel zu deren Einlagerung in die Lipoproteid-Membranen der Thylakoide erfolgt die Veresterung mit Phytol zu Chlorophyll und damit die Polarisierung des Pigmentmoleküls. Dies begünstigt deren Einbau und läßt die Chlorophyllmoleküle selbst zu wesentlichen Strukturkomponenten der Chloroplasten werden (Abb. 6).

Nach den von Shlyk und Mitarbeitern entwickelten Vorstellungen erfolgt die Chlorophyllbildung — gemeinsam mit der Biosynthese der Carotenoide — in distinkten Zentren der Thylakoidmembran. Zunächst sind die nach Detergentienbehandlung und Fraktionierung zu erhaltenden „leichten Partikel" besonders reich an „jungen" Pigmentmolekülen. Hieraus ergeben sich erste Hinweise darauf, daß in zeitlicher Reihenfolge auch das Photosystem I zuerst gebildet wird, von welchem sich dann die System-II-Partikel abspalten. Die Bildung von Chl b erfolgt in den gleichen Biosynthesezentren aus Chl a, wobei die Methylgruppe am C-Atom 3 durch die Aldehydgruppierung eines Formylrestes (—CHO) ersetzt ist.

Bei seinen Blitzlicht-Untersuchungen an Algen und Chloroplastenfragmenten beobachtete KOK interessante Differenzbanden im langwelligen Bereich der Chl a-Absorption bei 700 nm. Er schrieb dieses Band zunächst einem „Pigment 700" zu und interpretierte dies später als eine in geringer Menge vorkommende Chl a-Komponente mit einem Absorptionsmaximum bei 700 nm und einem Soret-Band bei 433 nm. Dieses Pigment ist aufgrund seiner spezifischen Anordnung in der mokelaren Struktur der Thylakoide allein in der Lage, die von akzessorisch wirkenden Chlorophyllen und Photosynthesepigmenten absorbierte und „gesammelte" Energie im „trapping center" des PS I (vgl. S. 104) in photochemische Prozesse zu überführen. Auf 200—300 Chl a-Moleküle entfällt 1 Molekül P_{700}. Vom P_{700} bleibt weiterhin eine bei 695 nm charakteristisch absorbierende Chl a-Form zu unterscheiden; sie macht etwa 5% des Gesamt-Chl a aus. Im „trapping center" des Photosystems II beobachten wir ferner eine bei 680 nm absorbierende Chl a-Form, das P_{680} (vgl. S. 105). Abbildung 7 zeigt eine schematische Übersicht über mögliche Umwandlungs- und Abbauformen des Chl a in vitro. Neben den bisher beschriebenen Formen Chlorophyll a und b sind noch weitere bekannt geworden (Abb. 8.).

Chlorophyll c ähnelt den Protochlorophylliden. Es ist nicht mit Phytol verestert, und der Ring B ist nicht reduziert. Hauptmaxima in Äther liegen bei 447 nm, 579 nm und 628 nm. Bisher ist es in Braunalgen, Diatomeen, Xanthophyceen, Dinoflagellaten und einigen symbiontischen Algen von Seeanemonen nachgewiesen worden, wobei STRAIN und Mitarbeitern (1971) eine Auftrennung in zwei Komponenten, c_1 und c_2, gelang. In der Chlorophyll b-freien *Vaucheria woroniniana* beträgt das Verhältnis Chl a : Chl c = 22,1 und ist damit beispielsweise 7,5mal höher als in der Diatomee *Melosira nummuloides*.

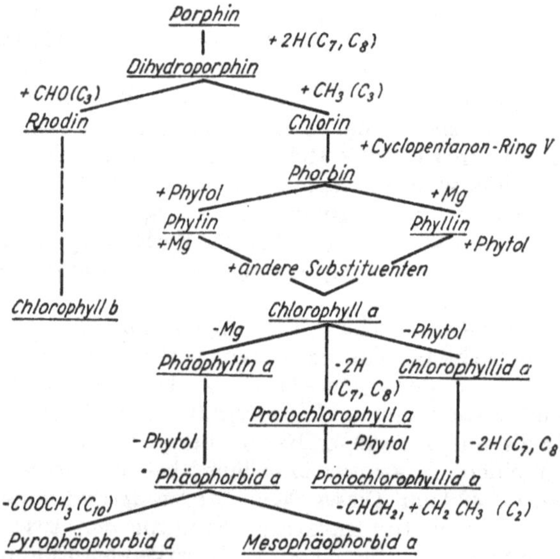

Abb. 7. Nomenklatur einiger Porphin-Derivate und Chlorophyll a-Vorläufer bzw. Abbauprodukte in vitro (keine Stoffwechselwege). In Klammern: Kohlenstoffpositionen der entsprechenden Substituenten am Chl-Grundgerüst.

Chlorophyll d ist identisch mit 2-desvinyl-2-formyl-chlorophyll a. Es kommt in einigen Rotalgen vor und reichert sich besonders bei starker Sonneneinstrahlung an. SÀGROMSKY (1960) hält es daher für ein Photooxidationsprodukt des Chl a, dem keine physiologische Funktion zukommt. Die Haupt-Absorptionsmaxima liegen bei 445 und 686 nm.

Chlorophyll e ist in der *Tribonema bombycinum* (Xanthophyceae) gefunden und bisher nur durch sein von den übrigen Assimilationspigmenten abweichendes Absorptionsspektrum charakterisiert worden (Maxima in Methanol bei 415 und 654 nm).

In jüngster Zeit wurden in einer Maismutante zwei weitere Chlorophylle (Chl a_1, A 436 und Chl b_1, A 462) gefunden, die wahrscheinlich Vorläufer in der Biosynthese von Chl a und b sind und in der Position C_4 anstelle der Äthylgruppe eine Vinylgruppe tragen.

Aus PS I-angereicherten Chl b-Mangel-Mutanten von *Scenedesmus*, aber auch aus PS I-Subchloroplastenpartikeln von Spinat

Tabelle 2

Verbreitung der Chlorophylle, Bakteriochlorophylle und Biliproteine in eu- und prokaryoten Organismen (nach BARBER 1979, verändert)

	Höhere Pflanzen	Chlorophyceae	Conjugatophyceae	Charaphyceae	Prasinophyceae	Euglenophyceae	Xanthophyceae	Chloromonadophyceae	Eustigmatophyceae	Haptophyceae	Chrysophyceae	Phaeophyceae	Bacillariophyceae	Dinophyceae	Cryptophyceae	Rhodophyceae	Cyanophyceae	Chlorobacteriaceae	Thiorhodaceae	Athiorhodaceae
Chlorophylle																				
Chlorophyll a	+	+	+	+	+	+	+	+	+	+	+	+	+	+	+	+	+	+	+	+
Chlorophyll b	+	+	+	+	+	+														
Chlorophyll c_1							+			+	+	+	+							
Chlorophyll c_2							+	(+)		+	+	+	+	+	+					
Bakterio-chlorophyll a																		+	+	+
Bakterio-chlorophyll b																				+
Bakterio-chlorophyll c																		+		
Bakterio-chlorophyll d																		+		
Bakterio-chlorophyll e																		a		
Biliproteine																				
C-phycocyanin																+	+			
R-phycocyanin																+				
Allo-phyco-cyanin																+	+			
Allo-phyco-cyanin B																	+			
B-phycoery-thrin																+				
C-phycoery-thrin																	+			
R-phycoery-thrin																+				

<table>
<tr><th></th><th>R1</th><th>R2</th><th>R3</th><th>R4</th><th>R5</th><th>R6</th><th>R7</th></tr>
<tr><td>Chl a</td><td rowspan="4">$-CH=CH_2$</td><td>$-CH_3$</td><td rowspan="3">$-CH_2CH_3$</td><td rowspan="5">$-CH_3$</td><td rowspan="5">$-CO-O-CH_3$</td><td rowspan="2">Propionsäure-phytylester</td><td rowspan="5">$-H$</td></tr>
<tr><td>Chl b</td><td>$-CHO$</td></tr>
<tr><td>Chl c_1</td><td rowspan="3">$-CH_3$</td><td rowspan="2">Acrylsäure $-CH=CH-COOH$</td></tr>
<tr><td>Chl c_2</td><td>$-CH=CH_2$</td></tr>
<tr><td>Chl d</td><td>$-CHO$</td><td>$-CH_2CH_3$</td><td>Propionsäure-phytylester</td></tr>
<tr><td>Chl e</td><td colspan="7">Struktur noch nicht näher bestimmt</td></tr>
<tr><td>BChl a[x]</td><td rowspan="2">$-CO-CH_3$</td><td rowspan="4">$-CH_3$</td><td>$-CH_2CH_3$</td><td rowspan="2">$-CH_3$</td><td rowspan="2">$-CO-O-CH_3$</td><td rowspan="2">Propionsäure-phytylester[z]</td><td rowspan="2">$-H$</td></tr>
<tr><td>BChl b[x]</td><td>$=CHCH_3$</td></tr>
<tr><td>BChl c</td><td rowspan="3">$-CHOH-CH_3$</td><td rowspan="3">Alkyl[y]</td><td rowspan="3">$-CH_2CH_3$</td><td rowspan="3">$-H$</td><td rowspan="3">Propionsäure-farnesylester</td><td>$-CH_3$</td></tr>
<tr><td>BChl d</td><td>$-H$</td></tr>
<tr><td>BChl e</td><td>$-CHO$</td><td>$-CH_3$</td></tr>
</table>

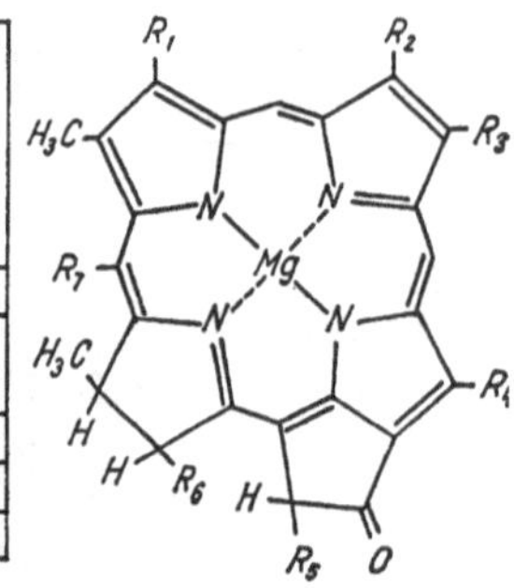

Abb. 8. Mg-Dihydroporphyrin-Grundgerüst und Substituenten bekannter Chlorophylle.

X) Im BChl a und b ist die Doppelbindung zwischen C_3 und C_4 gesättigt; im BChl a durch Anlagerung von 2 H-Atomen, im BChl b durch Anlagerung eines H-Atoms in Position C_3.

Y) Äthyl-, Propyl- oder Isobutyl-Substituenten.

Z) Bei einigen Arten der Athiorhodaceae ist die Propionsäure mit Geranylgeraniol verestert.

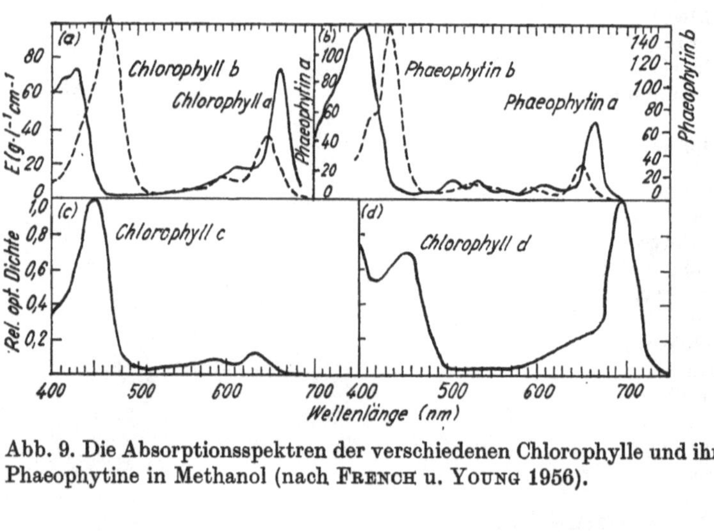

Abb. 9. Die Absorptionsspektren der verschiedenen Chlorophylle und ihrer Phaeophytine in Methanol (nach FRENCH u. YOUNG 1956).

Tabelle 3

Funktionelle Heterogenität der Photosynthese — Pigmente höherer Pflanzen (Hauptpigment: Chlorophyll a, Akzessorische Pigmente: Chlorophyll b, Carotenoide)

Pigmente/Pigmentsysteme	Absorption	Energietransfer		Redoxprozesse
		ungerichtet	gerichtet	
1. Lichtsammelnde (light harvesting) Antennenpigmente (Chl a, Chl b, Car.)	+	+ (mit starker Kopplung zum PS II)	—	—
2. Lichtfokussierende Antennenpigmente (Chl a)	+	—	+ (entweder zum PS I oder PS II)	—
3. Reaktionszentrumpigmente[1]) (Chl a)	+	—	—	+
4. Glieder der Redoxkette (Chl a, Phäo a)	+	—	—	+

[1]) In wie weit das soeben beschriebene Cl-haltige Chl RC I zu berücksichtigen ist, muß weiteren Untersuchungen vorbehalten bleiben.

wurde möglicherweise noch ein neues chlorhaltiges Chlorophyll, vorerst als Chl RCI bezeichnet, extrahiert, das im Vergleich zu den bekannten Chlorophyllen veränderte Absorptions- und Fluoreszenzeigenschaften hat. Als vorläufige Struktur des Pigmentes, das in Aceton bei 672 nm absorbiert, wurde ein 20-Chloro-1,3-Hydroxy-Chl a vorgeschlagen. Chl RCI soll in engem Zusammenhang zu P 700 stehen (molares Verhältnis 1:1) und entweder selbst die chromophore Gruppe von P 700 oder zumindest eines anderen RZ I-Holochroms sein.

Eine vergleichende Darstellung der Absorptionsspektren der verschiedenen Chlorophylle enthält Abbildung 9. Ihre Verbreitung im Pflanzenreich ist in Tabelle 2 mit den Bakteriochlorophyllen und Biliproteinen vergleichend wiedergegeben, während Tabelle 3 auf die funktionelle Heterogenität der Chlorophylle hinweist (vergl. 93). Neben den chemisch verschiedenen accessorischen Pigmenten (Tab. 2 und Abb. 8) und den funktionell unterschiedlichen Pigmenten (Tab. 3) werden immer wieder auch unterschiedliche Chl a-Formen beschrieben, die über Subbanden in der roten Absorptionsbande durch indirekte Verfahren charakterisiert werden. Ihnen wird eine jeweils spezifische Zuordnung zu den Trägerproteinen zugeschrieben. Diese Vorstellung hat bisher durch direkte Untersuchungen mittels der nichtlinearen Absorptionsspektroskopie keine Bestätigung erfahren.

3.1.2. Carotenoide

Die Carotenoide sind gelb bis rot gefärbte Pigmente von aliphatischer Struktur und stellen stark ungesättigte Isoprenabkömmlinge mit 40 C-Atomen und zahlreichen konjugierten Doppelbindungen (Lipochrome) dar. Sie sind in allen photosynthetischen Organellen regelmäßige Begleiter der Chlorophylle, haben aber auch unabhängig davon im Pflanzen- und Tierreich eine weite Verbreitung. Die meisten Carotenoide bestehen aus acht Isopreneinheiten und besitzen einen Ionenring an jedem Ende des Moleküls (Abb. 10). Die Biosynthese, zu der nur die Pflanzen befähigt sind, geht von der Mevalonsäure aus. Sie bildet sich aus Acetyl-CoA + Acetacetyl-CoA über β-Hydroxy-β-Methyl-Glutaryl-CoA nach Abspaltung des CoA unter gleichzeitiger Reduktion der Carboxylgruppe zur Alkoholgruppe mittels NADPH + H^+. Der weitere Syntheseweg verläuft analog der Steroidbildung (Abb. 11). In zwei Schritten wird die Mevalonsäure durch ATP zu Mevalonsäure-5-pyrophosphat phosphoryliert. Dekarboxylierung und Wasserabspaltung führt zu einem „aktiven“ Isopren, dem Isopentylpyrophosphat. Dieses kondensiert mit seinem Isomeren, dem Dimethylallylpyrophosphat, unter Abspaltung von Pyrophosphat zu einer C_{10}-Verbindung, dem Geranylpyrophosphat. Durch sukzessive Anlagerung des „aktiven“ Isoprens können dann Farnesylpyrophosphat (C_{15}), Geranylgeranylpyrophosphat (C_{20}) und analoge Verbindungen entstehen. Es ist wahrscheinlich, daß derartige C_{20}-Körper die direkten Vorstufen der Carotenoide darstellen. Dabei würde aus 2 Molekülen Geranylgeranylpyrophosphat das 7, 8, 11, 12, 15, 15′, 12′, 11′, 8′, 7′-Dekahydrolycopin gebildet. Daraus dürften durch stufenweise Dehydrierungen über eine Reihe von Zwischengliedern sowie nach Ringschluß die Carotenoide hervorgehen.

In der Natur kommen viele Formen vor (Tab. 4). Formal lassen

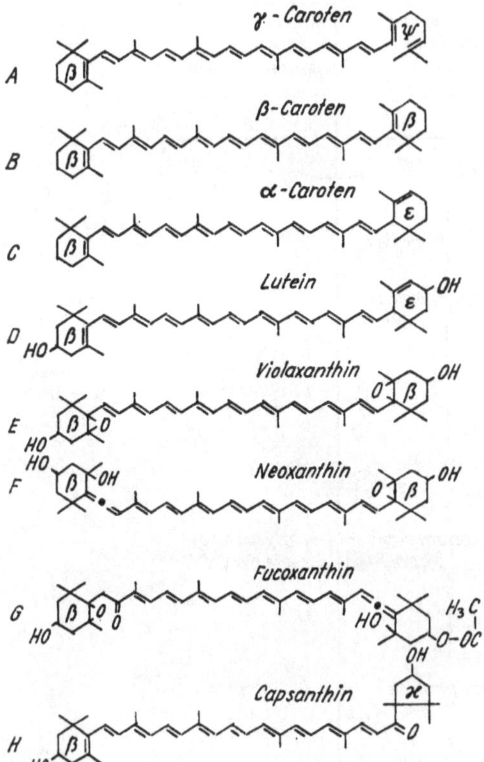

Abb. 10. Beispiele verbreiteter Carotene (A—C) und Xanthophylle (D—H). Als Endgruppen fungieren bei β und ε Iononringe; $\varkappa$ = Cyclopentanonring; ψ = ohne Ring. (Aus Borriss u. Libbert 1984).

sie sich vom Lycopin, dem Hauptcarotenoid der Früchte, ableiten (Abb. 11).

Die Carotenoidsynthese ist sowohl von den Ernährungsbedingungen als auch vom Entwicklungsstand der Plastiden abhängig und wird durch Licht gefördert. Der Carotenoid-Gehalt in ausgewachsenen Blättern beträgt ein Drittel der Chlorophyllmenge, das entspricht etwa 8—10% des Trockengewichtes der Chloroplasten bzw. 0,5—1% des Blatt-Trockengewichtes. Hinsichtlich ihres Auftretens werden folgende molare Verhältnisse angegeben:

Chl a : Chl b : Xanthophyll : Carotenoid = 6:2:3:3

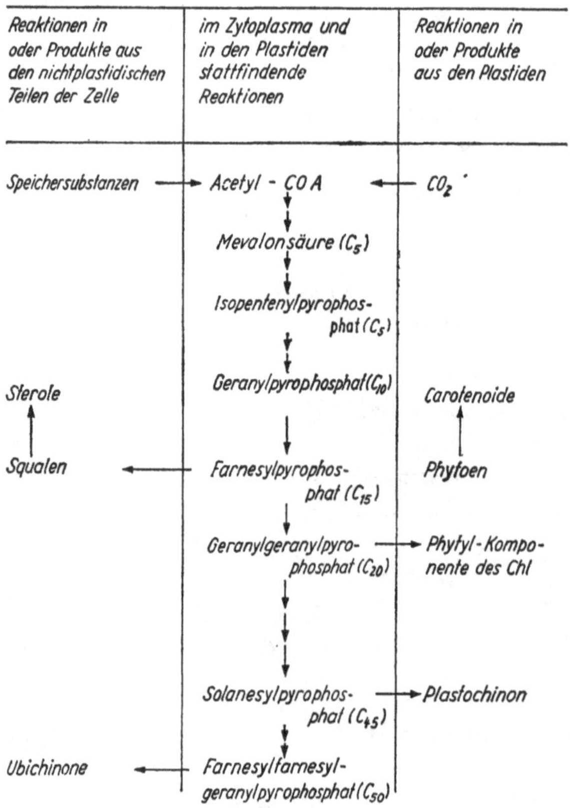

Abb. 11. Hauptschritte der Carotenoid-Biosynthese in höheren Pflanzen unter besonderer Berücksichtigung ihrer Kompartimentierung (nach WALTER 1986).

Dabei überwiegen in grünen Blättern und Algen, unabhängig von der Pflanzenart, α- und β-Caroten. γ-Caroten gilt als Hauptcaroten der grünen Schwefelbakterien, Lycopin als das der Purpurbakterien.

3.1.2.1. Xanthophylle

Die Xanthophylle entstehen als Oxidationsprodukte der Carotenoide. Sie enthalten 1, 2, 3, 4 ,6 oder 8 Sauerstoffatome in Form von Hydroxyl-, Keto-, Epoxy-, Carboxyl- oder Methoxylgruppen in

Tabelle 4
Verbreitung sowie prozentualer Anteil der verschiedenen Carotenoide[1]) am gesamten thylakoidalen Carotenoidgehalt (nach WIESSNER 1975)

Carotenoidart	Spermatophyta Beispiel: *Fagus silvatica*	Chlorophyta Beispiel: *Chlorella pyrenoidosa*	Cyanophyta Beispiel: *Anabaena variabilis*	Athiorhodaceae Beispiel: *Rhodopseudomonas palustris*
Carotene				
α-Caroten		4		
β-Caroten	34	15	34	
Lycopin				9
Carotene insgesamt	34	19	34	9
Xanthophylle				
Lutein	44	50	1	
Violaxanthin	13	12		
Neoxanthin	7	10		
Zeaxanthin	2		4	
Echineon (Myxoxanthin)			28	
Myxoxanthophyll			33	
Spirilloxanthin				33
Demethyliertes Spirilloxanthin				13
Rhodovibrin				36
Anhydro-Rhodovibrin				9
Xanthophylle insgesamt	66	81	66	91
Quotient Xanthophylle/Carotene	1,95	4,3	1,95	10,1

[1]) In geringen Konzentrationen auftretende Carotenoide wurden nicht berücksichtigt.

ihrem Molekül. Der Übergang von den Carotenoiden zu den Xanthophyllen wird durch Cu-Ionen spezifisch beeinflußt. Sie umfassen etwa 50% der gesamten Blattcarotenoide. Am weitesten verbreitet und auch quantitativ überwiegend sind bei den höheren Pflanzen Lutein, Violaxanthin, Neoxanthin, Kryptoxanthin und Zeaxanthin (Abb. 10). Für die Diatomeen und Phaeophyceen ist der hohe

Gehalt an Fucoxanthin neben wenig Lutein charakteristisch. Die Cyanophyceen sind durch Echinenon und Myxoxanthophyll ausgezeichnet. Die Xanthophylle der Purpurbakterien gehören zu der offenkettigen Spirilloxanthin-Reihe, während die grünen Schwefelbakterien Dihydroxylycopin besitzen (Tab. 4).

α-Caroten und die Xanthophylle sind in einem gemeinsamen pool im Chloroplasten enthalten. Für β-Caroten jedoch existieren zwei voneinander getrennte pools mit eigenständigen Biosynthesewegen. Der Hauptteil des β-Carotens befindet sich um PS I; ein kleinerer β-Caroten-pool fungiert als Biosynthesepool ausschließlich für die Bildung der β-Ionon-Xanthophylle.

3.1.2.2. Zur Funktion der Carotenoide

Das gemeinsame Vorkommen von Carotenoiden und Chlorophyllen in nahezu allen photosynthetisch aktiven Strukturen regte nach den ersten diesbezüglichen Arbeiten von WILLSTÄTTER und STOLL (1918) immer wieder zu Untersuchungen nach der funktionellen Bedeutung der Carotenoide im Photosyntheseprozeß an. Wir dürfen heute begründet annehmen, daß sie in dreifacher Hinsicht wirksam werden, jedoch keine unbedingte notwendige Voraussetzung für die Photosynthese darstellen, da z. B. auch carotenoidfreie Algen photosynthetisch aktiv sind.

Die Carotenoide als Schutzpigmente

Nach einer älteren, aber nicht weniger attraktiven und noch heute geltenden Vorstellung besteht die physiologische Rolle der Carotenoide darin, daß sie aufgrund ihrer relativen Stabilität als Schutzpigmente die lichtempfindlichen Chlorophylle vor photooxidativen Zerstörungen bewahren. So wird z. B. eine blaugrüne Mutante von *Rhodopseudomonas spheroides*, in der die Carotenoidsynthese unterdrückt ist, unter aeroben Bedingungen photosensibel. Auch bei höheren Pflanzen, insbesondere bei carotenoiddefekten Maismutanten bzw. bei experimentell veränderter Carotenoidbildung oder Zusammensetzung, wird ein sehr rasches Ausbleichen des Chlorophylls beobachtet (bereits nach 6—8 Stunden bei Rotlicht von etwa 0,5 $W \cdot m^{-2}$). Bei gestörtem Photosyntheseprozeß kommt es ebenfalls zu beträchtlichen Chlorophyllzerstörungen. Für die Größe der Schutzwirkung ist die Anzahl der konjugierten Doppelbindungen im Molekül ausschlaggebend; nur Carotenoide mit mehr als 8 derartigen Doppelbindungen sind wirksam.

Drei mögliche Mechanismen der Schutzwirkung lassen sich unterscheiden: Einmal gehen die Chlorophyllmoleküle bei einem Überangebot an Licht in Triplett-Zustände über, welche die Bildung von Singulettzuständen des Sauerstoffs (O_2^s) sensibilisieren, die

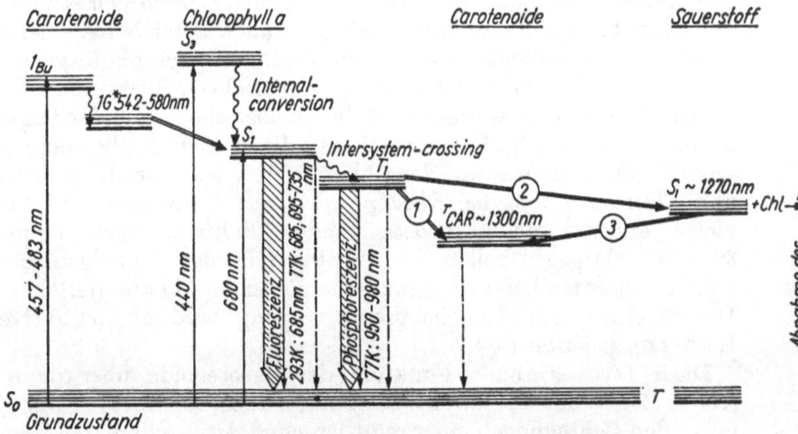

Abb. 12. Termschema zur Erklärung der Schutzfunktion der Carotenoide (nach HÖFER 1986). Die Zahlen stehen für folgende Reaktionen:

1 : $Car + T_{Chl}^* \rightarrow T_{Car}^* + Chl$
2 : $T_{O_2} + T_{Chl}^* \rightarrow S_{O_2} + Chl$
3 : $Car + S_{O_2}^* \rightarrow T_{Car} + T_{O_2}$.

irreversible Oxidationen mit Pigmenten und Fettsäuren auslösen und somit zum Zerfall der gesamten photosynthetisch wirksamen Membranstrukturen führen. Anwesende geeignete Carotenoide bilden unter diesen Umständen ebenfalls Tripletts (Car^T), welche langlebiger sind ($t\ ^1/_2 \sim 10^{-4}$ s) und rascher mit den Chl^T reagieren, so daß es nicht zur Ausbildung der schädigenden Sauerstoff-Singuletts kommt; sie fungieren also als deren Quencher. Zum zweiten vermögen sie über einen Singulett-Triplett-Energie-Transfer den Singulett-O_2 zu inaktivieren. Schließlich sind drittens Möglichkeiten zur Inaktivierung des hoch-reaktiven O_2^s über Oxidationen der Carotenoide bekanntgeworden (Abb. 12). Aber auch bei der Strukturbildung der Thylakoide selbst sollen sie eine Rolle spielen sowie bei der Stabilisierung der supra-molekularen

Protein-Komplexe der Thylakoide mitwirken. In entsprechender Weise sollen die in der Plastidenhüllmembran enthaltenen Carotenoid-Moleküle zu deren Festigung beitragen.

Die Carotenoide als accessorische Pigmente

Aufnahmen von Photosyntheseaktionsspektren bei Algen zeigten, daß auch das durch die Carotenoide im blauen Bereich absorbierte Licht durch Energieübertragung auf das Chlorophyll photosynthetisch aktiv ist. Dadurch erweitert sich der effektive Spektralbereich für die Photosynthese und somit die ökologische Breite der Organismen beträchtlich. Die Effektivität dieser Energieübertragung von den Carotenoiden auf das Chlorophyll beträgt bei Diatomeen und *Chlorella* 100%, bei *Rhodopseudomonas spheroides* 90%, bei vielen anderen photosynthetisierenden Bakterien jedoch nur 30—40%. Dagegen sollen die Xanthophylle der Grünalgen und höheren Pflanzen keine Anregungsenergie an das Chl a weiterleiten. Der Mechanismus der Energieübertragung wird als induktive Resonanz gedeutet (vgl. 5.2.).

Diese Licht-erntende Funktion der Carotenoide überwog in frühen Zeiten der Evolution des Photosyntheseapparates (Kap. 8) unter den Bedingungen einer reduzierenden Atmosphäre. Mit dem fortschreitenden Übergang zur oxidativen Atmosphäre verlor diese Funktion an Bedeutung und die Rolle als Schutzfunktion wuchs beträchtlich. Aber auch gegenwärtig ist ihre accessorische Funktion noch eine wesentliche Komponente bei der Sicherung einer annähernd gleichmäßigen Energieversorgung der Reaktionszentren.

Die direkte Beteiligung der Carotenoide am Photosyntheseprozeß

Bei Belichtung erfolgt in grünen Blättern und Algen eine Umwandlung des Diepoxid-Xanthophylls Violaxanthin über Antheraxanthin in das epoxidfreie Xanthophyll Zeaxanthin. Das Licht soll diese Reaktion indirekt über die Lichtreaktionen der Photosynthese auslösen (Abb. 13). Dabei wird die Umwandlung Violaxanthin → Zeaxanthin dem Elektronentransport zwischen dem PS II und dem PS I zugeschrieben; sie soll mit den Phosphorylierungen und der O_2-Freisetzung in unmittelbarem Zusammenhang stehen. Die lichtinduzierte Zeaxanthinbildung ist reversibel. In einer lichtunabhängigen Reaktion findet durch Einbau von Sauer-

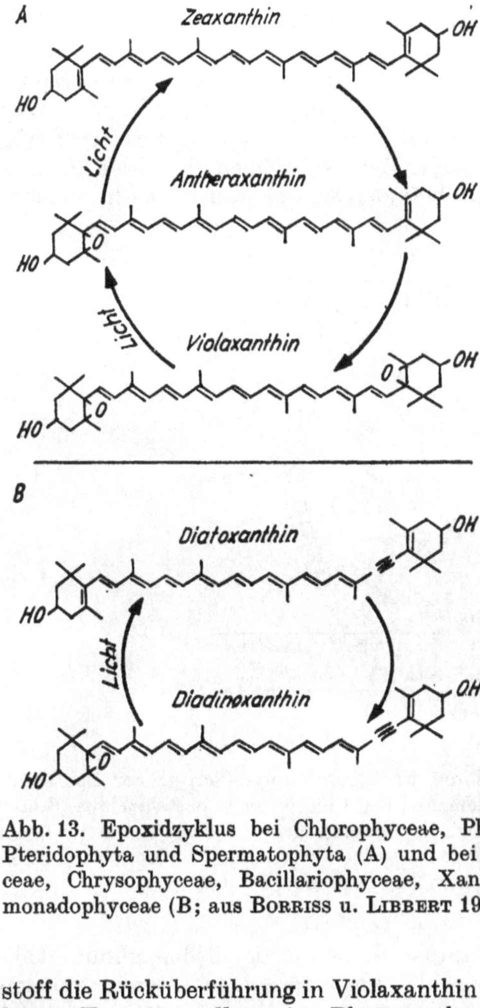

Abb. 13. Epoxidzyklus bei Chlorophyceae, Phaeophyceae, Bryophyta, Pteridophyta und Spermatophyta (A) und bei Euglenophyta, Dinophyceae, Chrysophyceae, Bacillariophyceae, Xanthophyceae und Chloromonadophyceae (B; aus Borriss u. Libbert 1984).

stoff die Rücküberführung in Violaxanthin statt. An der unmittelbaren Energiewandlung im Photosyntheseapparat wären somit hauptsächlich die OH-haltigen Carotenoide beteiligt (während die „reinen Kohlenwasserstoff-Carotenoide“ vorrangig zum Oxidationsschutz und Energie-Transfer dienen); allerdings hat diese Vorstellung noch keine allgemeine Anerkennung gefunden. Darüber hinaus ist ihre Funktion als Kosubstrat der plastidalen Lipoxygenase beschrieben worden.

3.1.3. Photosynthesepigmente der Bakterien

Die lichtabsorbierenden Pigmente der photosynthetisierenden Bakterien sind mit dem Chlorophyll eng verwandt und werden als Bakteriochlorophylle bezeichnet. Sie sind in spezifischen Thylakoiden (Abb. 21) lokalisiert. Bei den grünen Bakterien (Chlorobiaceae, Chloroflexaceae) befinden sie sich in den als Chlorosomen

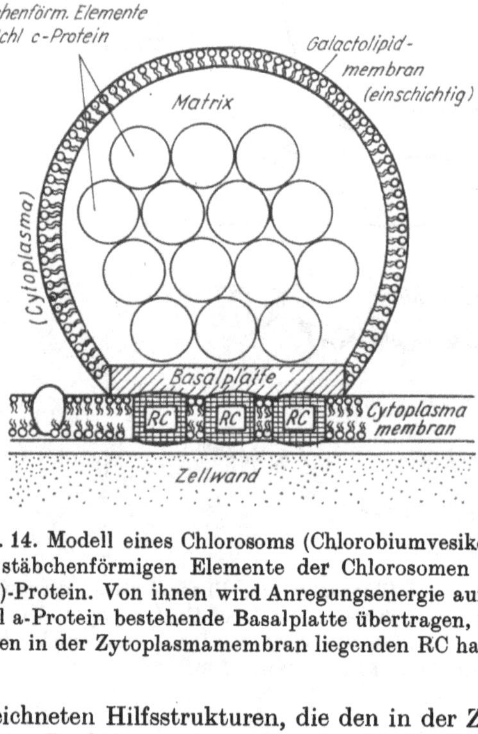

Abb. 14. Modell eines Chlorosoms (Chlorobiumvesikel) grüner Bakterien. Die stäbchenförmigen Elemente der Chlorosomen bestehen aus BChl c (d, e)-Protein. Von ihnen wird Anregungsenergie auf die aus kristallinem BChl a-Protein bestehende Basalplatte übertragen, die direkten Kontakt zu den in der Zytoplasmamembran liegenden RC hat.

bezeichneten Hilfsstrukturen, die den in der Zellmembran lokalisierten Reaktionszentren die absorbierte Lichtenergie zuleiten (Abb. 14). Wir unterscheiden heute vier verschiedene Bakteriochlorophyllformen bzw. -gruppen (BChl a—e, Tab. 2). Deren Biosynthese verläuft bis zum Chlorophyllid homolog der Chl-Synthese (vergl. Abb. 5). Danach führt der Weg über 2-Desvinyl-2α-hydroxyethyl-Chlorophyllid a und dessen Reduktion zum 2-Desacetyl-2α-hydroxyethyl-Bakteriochlorophyllid a über das Bakteriochlorophyllid a zum Bakteriochlorophyll a.

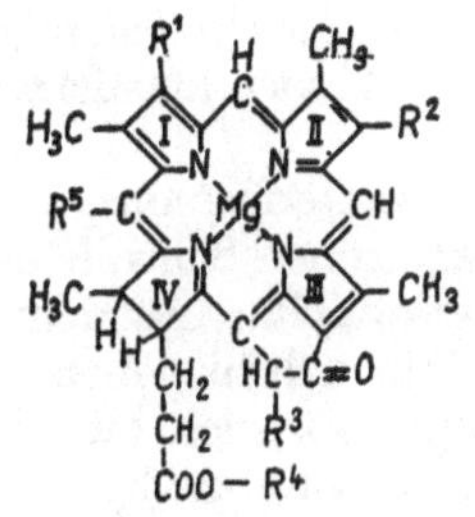

	Chl. a	Bacteriochlorophyll a	b	c	d
R¹	$CH_2{=}CH-$	CH_3-CO-	CH_3-CO-	$CH_3-CHOH-$	$CH_3-CHOH-$
R²	CH_3-CH_2-	CH_3-CH_2-	$CH_3-CH{=}$	CH_3-CH_2-	CH_3-CH_2-
R³	OCH_3-CO-	OCH_3-CO-	OCH_3-CO-	$H-$	$H-$
R⁴	Phytyl	Phytyl	Phytyl	Farnesyl	Farnesyl
R⁵	$H-$	$H-$	$H-$	CH_3-	$H-$
3,4	—	dihydro	dihydro	—	—

Abb. 15. Bakteriochlorophyll und Chlorobiumchlorophyll sowie die dazugehörigen Alkohole (aus BORRISS u. LIBBERT 1984).

Das Bakteriochlorophyll a ist der bei Purpurbakterien am häufigsten vorkommende Assimilationsfarbstoff. Es ist an Protein gebunden und absorbiert in vivo vor allem im Bereich von 370, 590, 805 sowie – im Gegensatz zu den Chlorophyllen – bei 830–890 nm (Abb. 15). In der Bakterienzelle kommen infolge unterschiedlicher Bindungen des Farbstoffs an Proteine verschiedene spektrale Modifikationen vor.

Chemisch stellt es ein 2-Desvinyl-2-acetyl-3,4-dihydrochlorophyll a dar. Es besitzt also in Stellung 2 am Pyrrolring A anstelle der Vinylgruppe des Chlorophylls a eine Acetylgruppe und zwei zusätzliche H-Atome am Pyrrolring B.

Das Bakteriochlorophyll b wurde bisher nur bei *Rhodopseudomonas viridis* und *Thiococcus* gefunden. Die in vivo Absorptionsmaxima liegen bei 400, 840 und 1020 nm.

Das Bakteriochlorophyll c gehört (wie das Bakteriochlorophyll b und d) zu den Photosynthesepigmenten der grünen Schwefelbakterien und wird auch als Chlorobiumchlorophyll$_{660}$ bezeichnet. Es ist kein einheitliches Pigment, sondern läßt sich in sieben verschiedene Fraktionen zerlegen, deren Hauptabsorption zwischen 745—755 nm liegt. Sie sind Derivate des 2-Desvinyl-2α-hydroxyäthylpyrophaeophorbid a (Abb. 15.) und unterscheiden sich nur in der Art der Substitution in den Positionen 4 und 5 sowie durch den zusätzlichen Besitz einer Methylgruppe an der δ-Methinbrücke. Als aliphatischen Alkohol finden wir hier Farnesol — gegenüber dem Phytol bei den anderen Bakteriochlorophyllen.

Das Bakteriochlorophyll d oder Chlorobium-Chlorophyll$_{650}$ absorbiert besonders zwischen 705—740 nm; es kann in sechs verschiedene Fraktionen zerlegt werden. Chemisch gehört es zur Bakteriochlorophyll-c-Gruppe, unterscheidet sich von dieser nur durch das Fehlen der Methylgruppe an der δ-Methinbrücke.

Das die Salzbakterien auszeichnende Bakteriorhodopsin wird im Zusammenhang mit der Bakterienphotosynthese behandelt (vgl. 6.5.).

3.1.4. Phycobiline

Biline sind in der Natur weitverbreitete, offenkettige, metallfreie Tetrapyrrole, die im Tierreich oft als funktionslose Katabolite des Haem auftreten. Pflanzenbiline (= Phycobiline) dagegen spielen eine große Rolle als Sensoren und als lichtsammelnde, dem LHC (S. 96) homologe Pigmente, wozu sie durch ihre kovalente Verknüpfung mit Apoproteinen zu Biliproteinen befähigt sind. Es sind wasserlösliche Begleitfarbstoffe der Chlorophylle. Ihrem Proteincharakter trägt auch die Bezeichnung Tetrapyrrolproteine Rechnung, während der Name Biliproteine auf ihre Verwandtschaft mit den Gallenfarbstoffen hinweist. Vertiefte Einsichten in die Biosynthese liegen noch nicht vor. Eine Verknüpfung mit der Chlorophyllsynthesekette ist jedoch nicht auszuschließen, zumal diese Pigmente in räumlicher und funktioneller Hinsicht (als accessorische Pigmente) eng mit den grünen Farbstoffen verknüpft sind. Die Bindung der farbgebenden Komponenten an das Protein ist wesentlich fester als diejenige des Chlorophyll-Eiweiß-Komplexes. Auch die aus dem Chromoproteidkomplex zu erhaltenden

Untereinheiten besitzen die kovalent-gebundenen Chromophoren; Disulfidbrücken sind in den nativen Biliproteinen nicht erhalten. Ihre Verbreitung beschränkt sich vorrangig auf die Rhodophyceen, Cryptophyceen und Cyanophyceen. Dabei enthalten die Rot- und Blaualgen die verschiedenen Begleitfarbstoffe gemeinsam in ihren Zellen.

Wir unterscheiden drei verschiedene Phycobiline (Tab. 5):

Tabelle 5

Detaillierte Zusammenstellung der chromophoren Gruppen (Phycobiline) der Phycobiliproteide sowie die Maxima ihrer Absorptions- und Fluoreszenzspektren (in nm), aus Borriss und Libbert 1984

Phycobiliproteide	Phycobiline				Fluoreszenz
	Phycourobilin	Phycoerythrobilin	Phycoviolin	Phycocyanobilin	
Phycoerythrine					
C-Phycoerythrin		565			575
B-Phycoerythrin	(498)	546 (565)			578
R-Phycoerythrin	498	540 565			578
Phycocyanine					
R-Phycocyanin		553		615	565 635
C-Phycocyanin				615	647
Cryptomonas I			585	615	637
Cryptomonas II			585	630	
Allophycocyanin				(620) 650	660
Cryptomonas II			585	(620) 650	660

Phycoerythrin:

Die chromophore Gruppe des Phycoerythrins ist das Phycoerythrobilin (Abb. 16). Es hat eine rote Farbe, orange Fluoreszenz und als Chromoproteid ein Molekulargewicht von 226000. Die Absorptionsmaxima des aus Rhodophyceen isolierten R-Phycoerythrins liegen bei 500 und 565 nm und sind somit von denjenigen des C-Phycoerythrins (aus Cyanophyceen) verschieden (545 und 565 nm).

Phycocyanin:

Das Phycocyanin enthält als chromophore Gruppe das Phycocyanobilin (Mesobiliviolin; Abb. 16). Das Molekulargewicht des Gesamtkomplexes beträgt 273000; für Monomeren aus *Plectonema calothricoides, Anabaena variabilis* und *Lyngbia* spec. wurden übereinstimmend Molekulargewichte zwischen 28000 und 29500 ermittelt. Das Pigment hat eine blaue Farbe und rötliche Fluo-

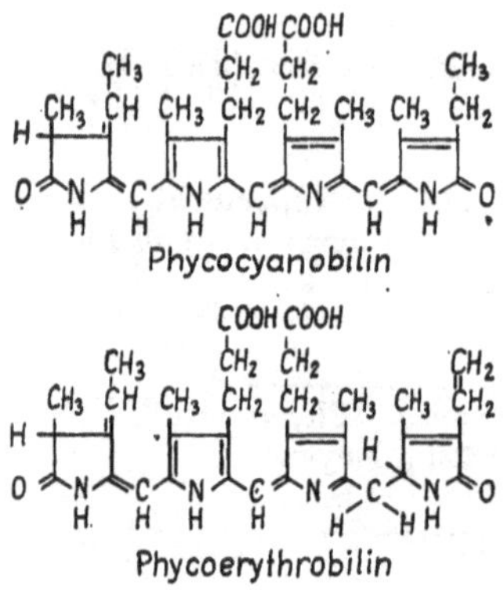

Abb. 16. Strukturen der am meisten verbreiteten Phycobiline (aus BORRISS u. LIBBERT 1984).

reszenz. Das Absorptionsmaximum ist bei den aus Rot- und Blaualgen gewonnenen Formen gleich und liegt bei 615 nm. Der Phycocyaningehalt kann beträchtliche Werte erreichen (bei *Anacystis nidulans* z. B. bis zu 24% des Trockengewichtes bzw. 40% des gesamten Proteins); seine Bildung wird in starkem Maße durch erhöhte CO_2-Konzentration der Umgebung gefördert. Die dann bis zu 500 nm großen Cyanophycin-Granula werden auch als zelluläre Stickstoffreserven gewertet.

Allophycocyanin:

Das Allophycocyanin ist ein erst spät entdecktes blaues Phycobilin, dessen chromophore Gruppe noch nicht bekannt ist. Sein Molekulargewicht liegt bei 134000 (Gesamtkomplex) bzw. 16000, 17000 und 17900 bei den drei bisher erhaltenen Untereinheiten. Die Absorptionsmaxima befinden sich bei 598, 629 und 650 nm.

Die Phycocyanine und die Phycoerythrine kommen in den damit ausgestatteten Organismen in wechselnden Mengenverhältnissen vor. Dabei bilden sich unter wechselnden Lichtbedingungen immer bevorzugt jene Farbstoffe, die das jeweilige Spektrum am besten auszunutzen vermögen. Dieser chromatischen Adaptation kommt eine beträchtliche ökologische Bedeutung zu.

In den Zellen sind die Phycobiliproteide in den Phycobilisomen lokalisiert. Phycobilisomen sind ca. 40 nm große, halbkugelförmige Aggregate. Sie liegen in regelmäßiger Anordnung der äußeren Oberfläche der Thylakoide an. Im Zentrum eines Phycobilisoms befindet sich ein Kern aus Allophycocyanin; er steht direkt mit Chl a-Molekülen in Verbindung, welche zum Antennensystem des Photosystems II in der Thylakoidmembran gehören. Der Kern ist

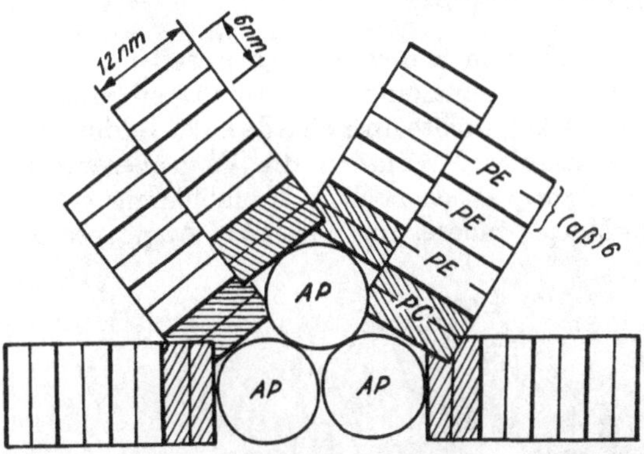

Abb. 17. Modell eines Phycobilisoms im Querschnitt (AP: Allophycocyanin; PC: Phycocyanin; PE: Phycoerythrin).

von einer Schale aus Phycocyanin umgeben, diese wiederum von einer äußeren Phycoerythrinschale. Chryptophyceen besitzen derartige Körperchen zwischen gepaarten Thylakoiden. Die Phycobilisomen vergrößern das Antennensystem des Photosystems II, indem die Energie absorbierter Photonen mit hoher Transfer-Effizienz (90–100%; 120 ps) dem Reaktionszentrum 2 (S. 66) zugeleitet wird (PE → PC → A → Chl a → P_{680}; Abb. 17). Das Photosystem I dieser Algen soll dagegen von Carotenoiden als accessorische Pigmente mit absorbierter Energie versorgt werden. Allerdings sind auch PS I-zugehörige Phycobilisomen in der Diskussion.

Während die Chlorophylle bei den mit Phycobiliproteiden als accessorische Farbstoffe ausgestatteten Algen die eigentliche Energieumwandlung vornehmen, ist daneben bei Blaualgen mit dem Phycochrom eine Gruppe photoreversibler Pigmentsysteme bekanntgeworden. Ähnlich dem Phytochrom grüner Pflanzen und dem Mycochrom von Pilzen vermitteln sie als Photorezeptoren die Lichtinduktion verschiedener physiologischer Prozesse. So wird z. B. die Phycoerythrinbildung über derartige Farbstoffe durch Grünlicht spezifisch induziert.

3.2. Entwicklung und Struktur der Plastiden

3.2.1. Entwicklung der Chloroplasten

Die Chloroplasten entstehen in meristematischen Zellen aus Plastideninitialen durch Teilung, analog der Kontinuitätstheorie von SCHIMPER und MEYER. Alle Berichte über eine de novo-Bildung von Plastiden gelten als widerlegt. Während die Vergrößerung der Plastideninitiale zur Protoplastide noch lichtunabhängig erfolgt, findet eine normale Morphogenese, zumindest bei Angiospermen,

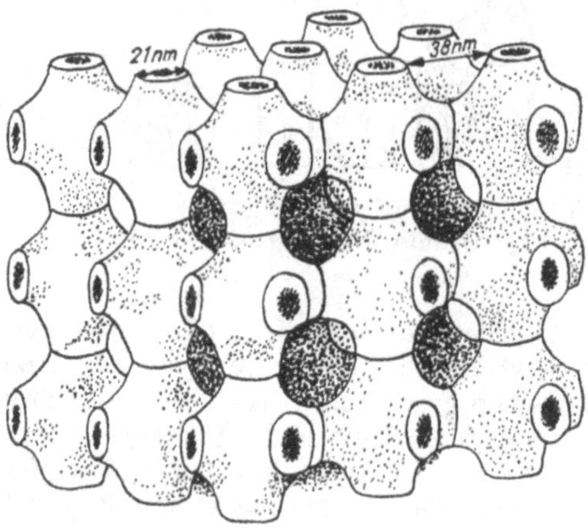

Abb. 18. Modell eines Prolammellarkörpers (nach GUNNING u. YAGOE 1967).

nur im Licht statt. Die Proplastiden sind durch eine Doppelmembran vom Zytoplasma abgegrenzt. Die weitere Entwicklung der Proplastiden erfolgt über das Amyloplastenstadium und eine nicht immer auftretende Amoeboblastenstufe zum Protubularkörper. Er besteht aus einem amöboid formveränderlichen Stroma mit einem persistierenden, nach Fixierung stark färbbarem Körperchen, dem Prolamellarkörper. Dieser Prolamellarkörper ist durch eine hochgradig geordnete Struktur ausgezeichnet und steht zu den Plastiden-Ribosomen in Beziehung (Abb. 18, Tafel 1–2). Im Licht beobachten wir zunächst eine Einstülpung von Tubuli aus der inneren Grenzmembran des Plastids. Bei fortschreitendem Wachstum der Zelle vergrößern sich die Proplastiden, wobei das Auftreten von Vakuolen, Stärkekörnern und osmiophilen sublichtmikroskopischen Tropfen, der Plastoglobuli, im Stroma zu beobachten ist.

Die Vermehrung der Plastiden pro Zelle erfolgt durch eine einfache Durchschnürung (bisweilen auch durch Sprossung) im Zuge der Zellteilung. In der frühen Prophase gruppieren sich die Plastiden um den Kern. Danach wandern sie zu den Polen und ordnen sich in strahlenförmigen Radien zu ihnen an. Die Äquatorialplatte bleibt bis zur Telophase plastidenfrei. Nach der Zellwandbildung zerstreuen sich die Proplastiden wieder im Plasma der Tochterzellen. Dadurch wird eine gleichmäßige Verteilung der Proplastiden auf die Tochterzellen erreicht, so daß sie, zumindest in den meristematischen Zellen, in relativ konstanten Mengen vorkommen. In den somatischen Geweben kann jedoch die Anzahl der Chloroplasten durch eine enge Wechselwirkung zwischen Idiotyp und mannigfachen Umweltfaktoren sehr verändert sein. Über deren Regulation haben wir jedoch noch wenig Informationen. Die Anzahl der Chloroplasten pro Zelle schwankt bei der überwiegenden Zahl der Arten im Mesophyll zwischen 15–50 mit Extremwerten bei 200 (Tafel 3; Tab. 31).

Sie ist bei Pteridophyten und Angiospermen etwa gleich. In Blättern wurden 400000 Chloroplasten/mm^2 ermittelt, woraus man näherungsweise 10^{14} Chloroplasten für einen Baum kalkulierte.

In der weiteren Entwicklung verlieren die Proplastiden ihren amöboiden Charakter und werden zu linsenförmig abgeplatteten Jungchloroplasten (Abb. 19), deren Grundsubstanz, das Stroma, bis auf eine schmale Randzone, das Peristromium, von Membransystemen durchzogen ist. Diese als Stroma-Thylakoide bezeichneten Systeme bilden sich aus der inneren der beiden Hüllmembranen durch Einstülpungen, starkes lokales Wachstum und nachfolgende Ablösung.

Das relativ flüssige periphere Stromaplasma hat für die Bewegungen der Chloroplasten innerhalb der Zelle Bedeutung (vgl. S. 180). Darüber hinaus kann es im Zuge eines weiteren Formwechsels zu erheblichen Strukturveränderungen an den Plastiden-Grenzschichten kommen. Sie entstehen entweder aus direkten Knospenbildungen infolge Ausstülpung der Plastidenmembran, durch Invaginationen oder über die Bildung bzw. Ablagerung von Stoffen

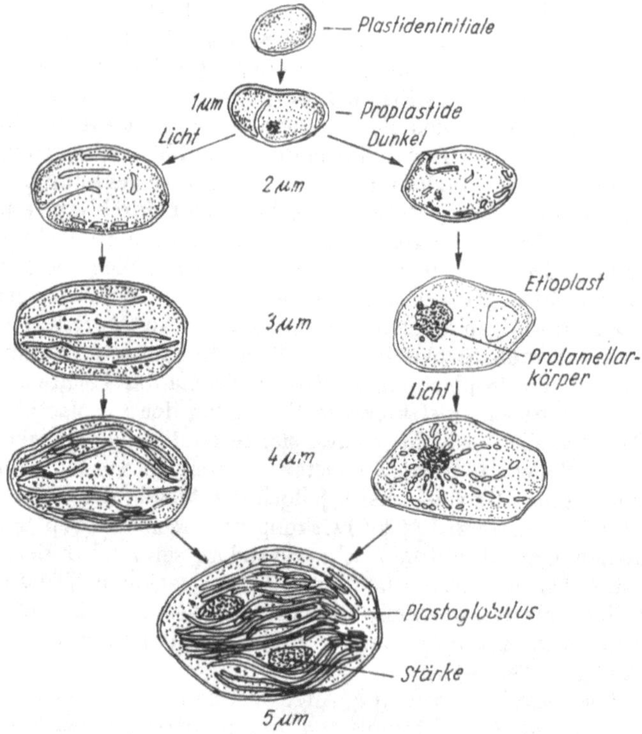

Abb. 19. Schema der Chloroplastenentwicklung; Erklärung im Text.

in Zwischenräume der Doppelmembran. Die dabei erfolgende Abgabe von Plastidensubstanz (Partikelgröße 0,1—4 μm) ins Zytoplasma ist ein verbreitetes Phänomen, unabhängig vom Gewebetyp, Alter oder Pflanzenart. In Oenotherenkeimblättern z. B. zeigen etwa 9,4% aller Chloroplasten derartige Differenzierungen. Diese verschiedenen morphologischen Strukturen gelten als Widerspiegelung des gleichen dynamischen und komplexen biochemischen Systems der Zelle, das letztlich die vielseitige Ausnutzung der mannigfachen Photosyntheseprodukte realisiert (vgl. 6.4.). Darüber hinaus werden diese Plastidenstrukturen auch im Zusammenhang mit dem Transport von Carotenoiden und Porphyrinen, von Lipiden und Proteinen diskutiert. Für eine Umwandlung der abgelösten Partikel zu neuen Plastiden oder Chloroplasten gibt es keine sicheren Hinweise. Allerdings verdienen mögliche Beziehungen zu den als Peroxisomen und Glyoxisomen beschriebenen Organellen Beachtung.

Bei Lichtmangel entwickelt sich aus den Proplastiden nach anfänglichen Einstülpungen der Innenmembran ein relativ kleiner Etioplast, der durch den Besitz eines Prolamellarkörpers ausgezeichnet ist. Bei nachträglich einsetzender Belichtung vermögen etiolierte Pflanzen jedoch wieder zu ergrünen, also Chloroplasten zu differenzieren. Diese Entwicklung ist durch das Auswachsen

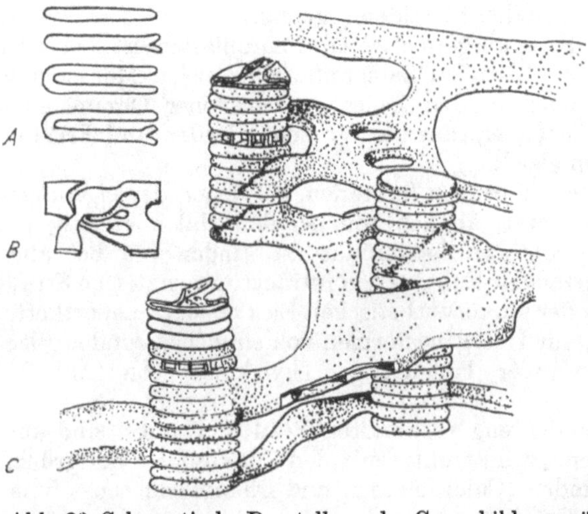

Abb. 20. Schematische Darstellung der Granabildung während der Chloroplastenentwicklung bei höheren Pflanzen.

von Doppelmembranen (Thylakoiden) aus dem Prolamellarkörper gekennzeichnet. (Abb. 19; Tafel 1—2). Damit ergeben sich ebenfalls abgeflachte „Jungchloroplasten", deren Stroma wiederum von dem Doppelmembran-System, den Stromathylakoiden, durchzogen ist. Durch fortgesetzte weitere Aus- und Einstülpungen sowie lokale, von perforierten Bereichen ausgehende Überschichtungen (Abb. 20), entstehen daneben kleinflächige Thylakoide. Diese in Stapeln (Grana) vorkommenden Doppelmembranen werden als Granathylakoide von den Stromathylakoiden abgegrenzt. Am Aufbau der bereits lichtmikroskopisch erkennbaren Granabereiche sind also, entsprechend ihrer Genese, die Stromamembranen maßgeblich beteiligt. Beide Membrantypen unterscheiden sich morphologisch nur durch ihre flächenmäßige Ausdehnung. Die Granen eines Chloroplasten sind durch anastomosierende Verbindungslamellen miteinander zu einem Ganzen verknüpft.

Die ausdifferenzierten Chloroplasten erreichen eine Durchschnittsgröße von 4—6 μm Durchmesser und 2—3 μm Dicke (Abb. 19, Tafel 3—4). Ihr Volumen sowie auch die Anzahl der Granen und der darin befindlichen Thylakoide hängen in starkem Maße vom Lichtfaktor ab (vgl. 7.1.1.). Für ihre Entwicklung haben Wuchsstoffe, insbesondere Zytokinine, eine besondere Bedeutung. Die ihre Biogenese bedingende genetische Information liegt sowohl im Kern als auch in den Plastiden (vgl. 4.3.).

Der Grundaufbau ausgewachsener Chloroplasten ist bei allen höheren Pflanzen (bei allen Samenpflanzen, vielen Moosen und Farnen) sowie auch in den Zellen verschiedener Organe einer Pflanze (wie Blätter, ergrünende Wurzeln, Rinden und Früchte) im Wesentlichen gleich.

Mit Ausnahme der grünen Bakterien, bei denen der eigentliche Photosyntheseapparat, ähnlich wie bei den Halobakterien, auf die Cytoplasmamembran beschränkt ist, finden wir bei allen photosynthetisierenden Eubakterien intracytoplasmatische Strukturen als Träger der photosynthetischen Elektronentransportkette, die Thylakoide, mit Übergangsformen von einfachen runden Bläschenthylakoiden über lamellartige Thylakoide vor (Abb. 21; Tafel 5 u. 6).

Die untereinander eng verwandten BChl c, d und e sind ausschließlich in den „Hilfsstrukturen“, den Chlorosomen der grünen Bakterien zu finden (Chlorobiaceen und Chloroflexaceen); funktionell analoge Gebilde stellen die Phycobilisomen der Cyanobakterien dar. (Abb. 17).

Neben den Chloroplasten gibt es eine Reihe anderer Plastiden, die entweder direkt aus den Proplastiden entstehen oder auch durch wechselseitige Umwandlung voneinander ableitbar sind (Abb. 22; Tafel 7). Dazu gehören die stärkespeichernden Amyloplasten (Leukoplasten) der nicht grünen Gewebe und die Chromoplasten. Letztere bedingen durch ihren Besitz an Carotenoiden die Färbung vieler Organe. Die Chromoplasten in Blüten und Früchten entstehen in der Regel aus frühen Chloroplasten-Entwicklungsstadien. Ihre Differenzierung geht häufig mit Teilungen, stets aber mit der Neusynthese von Membranelementen, Carotenoiden und anderen Komponenten, einher. Als Carotenoid-Trägerstrukturen dienen verbreitet Plastoglobuli, ferner gebündelte Tubuli, konzentrische Membrankonvolute und membranumschlossene Carote-

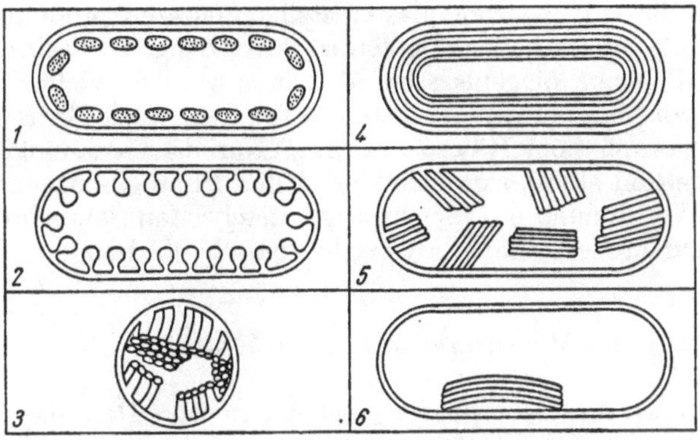

Abb. 21. Schematische Darstellung BChl-tragender Strukturen bei photosynthetisch aktiven Bakterien.
1: Chlorobium-Vesikel bei grünen Schwefelbakterien (vergl. Abb. 14).
2: Vesikuläre Thylakoide (*Rhodospirillum rubrum*).
3: Tubuläre Thylakoide (*Thiococcus* spec.).
4: Zwiebelschalenförmig angeordnete Thylakoide (*Rhodomicrobium vannielii*).
5: Kurze, lockere Thylakoidstapel (*Rhodospirillum molischianum*).
6: Größere, dichtgepackte granaartige Thylkoidstapel (*Rhodopseudomonas viridis*).
(nach METZNER 1971).

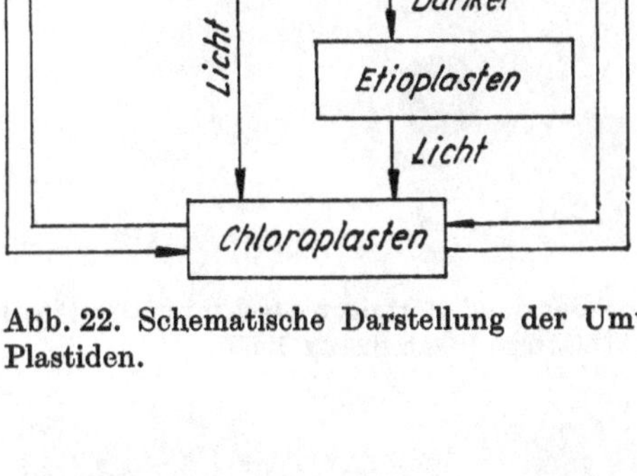

Abb. 22. Schematische Darstellung der Umwandlungsmöglichkeiten der Plastiden.

noidkristalle. Herbstlaubchromoplasten stellen Seneszenzprodukte ehemaliger Chloroplasten dar. Bei ihrer Entstehung beobachtet man keine erhebliche biogenetische Aktivität, sondern vielmehr einen Abbau von Membranen und deren Bestandteilen, wie Matrixproteinen, Chlorophyllen, Ribosomen, u. a. Nur die Carotenoide bleiben weitgehend stabil, sammeln sich in den Plastoglobuli und verleihen, in Verbindung mit gleichzeitig entstehenden Sekundärcarotenoiden, dem Herbstlaub die charakteristische Färbung.

3.2.2. *Struktur des Stromas und seine Einschlüsse*

Die Grundstruktur der Chloroplasten erscheint amorph. Detaillierte elektronenmikroskopische Untersuchungen ergaben jedoch, daß das Stroma nicht nur eine Reihe von Einschlüssen besitzt, sondern auch eine Feinstruktur aufweist. So lassen sich im Plastidenstroma von Weizen-Primärblättern nach Glutaraldehyd-Osmium-Fixierung lange gestreckte Stränge von fibrillärem Bau nachweisen (Abb. 23). Im Querschnitt besteht ein Einzelstrang aus einem elektronendichten, 11 nm dicken Zentralstrang und aus einer äußeren 3,5 nm breiten, kontrastlosen Hülle, die sich deutlich vom angrenzenden Stromaplasma der Plastiden abhebt. Das kontrastreiche Zentrum ist röhrenförmig gestaltet; es besitzt eine etwa 3 nm große zentrale Aussparung. Ein Einzelstrang hat eine Gesamtbreite von 18 nm. Der Mittelpunktabstand zweier benachbarter Stränge beträgt 17—19 nm. Die Anzahl der Einzelstränge schwankt zwischen 20 und 60; entsprechend ist der Durchmesser der einzelnen Bündel variabel (0,06—0,15 μm). Das Vorkommen dieser Stroma-Strukturen ist nicht an ein bestimmtes Entwicklungsstadium der Pla-

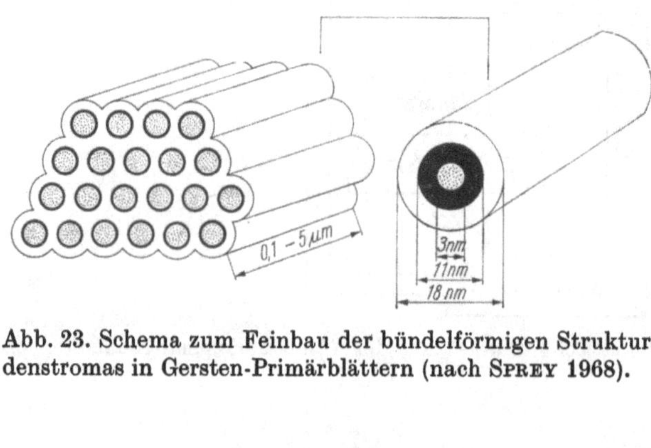

Abb. 23. Schema zum Feinbau der bündelförmigen Strukturen des Plastidenstromas in Gersten-Primärblättern (nach Sprey 1968).

stiden gebunden. Sie wurden in der Nähe der Prolamellarkörper unbelichteter Etioplasten, in Plastiden im Stadium der lag-Phase der Ergrünung sowie in ausdifferenzierten Chloroplasten beobachtet. Auch nach Röntgenbestrahlung oder Behandlung junger Weizenprimärblätter mit Inhibitoren der DNA-, RNA- und Proteinsynthese sowie bei Chlorophylldefektmutanten sind diese bündelförmigen Strukturen nachweisbar. In funktioneller Hinsicht ist eine Beteiligung dieser Stromabestandteile an der de novo-Bildung von Thylakoiden ebenso denkbar wie eine mögliche Funktion bei der Plastidenteilung. Die am meisten verbreiteten Einschlüsse im Plastidenstroma verkörpern die Plastoglobuli. Es sind osmiophile „Tröpfchen", die in den Chloroplasten von Pflanzen verschiedener Verwandtschaftskreise nachweisbar sind. Der mittlere Durchmesser der Plastoglobuli schwankt in Abhängigkeit von der Pflanzenart zwischen 0,2 und 1,0 μm. Ihre Anzahl und Größe nehmen im allgemeinen mit dem Alter der Chloroplasten zu, um bei der herbstlichen Blattdegeneration ein Maximum zu erreichen. Da andererseits in Proplastiden etiolierter Pflanzen die rasche Thylakoidbildung während der Ergrünungsphase wiederholt mit der Abnahme der Plastoglobuli verknüpft ist, wird als eine der möglichen Funktionen der Plastoglobuli ihre Rolle als Lipid- und Chinonpool diskutiert.

Chloroplasten können ferner Phytoferritin, einen Protein-Eisen-Komplex im Plastidenstroma besitzen. Der Komplex kann auch in kristalliner Anordnung auftreten, doch sind die einzelnen Makromoleküle des Ferritins durch periphere Proteinhüllen getrennt. Darüber hinaus sind in den Plastiden verschiedenster Pflanzen fibrilläre Einschlüsse gefunden worden, die teils als „Stromazentrum", teils als Granula bezeichnet, bei TMV-infizierten *Nicotiana*-Blättern sogar als Virus-Aggregate identifiziert werden konnten. Auch über Stroma-Protein-Kristalloide (als Eiweißspeicher?) ist berichtet worden.

Während es sich bei den bisher beschriebenen Einschlüssen um vitale Strukturen funktionstüchtiger Chloroplasten handeln dürfte, beobachtet man bei experimentellen Belastungen des Photosyntheseapparates (wie z. B. NO_2-Begasung) sowie im Verlauf der Alterung eine Fülle sekundärer Partikel und Vesikel, auf die hier nicht weiter eingegangen werden kann.

3.2.3. Die Ultrastruktur der Thylakoide

Die Chloroplastenmembranen haben sich als Träger der Pigmente und aller jener Faktoren erwiesen, die an den Lichtreaktionen der Photosynthese beteiligt sind. Die Sekundärvorgänge im weitesten Sinne laufen an der Grenze der Membranen und in der Matrix ab. Dabei spiegeln sich aus dem allgemeinen Zusammenhang zwischen Ultrastruktur und Funktion der Plastiden zwei Prinzipien

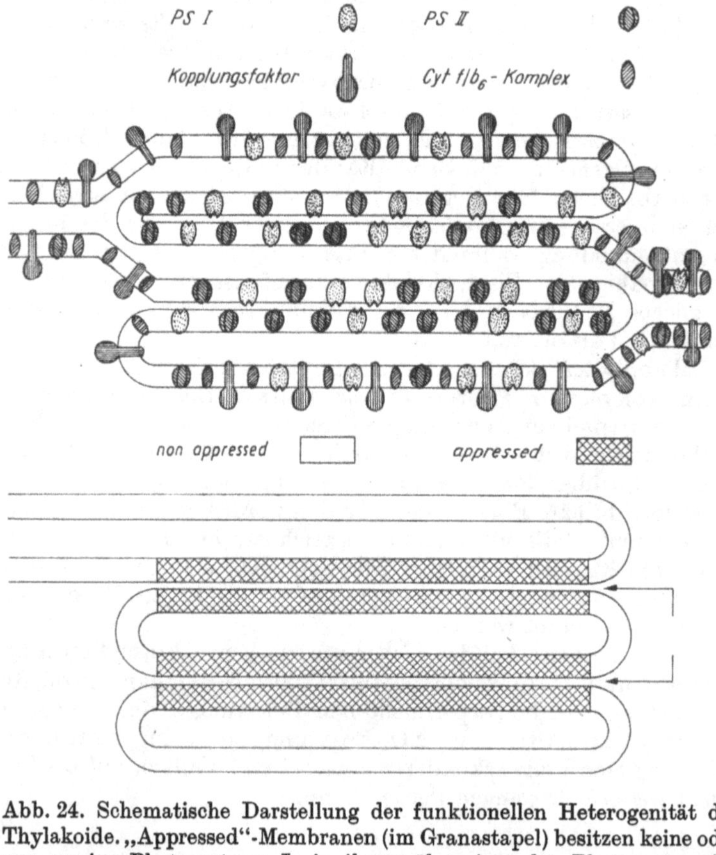

Abb. 24. Schematische Darstellung der funktionellen Heterogenität der Thylakoide. „Appressed"-Membranen (im Granastapel) besitzen keine oder nur wenige Photosysteme I; in ihnen überwiegt das Photosystem II. „Non-appressed" oder Stromathylakoide enthalten vorrangig das PS I und den ATPase-Komplex.

besonders wider: Oberflächenvergrößerung durch die Anordnung der Membranen als Thylakoide und Lokalisierung der verschiedenen Prozesse durch Kompartimentbildung. Die Gesamtoberfläche aller Thylakoide eines durchschnittlichen Chloroplasten beträgt etwa 660 μm^2.

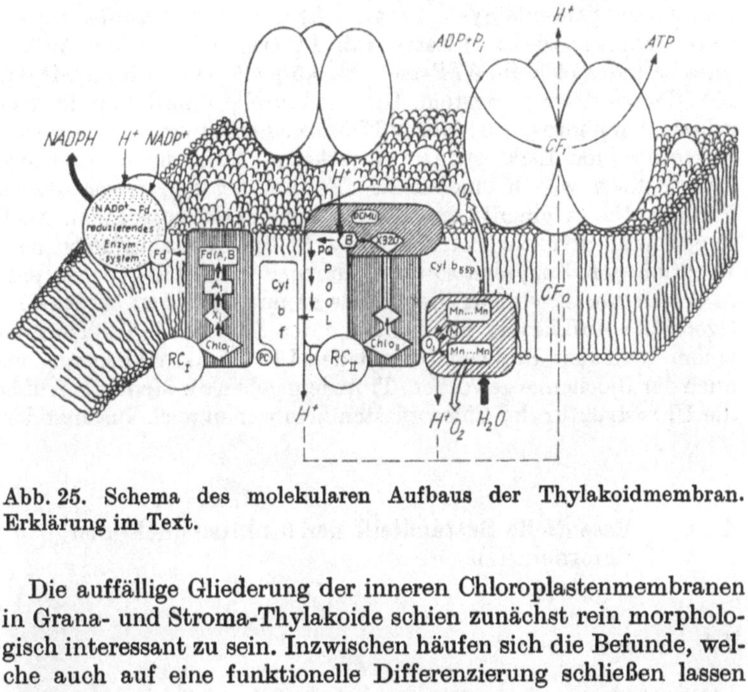

Abb. 25. Schema des molekularen Aufbaus der Thylakoidmembran. Erklärung im Text.

Die auffällige Gliederung der inneren Chloroplastenmembranen in Grana- und Stroma-Thylakoide schien zunächst rein morphologisch interessant zu sein. Inzwischen häufen sich die Befunde, welche auch auf eine funktionelle Differenzierung schließen lassen (Abb. 24).

Allen neueren Modellen der Photosynthesemembran ist gemeinsam, daß sie nicht ein statisches System zu beschreiben suchen, sondern ein fluides. Diese Modelle (Abb. 25) charakterisieren einen Zustand höchster thermodynamischer Wahrscheinlichkeit. Der am meisten verbreiteten Mosaik-Vorstellung liegt eine Lipid-Doppelschicht zugrunde. Ihre hydrophilen „Köpfe" sind nach außen, die hydrophoben „Schwänze" ins Thylakoidinnere gerichtet. Dieser Doppelschicht sind Proteine und Pigmente ein- und aufgelagert. Die Verankerung der Farbstoffe in der Membran erfolgt durch hydrophobe Seitenketten, z. B. durch das Phytol des Chlorophylls. Wie Abb. 25 verdeutlicht, sind die sogenannten Reaktionszentren RC_I und RC_{II} (vgl. 5.3.) so in die Thylakoidmembran eingelagert, daß Chl a_I und Chl a_{II} an der Innenseite, die zugehörigen Akzeptoren Ferredoxin und X_{320} (vgl. 5.4.) an der Außenseite angeordnet sind. Der Plastochinonpool (vgl. 4.5.) erstreckt sich als transversales Funktionselement sowohl für den Elektronen- als auch für den Protonentransport quer durch die Thylakoidmembran. Das wasserspaltende System (vgl. 5.7.) wird ebenso an der Innenseite postuliert wie das Plastocyanin PC (vgl. 4.7.). An der Außenseite befinden sich die ATP-ase (vgl. 5.5.), CF_1 (vgl. 5.6.) sowie das NADP-reduzierende System. Die strukturelle Anordnung der einzelnen, den photosynthetischen Elektronentransport realisierenden Faktoren (der Elektronentransportkette, 5.4.) ist noch ebenso hypothetisch wie die molekulare Einbindung der verschiedenen Photosynthesepigmente und ihrer in vivo-Funktionsformen. Auch dynamische Strukturprozesse, wie z. B. die Lateraldiffusion oder Rotation von Enzymen sowie die hohe Beweglichkeit der Lipide in der Membran, vermag dieses Schema nur schwer zu berücksichtigen. Die Aufklärung des Feinbaus der Thylakoide ist heute zu einem zentralen Problem sowohl der Ultrastrukturforschung als auch der Biochemie geworden. Trotzdem gehen die Meinungen über die Ultrastruktur der Chloroplastenmembranen noch auseinander.

4. Essentielle Bestandteile der funktionstüchtigen Chloroplasten

4.1. Wassergehalt

Chloroplasten verschiedener systematischer Gruppen höherer Pflanzen haben einen Wassergehalt von etwa 75%. Das Durchschnittsvolumen eines Spinatchloroplasten wird mit 34×10^{-12} cm^3 angegeben. Demgegenüber beträgt das Volumen entsprechender wasserfreier Plastiden $7{,}3 \times 10^{-12}$ cm^3 bei einem spezifischen Gewicht von 1,20 g cm^{-3}. Somit enthält ein Spinatchloroplast 26×10^{-12} g Wasser; bezogen auf das Volumen ergeben sich $79 \pm 3\%$. Für Chloroplasten von *Allium porrum*, *Plagiochila asplenioides* und *Mnium rostratum* wurden 73 ± 3, 73 ± 2 bzw. $79 \pm 3\%$ ermittelt. Da etwa 80% des plastidalen Wassers für die Größe des Chloroplasten verantwortlich sind, werden die Wassermoleküle in den interlamellaren Räumen postuliert. Dies erscheint um so verständlicher, als sowohl die Protein- als auch die Lipidschichten durch den Besitz von Ladungsträgern mit den Wasserdipolen in vielseitige Wechselwirkung treten (Abb. 26). Dem Wasser kommt dadurch eine wesentliche strukturbildende Funktion

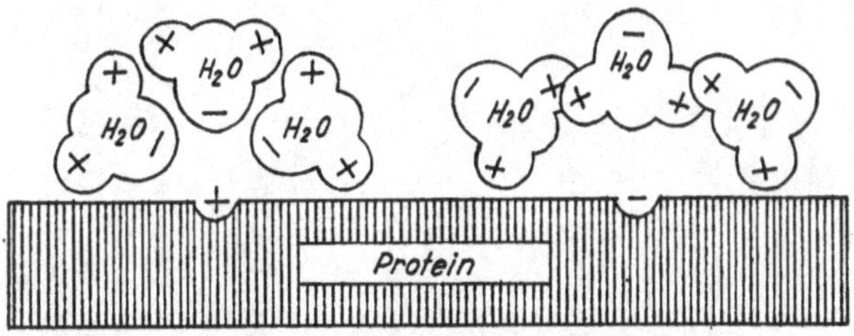

Abb. 26. Schematische Darstellung einer Ansammlung von Wasserdipolen um Ladungsträger einer Proteinschicht.

zu. Schwankungen des Wassergehaltes wirken sich über Abstandsänderungen der essentiellen Thylakoidbausteine auf die Intensität der photosynthetischen Primärreaktionen aus. Umgekehrt spiegeln sich die lichtabhängigen Redoxvorgänge in reversiblen Volumenänderungen der Chloroplasten wider. Aber auch für die molekulare Anordnung der Pigmente in den Thylakoiden ist die Beteiligung von Wassermolekülen wiederholt erwogen worden.

4.2. *Eiweiße*

Vergleichende Untersuchungen ergaben, daß der Eiweißgehalt ausgewachsener Chloroplasten relativ konstant ist. Die diesbezüglichen Daten bewegen sich, bezogen auf die Chloroplastentrockensubstanz, zwischen 60 und 70% Protein. Auch das Verhältnis zwischen Stickstoffgehalt der Chloroplasten und Gesamtstickstoffgehalt des Gewebes ist ausgewogen und schwankt bei verschiedenen Pflanzen um 37%. Plastiden aus jungen sowie aus alten Blättern besitzen einen niedrigeren Eiweißgehalt.

Der isoelektrische Punkt der Chloroplasteneiweiße liegt bei pH 3,6–4,0. Während die Cytoplasmaproteine in wäßriger NaOH löslich sind, gehen diejenigen der Plastiden erst in 50–60%iger alkoholischer NAOH in Lösung; sie nehmen nach längerer alkalischer Hydrolyse die Eigenschaft der Plasmaproteine an. In der Aminosäurezusammensetzung unterscheiden sich Cytoplasma- und Chloroplasteneiweiße wenig.

Tabelle 6

Beispiele für in Chloroplasten nachgewiesene Enzyme
(mit + gekennzeichnete Enzyme sind ausschließlich in den Chloroplasten lokalisiert; nach PEINE 1986)

Enzym	EC-Nr.	Reaktion
1. Enzyme im Bereich der reduktiven CO_2-Assimilation		
1.1. C_3-Weg		
+Ribulose-1,5-bisphosphat	4.1.1.39	Ru-1,5 dP + CO_2 → 2 × 3-PGS bzw. Ru-1,5 dP + CO_2 → Glycolsäure
Phosphoglyceratkinase	2.7.2.3	3-PGS + ATP ⇌ 1,3-diPGS + ADP
+NADP+-Glycerinaldehydphosphat-Dehydrogenase	1.2.1.13	1,3-diPGS + NADPH + H^+ ⇌ 3-PGA + Pi + $NADP^+$
Triosephosphat-Isomerase	5.3.1.1	3-PGA ⇌ DMAP
Fructosediphosphat-Aldolase	4.1.2.13	2 × 3-PGA ⇌ F-1,6-diP
Fructosebisphosphatase	3.1.3.11	F-1,6-diP + H_2O ⇌ F-6-P + H_3PO_4
Transketolase	2.2.1.1	F-6-P + 3-PGA ⇌ E-4-P + Xu-5-P
Seduheptulosebisphosphatase	3.1.3.37	Su-1,7-diP ⇌ Su-7-P + Pi
Ribulosephosphat-3-epimerase	5.1.3.1	Xu-5-P ⇌ Ru-5-P
Ribosephosphat-Isomerase	5.3.1.6	Ru-5-P ⇌ R-5-P
Phosphoribulokinase	2.7.1.19	Ru-5-P + ATP ⇌ Ru-1,5-diP + ADP
1.2. C_4-Weg		
+NADP+-„malic enzyme"	1.1.1.40	L-Malat + $NADP^+$ ⇌ CO_2 + Pyruvat + NADPH + H^+
PEP-Carboxylase	4.1.1.31	HCO_3^- + PEP ⇌ Oxalacetat + H_3PO_4
+NADP+-Malatdehydrogenase	1.1.1.82	L-Malat + $NADP^+$ ⇌ Oxalacetat + NADPH + H^+
Pyruvat-Orthophosphat-Dikinase	2.7.9.1	Pyruvat + ATP + Pi ⇌ PEP + AMP + PPi
Pyrophosphatase	3.6.1.1	PPi + H_2O ⇌ 2 × Orthophosphat

Adenylat-Kinase	2.7.4.3	AMP + ATP $\rightleftharpoons$ 2 ADP
Carboanhydrase	4.2.1.1	$CO_2 + H_2O \rightleftharpoons H^+ + HCO_3^-$

2. Enzyme im Bereich der Eiweißsynthese

NADP(H)-Nitrit-Reductase	1.6.6.4	$NO_2^- + 2H^+ + H_2O \rightarrow 1^1/_2 O_2 + NH_4^+$
L-Glutamat-Ferredoxinoxidoreductase (transaminierend; GOGAT)	1.4.7.1	Glutamin + $2\,Fd_{red}$ + α Ketoglutarat $\rightleftharpoons$ 2 Glutamat + $2\,Fd_{ox}$
Glutamat-Oxalactet-Transaminase	2.6.1.1	α-Ketoglutarat + L-Aspartat $\rightleftharpoons$ L-Glutamat + α-Ketoglutarat

3. Enzyme im Bereich des Lipidstoffwechsels

Acyl-CoA-Synthetase	6.2.1.3	Fettsäuren + ATP + CoASH $\rightarrow$ Acyl-CoA + AMP + P $\sim$ Pi
Glycerolphosphat-Acyl-Transferase	2.3.1.15	sn-Glycerol-3-P + Acyl-CoA $\rightarrow$ Lysophostidsäure — CoASH
Lipoxygenase	1.13.11.12	ungesättigte FS + O_2 $\rightarrow$ Peroxid-Derivate der ungesättigten FS
Phosphatidat-Phosphatase	3.1.3.4	Phosphatidat + H_2O $\rightarrow$ Diacylglycerol + Pi
UDP-Gal-Diacyl-Glycerol-Galactosyl-Transferase	2.4.1.46	Diacyl-Glycerol — UDP-Galactose $\rightarrow$ MGDG + UDP
UDP-Gal-MGDG-Galactosyl-Transferase	2.4.1.47	MGDG + UDP-Galactose $\rightarrow$ DGDG + UDP

4. Enzyme im Bereich des Chlorophyllstoffwechsels

Aminolävulinsäuresynthase (ALA-synthase)	2.3.1.37	Succinyl-CoA + Glycin $\rightarrow$ ALA + CoA + CO_2
ALA-Dehydratase	4.2.1.24	α-ALA $\rightarrow$ Porphobilinogen + H_2O
Chlorophyllase	3.1.1.14	Chlorophyll $\rightarrow$ Chlorophyllid + Phytol

5. Weitere Enzyme im Bereich des Primärstoffwechsels

Stärkesynthese

Glucose-phosphat-Isomerase	5.3.1.9	G-6-P $\rightleftharpoons$ G-1-P

(Tabelle 6 Fortsetzung)

Enzym	EC-Nr.	Reaktion
Glucose-1-phosphat-adenylyl-Transferase	2.7.7.17	G-1-P + ATP $\rightleftharpoons$ ADP-Glucose + Pi
Phosphorylase	2.4.1.1	Stärke → Dextrane
α-Glucosidase	3.2.1.20	Saccharose, Maltose + H_2O → 2 Glucose bzw. Glucose + Fructose
α-Amylase	3.2.1.1	Stärke + H_2O → $(Maltose)_n$
Purinsynthese		
Ribosephosphat-Pyrophosphokinase	2.7.6.1	D-Ribose-5-P + ATP → 5-Phosphoribosylpyrophosphat + AMP
Phosphoribosylaminoimidazol-carboxylase	4.1.21	5-Aminoimidazolribotid + CO_2 → 4-Carboxy-5-aminoimidazolribotid
6. Enzyme im Bereich des Sekundärstoffwechsels		
Mevalonatkinase	2.7.1.36	Mevalonsäure + ATP → Mevalonsäure-5-P + ADP
Phosphomevalonatkinase	2.7.4.2	Mevalonsäure-5-P + ATP → Mevalonsäure-5-Pyrophosphat + ADP
7. Weitere Enzyme		
Sulfat-adenylyl-Transferase	2.7.7.4	ATP + SO_4^- $\rightleftharpoons$ Adenosin-5-Phosphosulfat + PPi
Anorganische Pyrophosphatase	3.6.1.1	PPi + H_2O $\rightleftharpoons$ Pi + Pi
Adenylsulfatkinase	2.7.1.25	Adenosin-5-Phosphosulfat + ATP → 3-Phospho-adenosin-5-phosphosulfat + ADP
Ferredoxin-NADP-oxidoreductase	1.6.7.1	Fd_{red} + $NADP^+$ $\rightleftharpoons$ Fd_{ox} + NADPH + H^+
Adenylatkinase	2.7.4.3	AMP + ATP $\rightleftharpoons$ 2 ADP
DNA-Polymerase	2.7.7.7	DNA-Replication
RNS-Polymerase	2.7.7.6	DNA-Transcription
Polyphenoloxidase	1.10.3.1	o-Diphenol + $^1/_2$ O_2 → o-Chinon + H_2O

Innerhalb der Chloroplasten wird zwischen den wasserlöslichen Stroma-Eiweißen und den meist unlöslichen der Thylakoide differenziert. Während im Stroma vorrangig die an verschiedenen chloroplasteneigenen Synthesen beteiligten Enzyme lokalisiert sind, enthalten die Membranen die Strukturproteine. Letztere (etwa 30% der gesamten Chloroplastenproteine) haben ein Molekulargewicht von etwa 25000, erscheinen in der Ultrazentrifuge homogen, lassen sich aber elektrophoretisch nach Detergentien-Behandlung in viele Fraktionen unterteilen. Hinsichtlich ihrer Aminosäurenzusammensetzung sind die Strukturproteine relativ reich an Aminosäuren mit unpolaren Seitenketten; sie gelten als Orte der Komplexbildung mit den Enzymen (Membranbindung charakteristischer Photosyntheseenzyme), wobei sie gleichzeitig regulative Funktionen ausüben sollen. Die Bildung der Photosynthese-Enzyme ist nicht nur in besonderer Weise lichtabhängig (Lichtinduktion); das Licht reguliert auch die reversiblen Aktivitätsschwankungen. Beispiele über bisher in Chloroplasten nachgewiesene Enzyme vermittelt Tabelle 6.

In quantitativer Hinsicht überwiegt mit ca. 50% die Ribulose-1,5-Diphosphat-Carboxylase-Oxygenase (= Fraktion I-Protein; Carboxydismutase; MG = 560000). Es ist mit 2×10^8 t das mengenmäßig bedeutendste Ferment auf der Erde; es kommt in allen photosynthetisierenden Organismen vor und kann in kristalliner Form in Carboxysomen auch als zellulärer Proteinspeicher fungieren.

Das Enzmym hat je nach dem CO_2/O_2-Verhältnis eine Carboxylase- und eine Oxigenase-Funktion und bedingt somit letztlich die Stoffwechselsequenzen der Photorespiration (vgl. 6.3.). Bemerkenswert ist der Aufbau dieses Ferments aus einer großen und einer kleinen Untereinheit (MG — 58000 und 12 — 18000); es wirkt in höheren Pflanzen als Oktamer. Die große Untereinheit wird an 70 S-Ribosomen im Plastiden, die kleine dagegen an 80 S-Ribosomen des Cytoplasmas synthetisiert (vgl. 4.3.).

Die Photosynthese-Pigmente sind an die Strukturproteine gebunden. Erst diese Verknüpfung ermöglicht die Photoreduktion des PChl(ids) zum Chlid, stabilisiert die Farbstoffe gegen photooxidative Einflüsse und schafft in Verbindung mit den Cofaktoren und Enzymen durch die Ausbildung der photosynthetischen Einheiten die Voraussetzungen für den Ablauf der Lichtreaktionen.

Bei den Pigment-Protein-Komplexen unterscheidet man zwischen den zur Lichtabsorption und -weiterleitung befähigten (LHC) Komplexen und den die Energietransformation realisierenden Reaktionszentren. Eine andere Untergliederung ist danach vorzunehmen, ob sie nur Chl a tragen oder Chl a und Chl b besitzen. Allen Komplexen ist jedoch gemeinsam, daß sie auch Carotenoide (zur Stabilisierung der Chlorophyllmoleküle) besitzen. Carotenoid-Mutanten oder durch Herbizide in ihrer Carotenoidsynthese gehemmte Pflanzen bleichen im Licht völlig aus.

Als Bindungen zwischen Pigmenten und Eiweißen in den PPK treten in den Phycobilisomen (vgl. Abb. 17) kovalente Bindungen auf; alle anderen Pigmente sind nichtkonvalent gebunden. Ein Teil der PPK enthält wasserlösliche Proteine (in Phycobilisomen und BChl a-Protein), die Mehrzahl der Proteine (in den anderen PPK) sind wasserunlöslich; sie tragen auch Carotenoide. Die Molekulargewichte dieser Proteine schwanken zwischen 12 und 70 kD. Jeder Komplex besteht etwa aus 1—3 Proteinen; pro Eiweißmolekül der Komplexe beobachtet man 2—7 Pigmentmoleküle. Nach gegenwärtig verbreiteter Ansicht hat jeder photosynthetisierende Organismus 2—5 verschiedene PPK.

Der lichtsammelnde Chlorophyll a/b-Protein-Komplex (LHC) enthält mehr all 50% des gesamten Chlorophylls der Chloroplasten. Er absorbiert Sonnenlicht, konzentriert diese Energie und leitet sie (zur Ladungstrennung und den dadurch induzierten Elektronentransport) reguliert an die Reaktionszentren weiter. Das Absorptionsmaximum liegt bei 676—678 nm.

Für die Reaktionszentren sind bei höheren Pflanzen Chl a-Dimere (P_{700} und P_{680}) charakteristisch (vgl. 5.3.); bei den photosynthetisierenden Bakterien fungiert an dieser Stelle ein BChl a-Dimer (vgl. 6.5.). Wenig Beachtung finden in der Photosyntheseforschung bisher jene Hinweise, die auch dem Energietransfer zwischen verschiedenen (pigmentfreien) Proteinmolekülen Bedeutung beimessen.

Die proteinverbundenen Pigmente weisen gegenüber den in Lösung homogen verteilten deutlich andere spektrale Eigenschaften auf, die durch eine definierte räumliche Organisation der wahrscheinlich hydrophob gebundenen Chlorophylle verursacht werden. Die Wechselwirkung der elektrischen Übergangsdipolmomente führt in Abhängigkeit vom gegenseitigen Abstand und der Orientierung der Farbstoffmoleküle zur Aufspaltung der Energieniveaus. Die mit den erlaubten Energieniveaus verbundenen Elektronenübergänge werden als „Formen“ des Chlorophylls bezeichnet. Verbreitet diskutiert werden die in vivo-Formen Chl a 661; 670; 678; 684 und 700 nm.

Da chemisch identische Chl-Moleküle in Abhängigkeit von ihrer

Umgebung Licht unterschiedlicher Wellenlänge absorbieren und emittieren, können umgekehrt aus der Analyse eines solchen Spektralformensystems Rückschlüsse auf die Zahl der miteinander wechselwirkenden Pigmente sowie auf die Zwischenstufen der Energieübertragung gezogen werden. Für den LHC z. B. wurden 4 Chl a- und 2 Chl b-Formen beschrieben. Demgegenüber erweisen sich in laserspektroskopischen Untersuchungen die langwelligen Absorptionsbanden des Chlorophylls als homogen (vgl. S. 93).

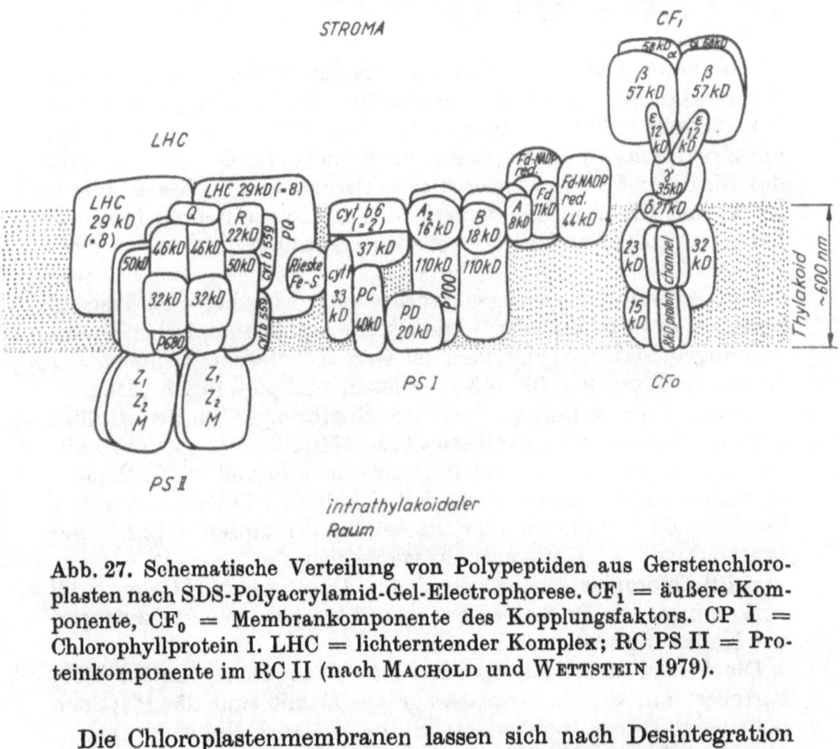

Abb. 27. Schematische Verteilung von Polypeptiden aus Gerstenchloroplasten nach SDS-Polyacrylamid-Gel-Electrophorese. CF_1 = äußere Komponente, CF_0 = Membrankomponente des Kopplungsfaktors. CP I = Chlorophyllprotein I. LHC = lichterntender Komplex; RC PS II = Proteinkomponente im RC II (nach Machold und Wettstein 1979).

Die Chloroplastenmembranen lassen sich nach Desintegration mittels Detergentien in weit mehr als 50 verschiedene Polypeptidbanden auftrennen. Identifiziert wurden davon bisher 6 Chlorophyll-Proteine, 3 Cytochrome, 2 Eisen-Schwefel-Proteine sowie die Komponenten des ATPase-Komplexes. Methodische Fortschritte erlaubten zumindest für einige der übrigen Polypeptide weitere funktionelle Zuordnungen, wie zu den Photosystemen (Proteinschild über dem PS II, welches die DCMU-Wirkung bedingt; Polypeptid mit Oxidoreduktasefunktion, Mn-haltiger Komplex im wasserspaltenden System und phosphorylierende Proteine im lichterntenden System).

Eine schematische Übersicht über die diskutierte Einordnung der bisher charakterisierten Chloroplastenproteine in die Thylakoidmembran in Bezug zur photosynthetischen Elektronentransportkette (5.4.) vermittelt Abbildung 27.

4.3. DNS und RNS

Erste Befunde über die Plastiden als Informationsträger (neben der strukturellen auch der genetischen Kontinuität) erhob VAN WISSELINGH (1920); er beobachtete bei *Spyrogyra* neben Zellen mit zwei normalen Chloroplasten auch solche, bei denen ein Plastid das für diese Alge charakteristische Pyrenoid nicht besaß. Inzwischen sind Pflanzen mit derartigen (auch experimentell induzierbaren) „Mischzellen" verbreitete Untersuchungsobjekte zur Analyse des Plastoms.

Seit Anfang der sechziger Jahre wissen wir über eine Vielzahl chemischer, physikalischer und elektronenmikroskopischer Untersuchungen, daß die Plastiden in 4—8 definierten Regionen der Matrix in Form von 38—45 μm dicken und 40—45 μm „langen" Fibrillen doppelsträngige DNS in ringförmiger und verdrillter (supercoiled) Anordnung mit etwa 140—150 Kilo-Basenpaaren besitzen. Die Schmelztemperatur liegt zwischen 70 und 80 °C. Bei den einzelnen Arten variiert der DNS-Gehalt pro Chloroplast von 1 bis 150×10^{-16} g (dies entspricht bei Tabakpflanzen z. B. 9% der Blatt-DNS); der Kern enthält vergleichsweise eine DNS-Menge von 10^4 Chloroplasten, in denen 0,33 g DNS pro 100 g Chlorophyll vorkommen. Die DNS eines *Euglena*-Chloroplasten ist ausreichend zur Kodierung von 1400 Eiweißen.

Die Anzahl derartiger separater DNS-Orte (durchschnittlich 50) korreliert mit der Chloroplastengröße. Damit sind die Plastiden polyenergide bzw. polyvalente Systeme. Jedes Nukleoid enthält unterschiedliche DNS-Mengen und ist dadurch in verschiedenem Grade „polyploid".

Die Plastiden-DNS (Molekulargewicht $9-10 \cdot 10^7$ Dalton) zeichnet sich gegenüber derjenigen des Zellkerns u. a. durch das Fehlen der Verknüpfung mit Histonen aus und ähnelt dadurch sowie durch einige weitere Eigenschaften (Schmelzpunkt, Dichte) derjenigen von Mitochondrien und Procaryoten-Zellen (Tab. 7). Mit 2,5 Mil-

Tabelle 7
Eigenschaften der plastidalen DNA im Vergleich zu derjenigen des Kerns

Chloroplast	Kern
Zirkulare Molekülform (38–45 μm)	Moleküle linear
Dichte im CsCl-Gradienten in g/cm³ 1,697 (Antirrhinum) 1,696 (Pelargonium)	Dichte im CsCl-Gradienten in g/cm³ 1,689 (Antirrhinum) 1,696 (Pelargonium)
Histone fehlen	Histone vorhanden
5-Methylcytosin fehlt	5-Methylcytosin bis zu 6,0% vorhanden
Basenzusammensetzung voneinander verschieden	
Proteinsynthesehemmung durch Chloramphenicol	Proteinsynthesehemmung durch Cycloheximid
Rasche Renaturierung nach thermischer Denaturierung (40%)	Langsame Renaturierung nach thermischer Denaturierung (10%)

lionen Nukleotideinheiten (12×10^{-16} g) besitzt ein *Euglena*-Chloroplast die gleiche Anzahl wie eine Bakterienzelle.

Durch die Incorporation von 3 H-Thymidin wurde der Beweis dafür erbracht, daß sich die DNS auch im Organell – unabhängig vom Kern – vermehrt; sie hat Membranbindung und wird semikonservativ repliziert.

Durch partielle Denaturierung, durch Restriktionsendonukleasen und durch Hybridisation mit r RNS und t RNS können physikochemische Markierungen in die Organellen-DNS eingeführt werden, so daß DNS-Genkarten entstehen. Auf diesem Wege wurden bereits physische Genkarten der plastidalen DNS aus Spinat-, Soja-, Mais- u. a. Pflanzen entwickelt und darauf z. B. zwei 16 s + 23 s – t RNS-Loci sowie je eine lange, invers wiederholte Sequenz (inverted repeat) identifiziert; auf der letzteren liegen u. a. die r-RNA-Gene.

Für das LS-Gen (large subumit) der Ribulose-1,5-Bisphosphat-Carboxylase gelang die vollständige Aufklärung der DNS-Sequenz (als erstes sequentiertes Gen einer Pflanze).

In entsprechender Weise besitzen die Plastiden ein eigenes und in gewissen Grenzen vom übrigen Teil der Zelle unabhängiges RNS- und Protein-synthetisierendes System (woraus eine relative Autonomie der Chloroplasten abgeleitet wird). Sie enthalten 20–30% der Gesamt-RNS der Zelle. Die meiste Chloroplasten-RNS liegt in den Ribosomen vor. Aber auch diese Plastidenribosomen (etwa $6 \cdot 10^4$ bis $1 \cdot 10^5$ in einem Bohnenchloroplasten) unterscheiden

Tabelle 8

Aufstellung der bisher bekanntgewordenen Kodierungsorte wesentlicher Chloroplastenbausteine

Kodierungsort Baustein		Kern-DNA	Plastiden-DNA
Etwa 8 ribosomale Polypeptide		+	–
RNA-Polymerasen		+	–
Enzyme der Chlorophyll u. Carotenoidsynthese		+	–
Enzyme des Calvinszyklus		+	–
Enzyme der Lipidynthese		+	–
Plastocyanin		+	–
Ferredoxin		+	–
2 Elongationsfaktoren der Proteinsynthese		–	+
m RNA		+	etwa 70 m RNA
t RNA			
Cytochrom b 559			
Ferredoxin-Reduktase		–	+
Thylakoid	Polypeptide		
	PS I-Komplex	2	3
	PS II-Komplex	3	4
	LHC von PS II	1	–
	Cyt b 6-f-Komplex	1	3
	ATPase-Komplex	3	5
RubPCO		kleine Untereinheit	große Untereinheit

sich von denjenigen des übrigen Cytoplasmas; sie haben ein anderes (A + U):(G + C)-Verhältnis, sie sind kleiner (70 s = 27 × 21 nm Untereinheiten mit 50 und 30 s gegenüber 80 s = 29 × 22 nm Untereinheiten mit 60 und 40 s) und empfindlicher gegenüber Antibiotika (wie Chloramphenicol). Ihre relative Gesamt-Molekülmasse liegt bei 3×10^6 Dalton. Sie ähneln (ebenso wie die Plastiden-DNS), denjenigen der Bakterien und Mitochondrien.

Obwohl die Plastiden also ein eigenes proteinsynthetisierendes System besitzen, sprechen viele Befunde dafür, daß ein beträchtlicher Teil der Plastidenproteine von der Kerninformation kodiert wird.

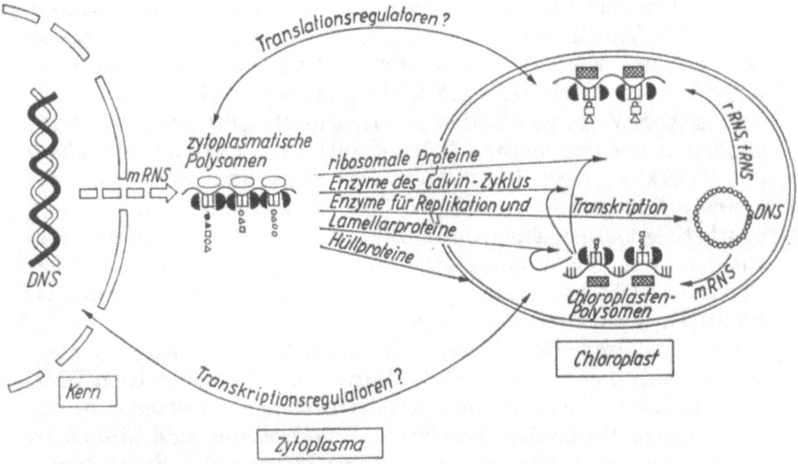

Abb. 28. Regulative Wechselbeziehungen zwischen Genom und Plastom.
a) Allgemeines Schema

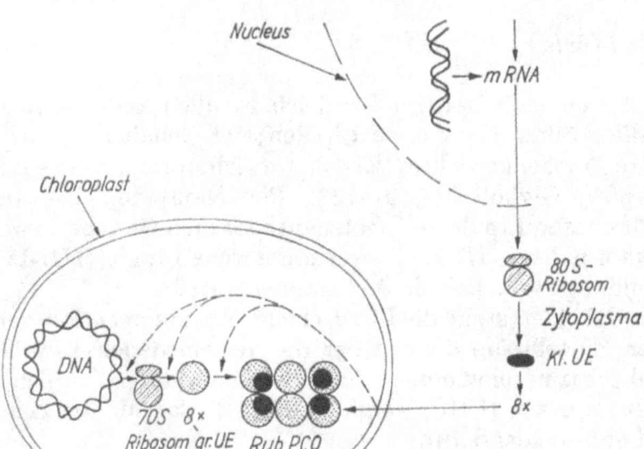

b) Beispiel des Zusammenwirkens bei der Bildung der RuBPCO (kl. U. E. = kleine Untereinheit; gr. U. E. = große Untereinheit; nach BÖRNER 1985).

Eine Übersicht unseres diesbezüglichen gegenwärtigen Wissens vermittelt Tabelle 8 u. Abbildung 28a. Aus ihr geht hervor, daß es neben nur Kern-DNA-kodierten und nur Chloroplasten-DNA-kodierten Komponenten auch solche gibt, deren Bildung in charakteristischer Weise von beiden Informationsträgern abhängt. Dazu gehören neben den meisten Polypeptiden der Thylakoide vor allem die RubPCO (vergl. 65). Von diesem Enzymkomplex wird die kleinere Untereinheit durch die Kern-DNA kodiert, im Plasma synthetisiert, über einen im einzelnen noch nicht bekannten Mechanismus in den Chloroplasten transportiert und dort mit der Plastiden-DNA-kodierten großen Untereinheit zum funktionstüchtigen Fermentaggregat vereinigt (Abb. 28b).

Weiterführende Einsichten versprechen jene neueren Untersuchungen, die zeigten, daß Kern- und Mitochondrien-DNA Sequenzhomologien mit einem Chloroplastengen besitzen. Auf das koordinierte Wechselspiel zwischen Chloroplasten und Mitochondrien wird unter besonderer Berücksichtigung der Spezifik des pflanzlichen Energiestoffwechsels im Kapitel 6.4. gesondert eingegangen.

4.4. Lipide und Fettsäuren

4.4.1. Die Lipide

Die Chloroplasten enthalten im Vergleich zu allen anderen Zellorganellen die größten Mengen an Lipiden; der Gehalt entspricht etwa 50% des Trockengewichtes (25—30 Gewichtsprozente Prenyllipide, 45—60% Glykolipide, 9—12% Phospholipide). Die am meisten verbreiteten Lipide des photosynthetischen Gewebes, zwei Neutral-Glykolipide (I, II) und zwei anionische Lipide (III, IV) sind in Abbildung 29 u. Tabelle 9 zusammengestellt.

In den Thylakoiden stellt die Lipidschicht eine Aggregation von Schollen der Einzellipide dar, in der die verschiedenen Eiweißkomplexe gleichsam schwimmen. Für die Einordnung des lichterntenden Komplexes (LHC, vergl. S. 96) soll das Monoglaktosildiglycerid entscheidend sein.

Aus der strukturbewirkenden Funktion der Lipide ergibt sich eine Wechselbeziehung zwischen der Biogenese des Photosyntheseapparates und der Lipidsynthese. Die Enzyme der Chloroplasten-Lipidsynthese werden an den zytoplasmatischen 80 s-Ribosomen kodiert. Die biogenetischen Beziehungen zwischen den pflanz-

Tabelle 9

Die wichtigsten Lipide in Thylakoidmembranen (nach HOOBER, 1984)

Lipid:	Gewichtsprozent:	Mole pro 100 Mole Chlorophyll:
Chlorophylle	20–22	100
Chl a		70
Chl b		30
Carotenoide	3	22
Lutein		10
β-Caroten		6
Violaxanthin		3
Neoxanthin		3
Galactolipide	40–50	200–300
Monogalactosyl-Diglycerid		140–200
Digalactosyl-Diglycerid		60–100
Sulfoquinovosyl-Diglycerid	ca. 5	20–25
Phosphatidyl-Glycerin	ca. 5	20–30
Chinone		
Plastochinon A		7
Plastochinon B		4
Andere		ca. 9
Nicht identifizierte	ca. 12	

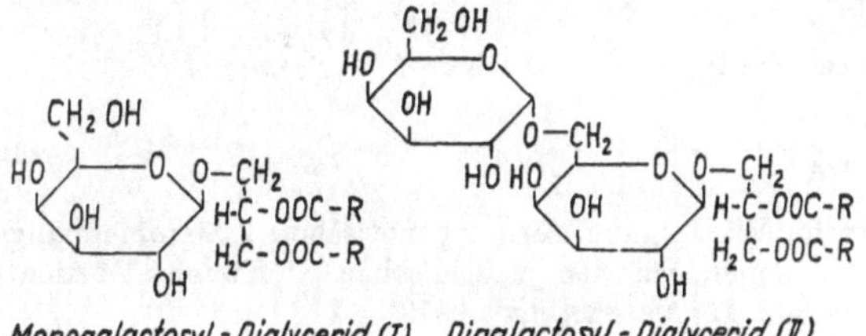

Monogalactosyl-Diglycerid (I) *Digalactosyl-Diglycerid (II)*

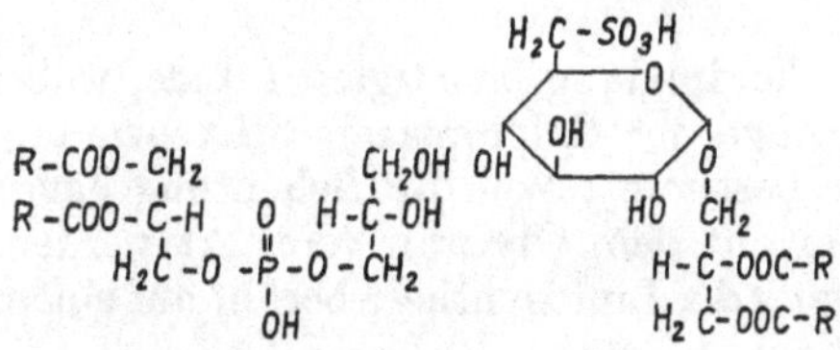

Phosphatidyl-Glycerol (III) *pflanzliches Sulfolipid (IV)*

Abb. 29. Die am meisten verbreiteten Lipide in den Thylakoiden der Chloroplasten und Blaualgen.

lichen Prenyllipiden verdeutlicht Abbildung 30. Die Lipidmenge (bezogen auf Chloroplasten-TG) steigt während der Entwicklung zunächst an, hält ein von der Lebensdauer der Plastiden abhängiges Niveau und fällt mit der Alterung ab. Die Primärsynthese der Lipide ist lichtunabhängig; auch in etioliertem Zustand sind bereits alle Lipide vorhanden. Nach Belichtung beobachtet man eine starke

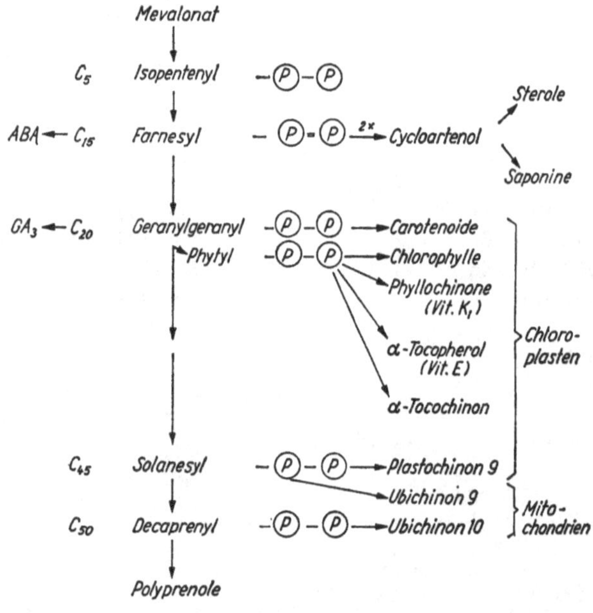

Abb. 30. Schematische Wiedergabe der biogenetischen Zusammenhänge zwischen den verschiedenen, für den plastidischen Stoffwechsel bedeutsamen Prenyllipide (nach LICHTENTHALER 1979).

Erhöhung der für die Thylakoidbildung benötigten Lipide, wobei der starke Verbrauch im Zuge der Chloroplastendifferenzierung nicht nur die Bildungsrate bestimmt. Von der Belichtung hängt auch ab, welche Fettsäuren mit dem Glycerin verestert werden. Der altersabhängige Rückgang der Lipidsynthese beruht auf einem Mangel an C-Ketten und ATP.

Die pflanzlichen Lipide sind aber nicht nur membrangebunden, sondern sie können auch in freier Form in Zellorganellen vorkommen, wie z. B. in den Plastoglobuli (S. 57). Bei der natürlichen oder induzierten Chloroplastendegeneration ist eine Zunahme der Plastoglobuli zu beobachten; mit der Thylakoidausbildung in den Proplastiden dagegen geht ihre Anzahl zurück. Die Plastoglobuli scheinen somit einen Lipid-Pool zu bilden, in den die überschüssigen Thylakoidlipide alternder Chloroplasten abgegeben bzw. aus welchem jene zur Thylakoidneubildung herangezogen werden.

In funktioneller Hinsicht ist besonders die Eigenschaft der Lipide zu reversiblen thermischen Phasenumwandlungen (kristallin $\rightleftharpoons$ flüssig $\rightleftharpoons$ kristallin) bedeutsam. Änderungen eines äußeren Parameters (Temperatur, pH, zwei- und dreiwertige Ionen) lösen — in der Art eines Steuerprozesses — Strukturumwandlungen in der Membran aus, die zu Funktionsänderungen der Membran führen (Permeabilitätsänderungen, Beeinflussung der Assoziationsprozesse an der Oberfläche infolge „Auflockerung" der polaren Gruppen der Lipide). Auf diese Weise ist die Möglichkeit gegeben, durch die Phasenumwandlung in den Lipidstrukturen chemische Prozesse in den angrenzenden Medien gekoppelt zu regulieren, welche durchaus auch Wechselwirkungen mit den Membranproteinen einschließen können.

Nach den bisher bekannt gewordenen Daten über turnover-Raten der Lipide variieren die „Halbwertszeiten" in verschiedenen Organellen der Zelle (übrigens ähnlich wie in tierischen Zellen) zwischen drei und zweiunddreißig Tagen. Dabei lassen sich gewisse Klassifizierungen in metabolisch unterschiedliche pools und nahezu inerte Strukturkomponenten vornehmen. Frühere Arbeiten über eine direkte Beteiligung der Lipide am Mechanismus der Photosynthese sind nicht bestätigt worden.

4.4.2. Fettsäuren

Nach Untersuchungen an Pflanzen verschiedener systematischer Gruppen bewegt sich das Spektrum der pflanzlichen Fettsäuren von der Laurinsäure (C 12:0) bis zur Lignocerinsäure (C 24:0; Abb. 31 u. Tab. 10). Das Fettsäuregemisch grüner Blätter besteht zu 70—90% aus ungesättigten Fettsäuren, insbesondere Linolensäure (C 18:3). Unter den gesättigten Fettsäuren herrscht neben geringen Anteilen an Myristin- (C 14:0), Stearin- (C 18:0) und Arachinsäure (C 20:2) die Palmitinsäure (C 16:0) vor. Dabei wird das Verhältnis der ungesättigten zu den gesättigten Fettsäuren maßgeblich durch das photosynthetisch gebildete ATP bestimmt.

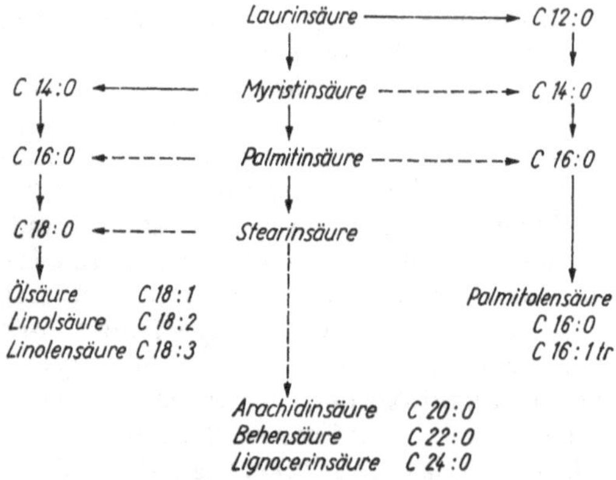

Abb. 31. Bevorzugt im Chloroplasten vorkommende Fettsäuren.

Die Laurin-, Myristin- und Stearinsäure liegen in sehr geringer Menge vor. In etiolierten, grünen und alternden Weizenkeimpflanzen z. B. bewegt sich ihr Gehalt zwischen 10—80 μg/g FG. Wesentlich höher sind die Anteile für Palmitin-, Öl-, Linol- und Linolensäure (etwa 1 mg/g FG).

Im Etiolement gehaltene Pflanzen und Mikroorganismen zeigen ein anderes Fettsäure-Spektrum. Sie besitzen weniger Linolensäure, dafür aber mehr Linolsäure. Biosyntheseorte sind das Hyaloplasma, die inneren und äußeren Mitochondrienmembranen sowie die Chloroplasten selbst. Licht verstärkt (über das Phytochromsystem) die Fettsäurebiosynthese; sie korreliert mit der Photophosphorylierung. Bei isolierten Spinatchloroplasten folgt das

Tabelle 10

Prozentuale Anteile der Fettsäuren in den Lipidkomponenten der Thylakoidmembran von Spinatchloroplasten (nach Hoober, 1984)

Komponenten:	16:0	16:1	16:3	18:0	18:1	18:2	18:3
Monogalactosyl-Diglycerid	Spuren	—	25	—	Spuren	2	72
Digalactosyl-Diglycerid	3	—	5	—	2	2	87
Sulfolipid	39	Spuren	Spuren	Spuren	1	7	53
Phosphatidyl-Glycerin	11	32	2	Spuren	2	4	47

Aktionsspektrum des ^{14}C-Acetateinbaus in Fettsäuren dem Absorptionsspektrum des Chlorophylls. Bei Belichtung etiolierter Weizenkeimlinge sowie im Verlauf der normalen Ergrünung steigen generell mit zunehmender Funktionstüchtigkeit des Photosyntheseapparates die ungesättigten Fettsäuren (insbesondere die Linolensäure) an und parallel dazu ist die Abnahme einiger gesättigter Verbindungen (vor allem der Palmitinsäure) zu beobachten. Mit der Blattalterung nehmen der relative sowie der absolute Anteil der gesättigten Fettsäuren wieder zu.

In funktioneller Hinsicht wurde wiederholt eine Beziehung zwischen dem Linolsäuregehalt und der Fähigkeit zur Sauerstoffproduktion diskutiert, die jedoch wieder fraglich geworden ist. Ebenso ungeklärt ist die Rolle der seit 1955 bekannten plastidischen trans-3-Hexadecensäure. Die diskutierte Beteiligung am stacking-Prozeß zur Granabildung (S. 53) erfuhr noch keine widerspruchsfreie Bestätigung. Die Hillaktivität isolierter Chloroplasten verringert sich mit der Zunahme freier Fettsäuren.

Abschließend sei zu diesem Problemkreis noch darauf verwiesen, daß Thylakoide und Hüllmembranen (envelope) der Chloroplasten sich in lipidchemischer Hinsicht wesentlich voneinander unterscheiden. Wie in den Thylakoiden kommen auch in der Hüllmembran die Glyco- und Phospholipide vor. Die envelope enthält jedoch relativ mehr Mono- und Digalactosyldiglyceride sowie Phosphatidylcholin, aber weniger Sulfolipid und Phosphatidylglycerin. Ausschließlich in der Hüllmembran finden sich Cerebroside, Phosphatidyläthyläthanolamin, Sterine, Sterinester, Steringlycoside und acylierte Steringlycoside. Die Fettsäuren der Hüllmembran sind stärker gesättigt und weisen ein geringeres Linolen-/Palmitinsäure-Verhältnis auf. Ähnliche Unterschiede finden sich zwischen der inneren und äußeren Mitochondrienmembran. Die Differenzen werden verbreitet auf der Basis der Endosymbiontentheorie interpretiert (vergl. 8.).

4.5. Chinone

Im Rahmen der photosynthetischen Primärreaktionen spielen Prenylchinone eine wesentliche Rolle als potentielle Elektronenüberträger. Bisher ist die wahrscheinliche Funktion von vier derartigen Chinon-Gruppen in den Plastiden diskutiert worden (Abb. 32; Tab. 11). In jedem Falle muß jedoch unterschieden werden zwischen den Molekülen, die als essentielle Bestandteile der Thyla-

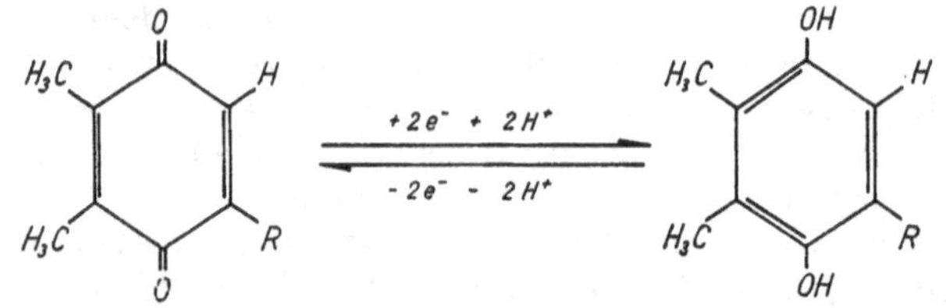

Plastochinon *Plastohydrochinon*

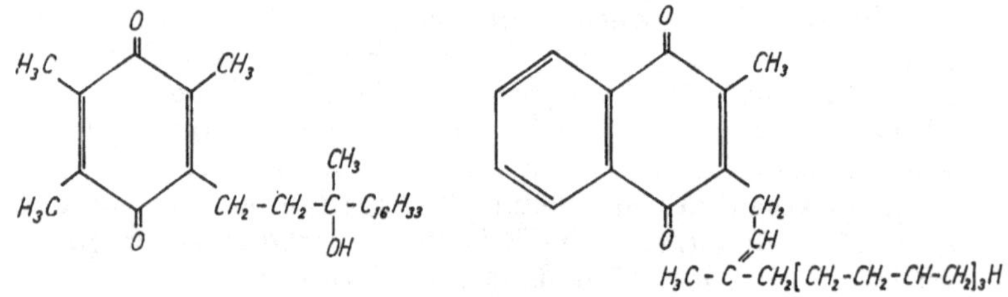

α-Tocopherylchinon *VK_1 (Phyllochinon)*

Abb. 32. Strukturformeln charakteristischer Plastidenchinone ($R = CH_2-(CH{=}C(CH_3)-CH_2-)_9H$).

koide vorkommen und jenen, die (als Reservepool?) die Plastoglobuli füllen (S. 57). Besonders bemerkenswert ist u. a. die völlig unterschiedliche Ausstattung der Sonnenblatt- und Schattenblatt-Chloroplasten mit Prenylchinonen (Höchstwerte in den Sonnenblättern; vgl. S. 180).

Tabelle 11

Absorptionsmaxima und Extinktionskoeffizienten verschiedener Plastidenchinone in Äthanol

Chinon	oxidiert λ max (nm)	E 1% 1 cm	reduziert λ max (nm)	E 1% 1 cm	Δ_E 1% 1 cm (oxidiert-reduzirt)	Millimolarer Extinktions-koeffizient
PQA_{45}	255	210	290	47	198	15000
PQB	255	218				
PQC_{1-4}	255	194	291	42	179	
VK_1	249	300				19000
Q_{10}	275	165			142	14000
α-TQ	262	412			397	15000

Neben den Thylakoiden (in Teilen der Elektronentransportkette) und Plastoglobuli (als Reserven) haben sich die Plastidenmembranen als dritte Chloroplastenkomponente erwiesen, in denen Prenylchinone vorkommen. In der qualitativen Zusammensetzung überwiegt hier, wie in etiolierten Blättern, α-Tocopherol. Möglicherweise kommt diesem Kompartiment eine wesentliche Bedeutung für die Endglieder der Biosynthese der Prenylchinone zu, denn der Benzochinonkern wird in den Peroxysomen gebildet, während die Synthese der Prenylkette in den Chloroplasten erfolgt. Auch ihre Beteiligung als Protonen-Carrier bei der Desaturierung der Carotenoid-Vorstufen und der Fettsäuren ist nicht auszuschließen.

In diesem Bezug ist das 1975 erstmals beschriebene B-Protein zu berücksichtigen (vgl. 5.4.), dessen funktioneller Gruppe Plastochinoncharakter zugeschrieben wird; sein Molekulargewicht beträgt 32 kD.

4.5.1. *Plastochinone*

Kofler entdeckte 1946 ein Chinon, das Crane später wegen seines ausschließlichen Vorkommens in den Plastiden als Plastochinon bezeichnete. Dieses gut untersuchte Plastochinon A (2,3-Dimethyl-nonaprenyl-benzo-1,4-chinon) kommt als PQA_{45} und als PQA_{20} vor; seine Chromonol-Form ist das Plastochromonol ($< 0{,}01\ \mu$mol/mg Chl).

Ferner wird über weitere Nebenchinone vom Plastochinontyp (Plastochinon B, C, D und E) in allen höheren Pflanzen sowie in den bisher untersuchten Klassen der Algen (Grün-, Braun-, Rotalgen) und Cyanophyceen, allerdings in variierenden quantitativen Relationen, berichtet. Bakterien besitzen kein Plastochinon, dafür Homologe der Coenzym Q-Serie sowie verschiedene Menachinon-Isoprenanaloge.

Die verschiedenen Nebenchinone können, ebenso wie Plastochinon A, bei Zugabe zu Aceton-extrahierten Chloroplasten deren Fähigkeit zur Photoreduktion von Ferricyanid (vgl. 5.4.1.) wiederherstellen; ob sie in vivo eine physiologische Bedeutung besitzen, ist jedoch fraglich.

Die Mitwirkung von Plastochinon A in der photosynthetischen Elektronentransportkette sowie als Mittler bei der lichtgetriebenen Protonentranslokation (Plastochinon-shuttle) ist gesichert (vgl. 5.4.).

Während man bei Mutanten von Grünalgen mit unterschiedlicher photochemischer Aktivität bzw. bei der Ergrünung ausgebleichter *Chlorella*-Zellen einen gleichzeitig korrelierenden Plastochinongehalt beobachtet, ist dieses Chinon in Chloroplasten des normalen Laubblattes im Überschuß vorhanden. Spinatchloroplasten enthalten z. B. 1 mol PQ-9 pro 10 mol Chlorophyll bzw. etwa 40 Moleküle pro Photosystem.

4.5.2. *Tocochinone*

Die Tocopherylchinone α, β, γ und δ stellen eine zweite, den Plastidenchinonen zuzuordnende Chinongruppe dar. Sie scheinen in ähnlichen Mengen wie das Vitamin K_1 und die Cytochrome in den Chloroplasten vorzuliegen und ebenfalls am Elektronentransportsystem beteiligt zu sein. Das liphophile Redoxsystem α-Tocopherol-Tocochinon ist Bestandteil beider Photosysteme (bevorzugt jedoch im PS II) bei Grünalgen, Moosen, Farnen und höheren Pflanzen; seine Hauptfunktion wird als Antioxidant der Lipide und in der Kontrolle und Stabilisierung der lamellaren Chloroplastenstruktur gesehen.

4.5.3. *Phyllochinon*

Obwohl das Phyllochinon (Vitamin K_1) als erstes unter den Plastidenchinonen entdeckt wurde, ist das Wissen um seine physiologische Bedeutung noch recht unvollkommen. Vergleichende Untersuchungen an Weizenpflanzen, Primärblättern von Gartenbohnen und *Arabidopsis*-Pflanzen verschiedener Entwicklungsstadien zeigten, daß im Verlauf der Ontogenese weder eine direkte Beziehung des Vitamin K_1-Gehaltes zur Photosyntheseintensität noch zum Chlorophyllgehalt existiert. Der Vitamin K_1-Gehalt steigt bis zum Ende der Entwicklung an, während die Bruttophotosynthese und der Chlorophyllgehalt absinken. Die Chinone werden also bis zum Ende der Vegetationsperiode synthetisiert und zählen somit zu den stabilen Verbindungen des Photosyntheseapparates.

Neben dem Nachweis, daß K-Vitamine in isolierten Chloroplasten als Cofaktoren bei in vitro-Photophosphorylierungen mitwirken, spricht vor allem das in bestimmten Entwicklungsabschnitten der Blätter beobachtete Vorkommen der Chinone in konstanten molekularen Relationen zu anderen funktionellen Chloroplastenkomponenten für ihre direkte Mitwirkung bei der Photosynthese. Nach EGGERR besitzen normal grüne Blätter diese Verbindungen in folgenden Relationen:

$Chl_a:PQ:VK_1 = 100:10 \pm 5:1 \pm 0{,}5$

Die gleichen quantitativen Anteile weisen auch isolierte Chloroplasten auf. Ferner beträgt der Vitamin K_1-Gehalt etwa das Vierfache des Cytochrom f- und das Doppelte des Mangangehaltes. In den Chloroplasten ist es vorwiegend mit dem Photosystem I verknüpft.

Dieses Vorkommen in relativ konstanten und niedrigen molekularen Relationen zu den anderen funktionellen Chloroplastenbestandteilen sowie vor allem seine universelle Verbreitung in allen photosynthetisch aktiven Strukturen höherer Pflanzen sprechen für eine direkte Beteiligung des Vitamin K_1 am Photosyntheseprozeß. Untersuchungsergebnisse mit halogenierten Naphthochinonen weisen dem Vitamin K_1 eine Funktion zwischen dem Quencher Q und dem Plastochinon zu (vgl. 5.4.). LICHTENTHALER lokalisiert es an zwei Orten des Chloroplasten, im Chlorophyll-Protein I-Komplex und nahe dem Photosystem II.

4.6. *Cytochrome*

Cytochrome sind Proteine, die — ähnlich dem Haemoglobin — eine eisenhaltige Porphyringruppe als prosthetische Gruppe besitzen (Abb. 33). Das Eisen kann in der „Ferri"- oder „Ferro"-Form vorkommen. Aufgrund des Wechsels zwischen beiden Formen vermögen die Cytochrome als Redoxfaktoren zu fungieren. Ihre Absorptionsmaxima liegen zwischen 350 und 600 nm in vier wohl definierten Bereichen (α, β, γ und δ-Band); sie dienen zu deren Identifizierung. Die Spektren der oxidierten und reduzierten Cytochrome sind voneinander verschieden.

Während aus der Atmungskette seit langem bekannt ist, daß dort zwei Cytochrome, als b und c bezeichnet (mit einem Redoxpotential bei 0 Volt bzw. + 0,3 Volt), als Elektronenüberträger wirken, haben wir vom Vorkommen der Cytochrome in den Chloroplasten erst seit den diesbezüglichen Untersuchungen von HILL und seinen Mitarbeitern (1951) Kenntnis. Sie beschrieben ein Cytochrom b_6 ($\sim$ 0,0 Volt) und ein dem c-Typ zugehöriges Cytochrom f ($\sim$ 0,37 Volt; MG = 12000; = Cyt c_{555}). Ein durchschnittlicher Chloroplast enthält etwa $4{,}5 \times 10^5$ Cyt f-Moleküle.

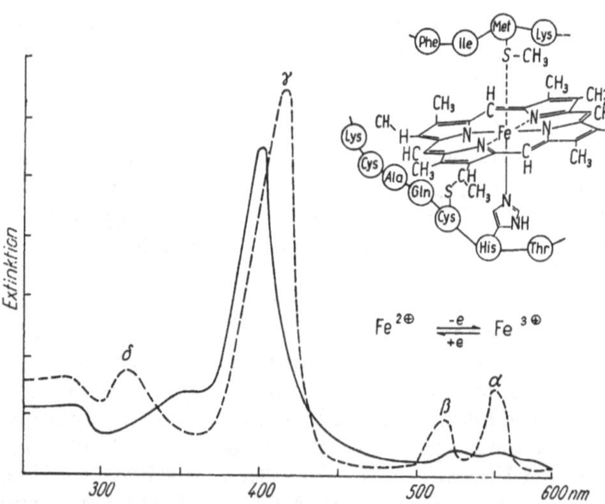

Abb. 33. Strukturformel von Cytochrom C sowie deren Absorptionsspektren (gestrichelte Kurve = reduzierte Form).

Dieser Gehalt korreliert mit der O_2-Freisetzungsrate (S. 120). Die Transferzeit für 1 Elektron beträgt am Cyt f 7,5 ms.

Inzwischen ist aus Chloroplasten noch das Cytochrom b_{559} beschrieben worden. Es tritt in zwei ineinander umwandelbaren Modifikationen mit hohem (H) bzw. niedrigem (L) Redoxpotential (P) auf. (b_{559HP}: +330 bis 400 mV bei pH 7—8; es umfaßt etwa 60% des gesamten Cyt_{559}; $Cyt_{559;LP}$: +50 bis +100 mV bei p_H 7—8). Die direkte Beteiligung der Cytochrome am Photosyntheseprozeß ist (u. a. über deren lichtabhängige Redoxvorgänge) erwiesen. Auch

Tabelle 12

Eigenschaften der Chloroplasten-Cytochrome

Cytochrom	α-Band in red. Zustand (nm)	E_0' (Volt)	Konzentrat. in Chloropl. (Mol. Chlorophyll/Mol Cytochrom)	Verknüpft mit Photosystem I oder II	Autoxidabel
f	554	+0,365	400	I	nein
b_6	553	−0,060	200	I	ja
b_{559}	559	+0,055	200	II	nein

Tabelle 13

Die Verbreitung verschiedener Cytochrome in den pflanzlichen Photosynthesesystemen, charakterisiert nach dem α-Peak der Absorptionskurve

Cyt Chloroplasten höherer Pflanzen	α-Peak	Cyt Chloroplasten der Algen	α-Peak
c_{553}	553	b	559
b_{559}	559	b_6	553
b_6	563	f_{553}	553
f	554	c_{553}	553
Euglena		Photobakterien	
c_{552}	552	a	587
b_{558}	558	b	557
b_{563}	563	b_{558}	558
		b_{563}	563
		c_2	550
		c_3	551,5
		c_c	550
		c_{554}	554
		f_{556}	556
		Flavinh.	552

hinsichtlich ihrer grundsätzlichen Einordnung – zwischen beide Photosysteme – besteht Klarheit. In der Diskussion befindet sich aber noch immer die Reihenfolge des Ineinandergreifens sowie ihre Wechselwirkung mit den übrigen Redoxfaktoren der Elektronentransportkette (vgl. Tab. 12). Bei Isolierung der beiden Photosysteme (S. 101) reichern sich Cyt b_6 und Cyt f mit der PS I-Fraktion an, während sich Cyt b_{559} zusammen mit dem PS II befindet. Gegenwärtig wird nur das Cyt b_{559HP} dem PS II, das Cyt b_{559LP}, gemeinsam mit dem Cyt f und Cyt b_6, dem PS I zugeordnet (Cyt f/b_6 – oder Rieske-Komplex; vgl. 5.4.). Ein aus Algen bekanntes Cytochrom 553 kann dort funktionell begrenzt das Plastocyanin ersetzen (vgl. 4.7.).

Eine in evolutionärer Hinsicht interessante Breite an verschiedenen Cytochromen finden wir bei den Photobakterien; in Tabelle 13 sind nur einige der bisher beschriebenen Formen eingetragen.

4.7. *Plastocyanin*

Plastocyanin ist ein kupferhaltiges Proteid. Es wurde 1960 von KATOH in *Chlorella*-Zellen entdeckt. Man hat es inzwischen in den Chloroplasten aller untersuchten höheren Pflanzen und Algen, noch nicht jedoch bei Bakterien, gefunden. Wenigen Algen fehlt es ebenfalls (*Bumilleriopsis filiformis, Euglena gracilis, Chlamydomonas mundana*); bei ihnen fungiert an dieser Stelle das plastidische Cytochrom c_{553}.

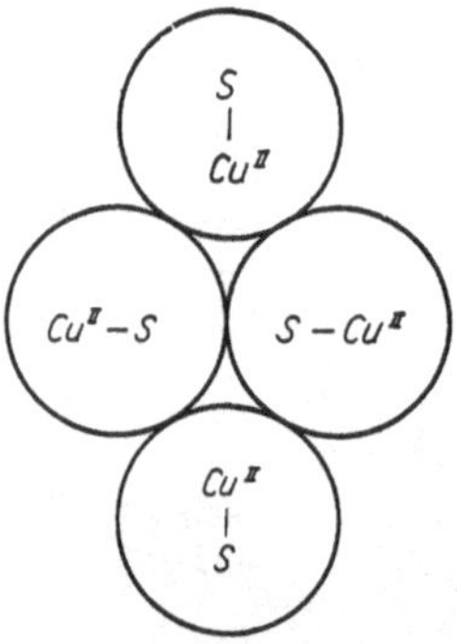

Abb. 34. Modell des Plastocyanins. Nach BÖGER verkörpert die native Funktionseinheit ein tretrameres Aggregat, dessen Untereinheiten mit Cu^{2+}-Ionen koordinierte SH-Gruppen besitzen.

Das Molekül ist sehr stabil; nach einjähriger Lagerung bei —20 °C oder durch eine Temperaturbehandlung für 5 min bei 60 °C und pH-Werten zwischen 5,0 und 9,5 zeigten sich noch keine Veränderungen im Absorptionsspektrum und den Löslichkeitseigenschaften des Proteids. Der Syntheseort der Eiweißkomponenten liegt im Cytoplasma; nach deren Transport in den Chloroplasten werden sie unter Einfügung des Kupfers der Innenseite der sich bildenden Thylakoide assoziiert. Die Bildung ist stark von der Kupferversorgung abhängig, obwohl der Cu-Gehalt des Chloroplasten 2—3fach höher ist als es der Cu-Menge des Plastocyanins entspricht.

Das oxidierte Proteid erscheint blau; die Absorptionsbanden liegen bei 460, 597 und 770 nm. Die reduzierte Form absorbiert im sichtbaren und nahen Rot nicht. Sein Hauptband im Ultraviolett liegt bei 278 nm. Das Molekulargewicht beträgt für Monomere 10000, für das funktionelle Tetramer 40000, und der IEP liegt unter pH 4,0 (Abb. 34).

Ein Plastocyanin-Molekül enthält etwa 200 Aminosäurereste. Vergleichende Untersuchungen der Aminosäuresequenzen dienten sogar zur vertieften Charakterisierung der phylogenetischen Beziehungen zwischen verschiedenen Pflanzenfamilien.

Neben einigen Kohlenhydraten besitzt jedes Tetramer 2 Atome Kupfer (bei *Scenedesmus*) bzw. 4 Kupfer-Atome bei Spinatpflanzen. Die Cu-Proteinbindung ist relativ stabil; sie schließt die SH-Gruppen der Cystein-Komponenten ein. Mengenmäßig kommt es in den Chloroplasten etwa zu gleichen Anteilen wie das Cytochrom f vor. Auf 1 Molekül des Cu-Proteids entfallen etwa 200—500 Chlorophyllmoleküle. Auf jedes P_{700}-Molekül kommen 4 Plastocyanin-Moleküle; in diesem Bezug ähnelt es dem Ferrodoxin, das in gleichen Relationen angereichert ist (vgl. 4.8.).

Das Redoxpotential beträgt zwischen pH 5,4 und 9,9 etwa 370 mV. Das Plastocyanin fungiert als Elektronencarrier zwischen den beiden Photosystemen und wird der Donatorseite des PS I zugeordnet (vgl. 5.4.).

4.8. *Ferredoxine*

Mortenson und Mitarbeiter isolierten 1962 aus dem nicht zur Photosynthese befähigten anaeroben Bakterium *Clostridium pasteurianum* ein nicht eisenhaltiges Protein, das sich weder als Haem-Protein noch als Flavoprotein erwies; sie bezeichneten es als Ferredoxin. Wie spätere Untersuchungen ergaben, verbindet es bei den obligaten Anaerobiern deren Hydrogenase-System mit Elektronen-Donatoren. Darüber hinaus erwiesen sich bald die aus Photosynthese betreibenden Zellen von Bakterien und höheren Pflanzen erhaltenen kristallinen Proteine (die von den jeweiligen Autoren zunächst als „methaemoglobin-reducing-factor“, „TPN-reducing factor“, „photosynthetic pyridine nucleotide reductase (PPNR)“, „haem-reducing factor“ oder „red enzyme“ benannt wurden), als identisch mit dem Ferredoxin.

Es sind rötlich-braune Polypeptide mit einem Molekulargewicht zwischen 6000 und 12000. Für einige ist die Aminosäuresequenz bekannt; neun, auch abiotisch zu synthetisierende Aminosäuren herrschen vor. Neben dem zum Valenzwechsel befähigten Eisen enthalten die Ferredoxine in äquimolaren Mengen anorganischen Schwefel (2, 4 oder 8 Atome pro Molekül). Beide, Eisen und Schwefel, sind nur lose, nicht haemartig, gebunden und die Entfernung des einen (bereits durch Behandlung mit verdünnten Säuren) ist

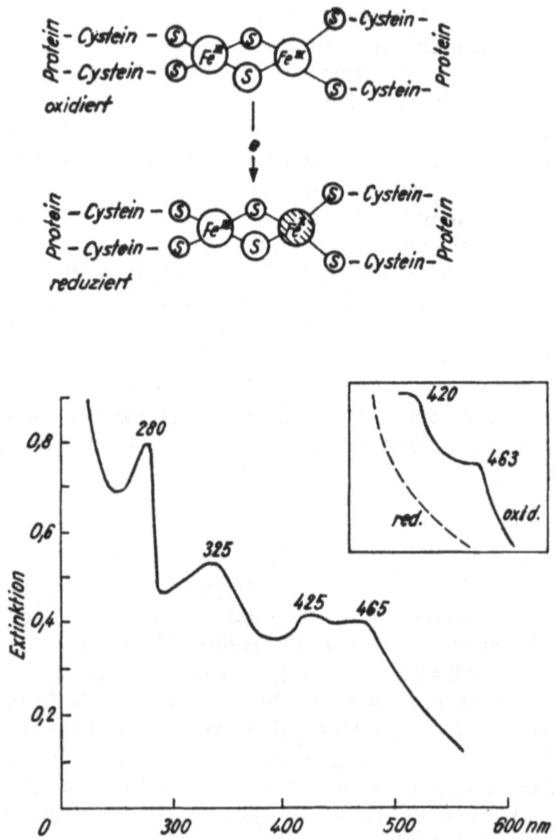

Abb. 35. Modell des Ferredoxins höherer Pflanzen (oben) und Absorptionsspektrum von oxidiertem Ferredoxin aus *Anacystis nidulans.*

wechselseitig vom Verlust des anderen begleitet. Damit verliert das Ferredoxin sowohl seine charakteristischen spektralen Eigenschaften als auch die biochemische Aktivität (Abb. 35).

Die Ferredoxine bewirken aufgrund ihres äußerst niedrigen Redoxpotentials ($E_0' = -432$ mV bei pH 7,55) die katalytische Reduktion des $NADP^+$. Allgemein entfallen 4 Ferredoxin-Moleküle pro 1 P_{700}.

Die Reduktion und Oxidation eines Fe-Ferredoxinmoleküls bewirkt den Transport eines Elektrons; bei Fe_4-Ferredoxinen (vgl.

Tabelle 14
Systematik und Eigenschaften charakteristischer Ferredoxine (nach BUCHANAN u. ARNON 1971)

Klasse	Vorkommen	Repräsentativer Organismus	Eigenschaften
Fd a	Nichtphotosynthetische und photosynthetische grüne anaerobe Bakterien	*Clostridium pasteurianum*	Absorptionsmaxima bei 309 und 280 nm, MG 600; mehr als zwei Fe- und SH-Gruppen pro Molekül; Redox-Potential bei pH 7,55 ≈ −417 mV
Fd a_1	Photosynthetische anaerobe Bakterien (Purpurbakterien)	Chromatium Stamm D	Absorptionsmaxima bei 385 und 280 nm; Schulter bei 300 nm; MG 100000; 7−8 Fe- und SH-Gruppen pro Molekül; Redox-Potential bei pH 7 −490 mV
Fd b	Algen (einschließlich Blaualgen) und höhere Pflanzen	Spinat-Chloroplasten	Absorptionsmaxima bei 465, 425, 325 und 280 nm; MG 12000; 2 Fe- und SH-Gruppen pro Molekül; Redox-Potential bei pH 7,55 ≈ −432 mV; Extinktionskoeffizient E_{420} nm = 9,7 nM^{-1} cm^{-1} Aminosäurezusammensetzung bekannt
Fd c	Aerob N_2-fixierende Bakterien	*Acetobacter vinelandii*	Absorptionsmaxima bei 400 nm; MG bei 20000; 6 Fe- und SH-Gruppen pro Molekül

Tab. 14) werden 2 Elektronen pro Molekül übertragen. Darüber hinaus stellt das Ferredoxin auch den endogenen Katalysator der zyklischen und direkten Phosphorylierung dar (vgl. 5.6.), so daß dieser Verbindung eine Schlüsselstellung im photosynthetischen Elektronentransportsystem zukommt. Auf dem Niveau des reduzierten Ferredoxins entscheidet sich, welchen Weg die Elektronen aufgrund des Valenzwechsels zwischen $Fe^{2/3+}$ weiter verfolgen: den nichtzyklischen zum $NADP^+$, den zyklischen über Cytochrom b_6 zurück zum P_{700} oder den Weg der direkten Einbeziehung in

andere Stoffwechselreaktionen (Abb. 35 u. 51). Unter den alternativen Nutzungsmöglichkeiten für reduziertes Ferredoxin kommt der Reduktion von Sulfit und Nitrit als Brücke zum Schwefel- und Aminosäurestoffwechsel eine besondere Bedeutung zu. Diese unterschiedlichen Funktionen übt das Ferredoxin jedoch meist in Verbindung mit anderen Komponenten aus. So spielt es z. B. seine Rolle als Aktivator vieler Schlüsselenzyme des reduktiven Pentosephosphatzyklus nur im Zusammenwirken mit dem Thioredoxinsystem. Es besteht aus der Ferredoxin-Thioredoxin-Reduktase und dem partiellen Reduktanten Thioredoxin.

Die Rolle der Ferredoxine ist also bei weitem nicht nur auf die photosynthetische $NADP^+$-Reduktion begrenzt. Daraus und aus den Aminosäuresequenzanalysen folgt, daß sie sich über einen langen Evolutionszeitraum hinweg als geeignete Elektronenüberträger erwiesen haben.

Inzwischen sind jedoch Befunde erhoben worden, die belegen, daß in vivo dem freien Ferredoxin noch eine membrangebundene Ferredoxin-reduzierende Substanz (FRS) vorgeschaltet ist. Sie zeichnet sich durch ein weit niedrigeres Redoxpotential aus, hat ein Absorptionsmaximum bei 270 nm und ein Molekulargewicht bei 5000. Dieser primäre Elektronenakzeptor des Photosystems I ist bei Blaualgen und höheren Pflanzen identisch und wird ebenfalls als Ferredoxin diskutiert (vgl. 5.3. und 5.4.).

In funktioneller Hinsicht lassen sich die Ferredoxine der verschiedensten Organismen durch ihre gemeinsame Eigenschaft charakterisieren, daß sie als Elektronen-Überträger auf der „Wasserstoff-Seite" der Pyridin-Nukleotide wirken und untereinander im Experiment substituiert werden können. Alle anderen Haem- oder nicht-Haem-Ferredoxin-Proteine haben demgegenüber ein mehr elektropositives Oxidations-Reduktionspotential und dienen daher als Elektronen-Überträger auf der „Sauerstoff-Seite" der Pyridin-Nukleotide.

In Bezug auf den Chemismus der Ferredoxine lassen sich zwei Typen unterscheiden, die in verschiedenen Organismusgruppen vorkommen (Tab. 14). Dabei ist bemerkenswert, daß auch das Ferredoxin der Blaualgen dem Chloroplastentyp zuzuordnen ist.

Bei Zellen, welche sich unter Fe-Mangel entwickeln, vermögen Phytoflavine (Flavodoxine) die Ferredoxine zu ersetzen. Dabei handelt es sich um flavinhaltige Elektronen-übertragende Enzyme (MG 20000), welche erstmals aus der Blaualge *Anacystis* isoliert wurden. Absorptionsmaxima des oxidierten Phytoflavins liegen bei 275, 377 und 465 nm; der mM Extinktionskoeffizient beträgt bei 465 nm 9,2; E_0' bei pH 7,0 = −380 mV. Die mit Phytoflavin ermittelten Photoreduktionsraten von $NADP^+$ entsprechen durchaus denjenigen, die im gleichen System mit Ferredoxin erhalten werden. Es vermag u. a. auch das Ferredoxin bei der Aktivierung der Nitrat-Reduktase zu ersetzen, die zyklische Phosphorylierung zu katalysieren und als e-Überträger bei der Cytochrom-Reduktion zu wirken.

5. Energieumwandlung

Die in den vorhergehenden Abschnitten charakterisierten Grundstrukturen des Photosyntheseapparates besitzen die Fähigkeit zur Energieumwandlung. Diese Prozeßfolge läßt sich im Hinblick auf deren Zeitabhängigkeit und der Wahrscheinlichkeit der Irreversibilität der Energiewandlung (verbunden mit zunehmender Stabilität der Energiespeicherung, aber abnehmender Effizienz) in verschiedene Abschnitte untergliedern. An eine primäre, an die pigmenthaltigen Thylakoide (S. 58) gebundene Prozeßfolge (die „Lichtreaktionen") schließen sich die im Stroma ablaufenden und zur reduktiven CO_2-Fixierung führenden „Dunkelreaktionen" an. (Kap. 6.). Die Primärprozesse der Photosynthese umfassen die Vorgänge der Lichtabsorption, die mit der Bildung eines elektronischen Anregungszustands der Photosynthesepigmente verbunden sind. Daran schließt sich die Ausbreitung der Anregungsenergie zwischen den Pigmentmolekülen an (5.2.). Darauf folgt deren Einfangen in Reaktionszentren (5.3.). Aufgrund der asymmetrischen Anordnung der an den Primärprozessen beteiligten Faktoren über die Photosynthesemembran (Abb. 25) kommt es dabei zur Ausbildung eines elektrischen- und Protonengradienten, die in vielfacher Weise genutzt werden können: Über die Energieakkumulation zur Wasserspaltung (5.3.), mit Hilfe des über die Elektronentransportkette (5.4.) realisierten Elektronen- und Protonenflusses zur $NADP^+$-Reduktion (5.5.) bzw. zur Photophosphorylierung (5.6.).

5.1. Energieabsorption

Das Chlorophyllmolekül besitzt aufgrund seiner atomaren Struktur Orbitale. Dies sind Räume, in denen sich jeweils zwei Elektronen mit entgegengesetztem Spin aufhalten können. Die Spinquantenzahl vermag die Werte $+^1/_2$ bzw. $-^1/_2$ anzunehmen; der resultierende Spin eines solchen Elektronenpaares beträgt Null. Wenn alle Elektronon eines Moleküls auf diese Weise gepaart sind, hebt sich ihr elektromagnetisches Moment auf, das Elektronensystem des Moleküls befindet sich im Singulettzustand. Enthält jedoch das Molekül zwei ungepaarte Elektronen mit gleichgerichtetem Spin, ergibt sich als Gesamtspin des Systems der Wert 1.

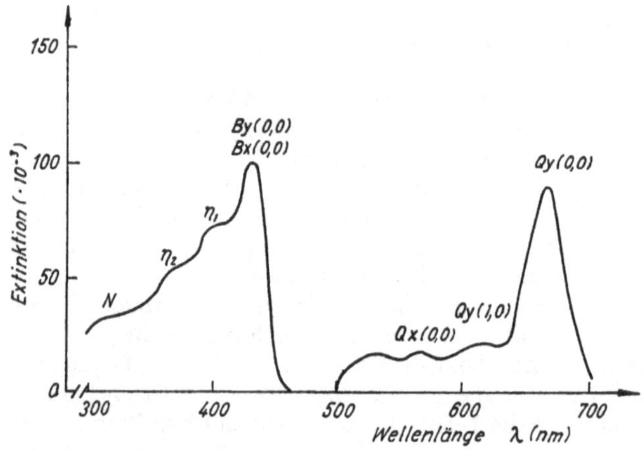

Abb. 36. Absorptionspeaks im Spektrum des Chl in Äther.

Ein nicht angeregtes Molekül befindet sich im thermischen Gleichgewicht mit seiner Umgebung, im Grundzustand. Seine Elektronen besitzen die Orbitale mit dem niedrigsten Energieniveau (Singulett-Grundzustand). Für die Strahlungsabsorption im Chlorophyllmolekül zeichnen, wie in allen organischen Verbindungen, die vorwiegend konjugierte Doppelbindungen enthalten, die π-Elektronen verantwortlich. Sie tragen zur chemischen Stabilität der Moleküle bei, indem sie auf äußeren Schalen (π-Schalen) zwei oder mehrere Atomkerne umkreisen. Wird ein solches π-Elektronensystem von einem Photon getroffen, dessen Energie ausreicht, um es auf eine weiter außen gelegene Schale zu heben, so tritt ein π-π-Übergang ein, d. h., das Molekül wird innerhalb 10^{-15} s aus dem Grundzustand in einen Anregungszustand (excited state) überführt. Für das Chlorophyllmolekül sind 180 kJ · Mol^{-1} notwendig, um die π-Elektronen in den 1. Singulettzustand zu heben. Da also nur solche Strahlung absorbiert wird, deren Quanten die Energiemenge besitzen, die zur Überwindung der Energiedifferenz zwischen dem Grund- und einem Anregungszustand notwendig ist, erklärt sich daraus gleichzeitig, daß die jeweiligen Verbindungen nur bestimmte Wellenlängen absorbieren, das Chlorophyll vornehmlich im roten und blauen Bereich. Für die einzelnen Absorptionsspeaks des Chlorophylls wurden folgende Kurzbezeichnungen eingeführt (Abb. 36):

Q-Bande: Sie umfaßt die Absorptionspeaks der langwelligen Spektralregion, die aus S_0—S_1-Übergängen resultieren. An die niederenergetische und gleichzeitig intensive Qy (0,0)-Bande (auch α-Bande) schließt sich eine höherenergetische Qy (1,0)-Bande (β-Bande) an, in die neben dem elektronischen Übergang auch Schwingungsanregungen eingehen.

B-Bande: Sie ist eine besonders intensive Bande (Soret-Bande), die S_0—S_3-Übergänge widerspiegelt.

N-, L- und M-Banden: Im UV-Bereich zeigen sich ferner zwischen 325 und 215 nm relativ schwach N-, L- und M-Banden, deren Ursprung elektronische Übergänge sind, die nicht in das Vier-Orbitalmodell eingehen (welches auf dem konjugierten π-Elektronensystem der vier Pyrrolringe des Chlorophylls beruht). Eine zusätzliche Unterteilung der Banden ist bezüglich der Polarisationsrichtungen

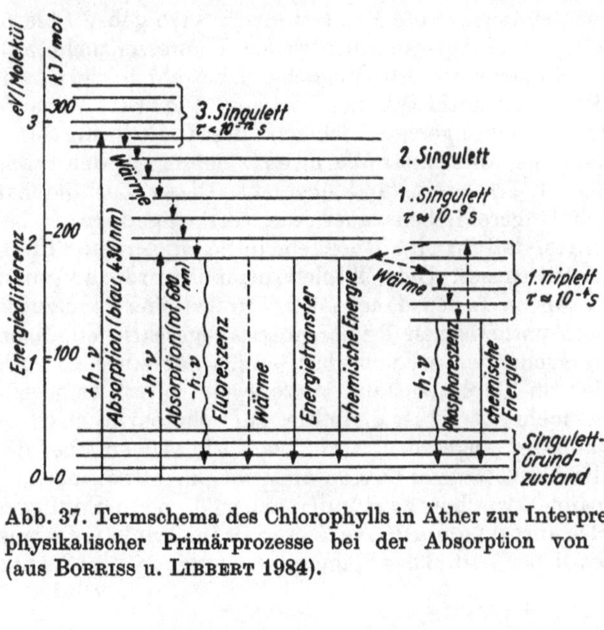

Abb. 37. Termschema des Chlorophylls in Äther zur Interpretation photophysikalischer Primärprozesse bei der Absorption von Lichtquanten (aus Borriss u. Libbert 1984).

möglich. Die Übergangsdipole für die intensivsten Elektronenübergänge liegen im sichtbaren Bereich B (0,0), Qy (0,0) in der Ebene des Porphyrinringes und stehen senkrecht zueinander. Dem Porphyrinkörper wird eine Oberfläche von etwa 24200 nm^2 (156 · 155 nm) zugeschrieben. Die „Dicke“ des Chl-Moleküls beträgt 42 nm (wobei das Mg-Atom 4 nm aus der Ebene herausragt) und die Länge der Phytolkette etwa 200 nm.

Entsprechend dem unterschiedlichen Energiegehalt der Quanten bei den verschiedenen Wellenlängen überführt die Absorption blauer Strahlung (Soret-Banden) die π-Elektronen in den energiereichen 3. Singulettzustand, während die energieärmere rote Strahlung die π-Elektronen nur auf den 1. Singulettzustand zu heben vermag (Abb. 37). Der 3. Singulettzustand ist jedoch sehr kurzlebig (10^{-13} s) und instabil. Das angeregte Elektron relaxiert daher im ps-Bereich strahlungslos auf das Niveau des 1. Singulettzustandes, wobei die Energiedifferenz ausschließlich als Wärme frei wird. Für die π-Elektronen im 1. Singulettzustand bestehen nun 3 Möglichkeiten: Erstens kann das Elektron zu seinem Ausgangsorbital zurückgelangen; dabei wird die vorher absorbierte Strahlungsenergie in Form roten Fluoreszenzlichtes abgegeben. Da diese Rückkehr der Elektronen immer — unabhängig vom Anregungslicht — vom 1. Singulettzustand erfolgt, beobachten wir an Chlorophyllösungen stets eine rote Fluoreszenz (in vivo geben Chlorophylle etwa 8% des Anregungslichtes als Fluoreszenzlicht ab). Eine zweite, seltener realisierte Möglichkeit besteht in der strahlungsfreien Rückkehr unter Wärmefreisetzung. Die dritte Variante besteht darin, daß das angeregte Elektron unter Umkehrung seines Spins strahlungslos, aber unter Wärmeentwicklung, in den etwas energieärmeren 1. Triplettzustand übergeht. Dieser Zustand hat eine erheblich längere Lebensdauer, die vorrangig dadurch bedingt sein dürfte, daß für eine Rückkehr in So eine erneute Spinumkehr erforderlich ist. Dem Triplettzustand wurde aufgrund seiner relativ langen Lebensdauer (10^{-4}—10^{-2} s) eine bevorzugte Rolle im photosynthetischen Primärprozess zugeschrieben. Nach neueren Untersuchungen scheint aber jeweils nur eines von 10^7 Chl.-Molekülen im Triplettzustand vorzuliegen, so daß er gegenwärtig nicht mehr als Ausgangsstufe zur photosynthetischen Energieumwandlung angesehen wird. Die Diskussionen über die Bedeutung der Triplettzustände sind aber noch nicht beendet.

Die Zeitspanne zwischen zwei aufeinanderfolgenden Sprüngen ist bei Singulettanregung um 10^{-2} s kürzer als im Triplett. Daraus folgt als wesentlicher Vorteil des Singulettstatus der größere Schutz vor Photooxidationen aufgrund der viel rascheren Energie-Weiterleitung (5.2.). Die Singulett-Energiewanderung ist auch über einen längeren Weg möglich. Die kritische Distanz R_0 liegt bei I — 2 nm, da sich Donor- und Acceptor-Orbitale überlappen müssen. Für die Singulett-Energiewanderung kann R_0 in bestimmten Farbstoffmolekülen bei optimaler Orientierung zueinander bis zu 10 nm betragen, wobei jedoch eine starke Wellenlängenabhängigkeit besteht. Ein weiterer Vorteil wird in seiner Eigenart gesehen, daß der S_I-level sich in ein erlaubtes und ein verbotenes Niveau aufzuspalten vermag, Rückreaktionen somit weitgehend unterdrückt sind.

Unter den besonderen Bedingungen der Ultrastruktur der Thylakoide sind alle Chlorophyllmoleküle sowie die jeweils vorhandenen akzessorischen Pigmente in der Lage, Lichtenergie zu absorbieren. Die im vorhergehenden anhand des Termschemas (Abb. 37) diskutierten Prozesse wurden im wesentlichen aus Untersuchungen an Modellsystemen abgeleitet. Wir wissen aber noch immer zu wenig, wie diese Prozesse in vivo ablaufen. Zur Entwicklung eines Termschemas für in vivo-Zustände gibt es nur erste Ansätze. Besonders bemerkenswert sind in diesem Zusammenhang die Befunde, wonach Chl in vivo bereits bei solchen Photonenflußdichten, die den oberen Intensitätsbereich des Sonnenlichtes entsprechen, eine Nichtlinearität der Absorption sowohl im langwelligen Übergang als auch in der Soret-Bande zeigt. Die daraus von Leupold und Hoffmann entwickelte Arbeitshypothese folgert, daß diese ungewöhnliche Nichtlinearität auf kollektive Absorptionsquerschnitte in der Größenordnung von 10^{-16} cm zurückzuführen ist. Dies entspräche dem Wirken sogenannter Absorptionseinheiten von etwa 10^5 Chl-Molekülen. Diese Anzahl korreliert statistisch mit der Anzahl aller Antennen-Chl-Moleküle (vergl. 5.3.) eines Thylakoids (3.2.3.). Zur Interpretation wäre entweder eine supramolekulare kollektive Anregung oder eine ultraschnelle Delokalisierung der Anregungsenergie zu fordern.

Das rote Absorptionsband des Chl a in vivo ist breiter (Halbbandbreite $\sim$ 30 nm) im Vergleich zu derjenigen in nichtpolaren Lösungsmitteln (Halbbandbreite $\sim$ 10 nm). Ferner liegt das Absorptionsmaximum des Chl a in den Thylakoiden bei $\sim$ 678 nm und damit etwa 15 nm rotverschoben gegenüber Chl a in Diäthyläther. Diese Bandenverbreiterung und Rotverschiebung werden verbreitet auf die Existenz verschiedener sogenannter „Chlorophyllformen" mit unterschiedlichem Absorptionsverhalten zurückgeführt (3.1.1.). Eine Besonderheit besteht ferner darin, daß im lebenden System aus der Vielzahl der absorbierenden Pigmentmoleküle nur solche mit einem Absorptionsmaximum von 700 (P_{700}) und 680 nm (P_{680}) in der Lage sind, die potentielle Energie der π-Elektronen direkt im photochemischen Prozeß zur Reduktion eines Akzeptors umzusetzen. Die im Überschuß vorhandenen anderen Pigment-Moleküle dienen als „Sammler". Wir haben uns daher mit diesem Mechanismus der Energieleitung gesondert zu beschäftigen (Tab. 3 u. Kap. 5.2.).

Bei einer Pigmentkonzentration von $3 \cdot 10^{-3}$ M würden 50% sichtbarer Strahlung absorbiert. Grüne Blätter enthalten aber bis zu 5% Chl in bezug auf die TM, entsprechend 10^{-1} M im Thylakoid. Im vollen Sonnenlicht entfallen auf die Pflanzen 10^{16}—10^{17} Quanten s^{-1} cm^{-2} (im sichtbaren Bereich). Unter diesen Bedingungen absorbiert jedes Chlorophyllmolekül 4—40 Quanten pro Sekunde.

5.1.1. *Fluoreszenz*

Im funktionstüchtigen Chloroplasten wird der überwiegende Anteil der absorbierten Strahlungsenergie in chemische Energie überführt; die nicht genutzte Komponente ist als Chlorophyllfluoreszenz (Grundfluoreszenz) meßbar. Kautsky und Hirsch beobachteten 1931, daß die Fluoreszenz lebender photosynthetisierender Pflanzen bei plötzlich einsetzender Belichtung charakteristische und gut reproduzierbare Intensitätsänderungen durchläuft. Dieser Kautsky-Effekt erweist sich somit als Indikator der photophysikalischen und photochemischen Primärprozesse der Photosynthese. Detailliertere Untersuchungen haben ergeben, daß das Emissionsspektrum des Chl in vivo bei Zimmertemperatur eine Hauptbande bei 685 ± 2 nm und eine vibranale Satellitenbande bei 740 nm besitzt. Beide Banden rühren von π-π-Übergängen in den Grundzustand her. Der Hauptanteil dieser Fluoreszenz entstammt dem Photosystem II (5.3). Der Anteil der PS I-Fluoreszenz hat ein Minimum zwischen 710 und 720 nm. Emissionen vom 2. Anregungszustand sind bisher nicht nachgewiesen worden, auch nicht bei Anregungen in der blauen Absorptionsbande. Allerdings werden solche Emissionen nach Anregungen von Bakteriochlorophyll mit Laserlicht hoher Intensität diskutiert. Bei tiefen Temperaturen (—196 °C) treten zwei zusätzliche Fluoreszenzbanden auf, eine bei 695 nm (F 695) und eine bei 715—740 nm (F 730), deren genaue Lage objektabhängig ist. So liegt sie bei Grünalgen allgemein bei 720 nm, in höheren Pflanzen bei 735 nm. F 685 soll der Masse der Chla-Moleküle entstammen und F 695 von einer Chl a-Species herrühren, die nahe dem Reaktionszentrum des PS II assoziiert ist (5.3). F 730 wird einer dem P 700 zugeordneten Chl a-Species zugeschrieben. Bemerkenswert bleibt ferner, daß bei Zimmertemperatur die vorwiegend vom PS II emittierte Fluoreszenz F 730 überwiegt, während bei —196 °C vorwiegend das PSI-System, aber ebenfalls bei 730 nm, fluoresziert. Der Fluoreszenzbetrag ist abhängig von der Temperatur, der Anregungswellenlänge (wegen der unterschiedlichen Effizienz des Energietransfers zwischen den accessorischen Pigmenten) und dem Redoxzustand der Reaktionszentren (5.3.) bzw. Quencher in der Elektronentransportkette (5.4). Weitere Parameter der Fluoreszenz stellen die Lebensdauer der Fluoreszenz und die Polarisationsabnahme dar.

Fluoreszenzmessungen dienen in zunehmendem Maße als Meßgrößen zur Beurteilung der Effizienz der photosynthetischen Energiekonvertierung (je größer die Fluoreszenz, je geringer die Effizienz der Energieumwandlung), z. B. bei der Selektion leistungsfähigerer Pflanzenformen oder bei der Ermittlung von Konsequenzen aus Stressbelastungen auf den Photosyntheseapparat.

Alle photosynthetisierenden Organismen zeigen nach dem Ausschalten der Belichtung ein schwaches Nachleuchten im ms.-Bereich. Diese Lichtemission hat das gleiche Spektrum wie die Chlorophyllfluoreszenz in vivo; sie wird als „verzögerte Fluoreszenz“ (delayed light emission; luminescence) bezeichnet. Sie stellt eine an das System II gebundene Photo-Chemilumineszenz dar und kommt durch die Rekombination des im Licht photooxidierten e-Donors und des photoreduzierten e-Acceptors des PS II zustande (vergl. 5.3.).

5.2. *Energieleitung*

Die molekulare Maschinerie des Photosyntheseapparates arbeitet nur dann effektiv, wenn sie den Elektronenstrom (5.4.) auch unter wechselnden Lichtbedingungen mit annähernd gleicher Intensität zu betreiben vermag. Es nimmt daher nicht Wunder, daß sich im Zuge der Evolution bei verschiedenen Pflanzen weitere lichtabsorbierende Systeme (wie die Carotenoide und die Phycobiline) herausgebildet haben, die in ihrer Gesamtheit das die Erdoberfläche erreichende Spektrum des Sonnenlichtes auszunutzen vermögen (7.1.1.).

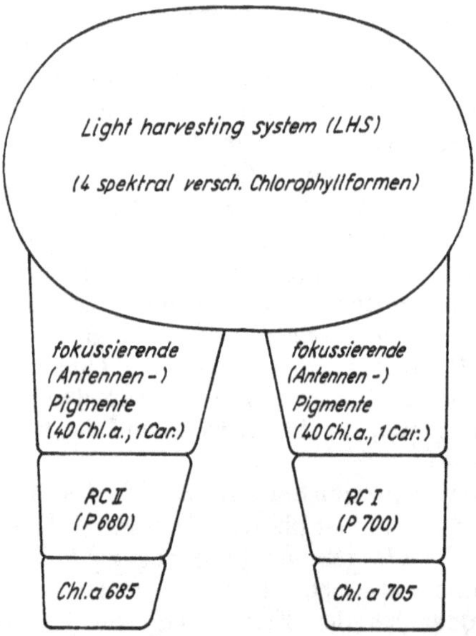

Abb. 38. Schema der funktionellen Organisation der Chloroplastenpigmente in Licht-erntenden Komplex (LHC), fokussierende Antennenpigmente und Reaktionszentrum (nach PASCHENKO 1981, verändert).

In den Chloroplasten höherer Pflanzen sind die Photosynthesepigmente zumindest in die sogenannten Licht-erntenden Pigmente (in ihrer Gesamtheit auch als accessorische Farbstoffe oder Licht erntender Komplex (-LHC) zusammengefaßt) und die die eigentliche Auslösung eines Elektronenstroms (5.3.) bewirkenden Chl a-Moleküle getrennt. Erstere weisen ihrerseits noch eine Strukturierung dahingehend auf, daß sich von den fokussierenden Antennenmolekülen, die jeden der beiden Reaktionszentren (5.3.) zugeordnet sind, der Licht-sammelnde Komplex abtrennen läßt (Tab. 3 und Abb. 38).

Der LHC ist gemeinsam mit dem Trägerprotein zu isolieren und vermag in vivo mit beiden Reaktionszentren in Wechselwirkung zu treten. Diese relative Verteilung der Anregungsenergie auf die beiden Photosysteme wird allgemein als State I/State II-Austausch bezeichnet. BENNET und WEBBER beschrieben sie 1983 als Ergebnis einer Phosphorylierung des LHC durch eine Thylakoid-gebundene Proteinkinase, die ihrerseits durch reduziertes Plastochinon aktiviert wird und deren Aktivität durch Mg^2-Ionen und den energy eharge (6.4.) im Stroma moduliert wird. Auf diese Weise vermag die Pflanze bereits im Bereich der photophysikalischen Primärprozesse über eine regulierte Verteilung der Anregungsenergie auf die beiden Photosysteme und eine darauf folgende gleichsam „bedarfsgerechte“ Bildung von ATP und NADPH + H (5.4.–5.6., 6.1.) die Anpassung an die jeweils herrschenden Lichtverhältnisse zu realisieren.

Nach den von ANDERSON in den 80ger Jahren entwickelten Vorstellungen bewirken die skizzierten Phosphorylierungen und die Dephosphorylierungen der Proteine des LHC den Transport von Teilen desselben zwischen den beiden Typen von Photosystemen durch die fluide Thylakoidmembran. Danach stellt die reversible Vergrößerung bzw. Verkleinerung des dem einen oder anderen PS zugeordneten Antennenkomplexes die Basis für dessen bevorzugte Energieversorgung dar.

Unter natürlichen Bedingungen wechseln die Beleuchtungsintensitäten im Tag-Nacht-Rhythmus um mehrere Größenordnungen. Dem entspricht die molekulare Struktur des Photosyntheseapparates durch einen Adaptationsmechanismus, mit dem bei geringer Beleuchtungsstärke die wenigen Quanten über Akkumulationsprozesse möglichst vollständig genutzt werden, während bei sehr hohen Lichtintensitäten Dissipationsvorgänge die photodynamische Pigmentzerstörung verhindern.

Im Schwachlicht werden nur wenige Quanten von den Antennenpigmenten absorbiert. Sie gelangen aber bereits innerhalb von 10^{-13} s mit nahezu 100%iger Wirksamkeit von den Carotenoiden z. B. zu den verschiedenen Chlorophyllen und erreichen nach 10^{-11} s die jeweiligen Reaktionszentren, in denen ihre Deaktivierung erfolgt (5.3.). Bei übermäßiger Belichtung jedoch, beim Überschreiten der Lichtsättigung der Photosynthese, verhindert eine Energieabgabe in Form von Fluoreszenz (5.1.1.), durch Strahlungsübergänge bzw. Intersystem crossing und über Triplettzustände (5.1.) innerhalb von 20 ns von den Chlorophyllen zu den Carotenoiden (die stabiler sind und die überschüssige Energie in 3 ns in Wärme zu dissipieren vermögen), die photooxidative Zerstörung der Chlorophyllmoleküle in den Reaktionszentren (Abb. 39 u. Kap. 3.1.2.). Über diesen Mechanismus werden in Chloroplasten bis zu 20% der jeweiligen Überschuß-Energie dissipiert (bei Bakterien nur etwa 1%). Die Energieübertragung von den Antennenpigmenten zu den Reaktionszentren erfolgt bereits innerhalb von 10^{-9}–10^{-10} s. Als Mechanismen des Energietransfers sind nach wie vor die Excitonenhypothese (zwischen kleinen, kondensierten

Einheiten) und die induktive Resonanz (nach Förster, zwischen supramolekularen Aggregaten, die mehr als 1 nm voneinander getrennt sind), in der Diskussion. Die in der Masse der accessorischen oder Licht-erntenden Pigmentmoleküle vorkommenden Reaktionszentren (vgl. Tab. 3) stellen eine Energiesenke (ein Trapping center) dar, in welche die Anregungsenergie über Excitonentransfer gelangt und in denen sie dann aufgrund der spezifischen Struktur-Funktionsbeziehungen mit anderen Elektronenakzeptor- und Donor-Molekülen letztlich die Auslösung eines

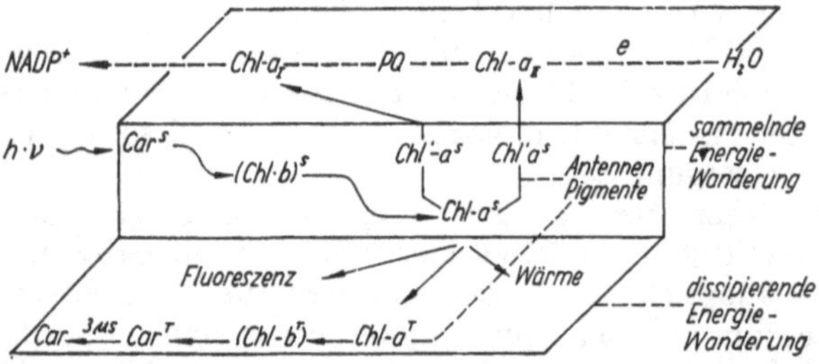

Abb. 39. Mögliche Wege der regulativen Verteilung der absorbierten Strahlungsenergie (nach Witt, verändert).

Elektronenstroms bewirkt (Kap. 5.3. u. 5.4.). Über die Verteilung der Reaktionszentren gibt es unterschiedliche Vorstellungen. Nach dem „puddle"-Modell sind sie untereinander so isoliert, daß kein Energietransfer zwischen ihnen möglich ist. Im wahrscheinlicherem „lake"-Modell geht man davon aus, daß die RZ gleichsam in statistischer Weise in den See der accessorischen Pigmente eingebettet sind (5.4.). Beim Auftreffen der Anregungsenergie auf ein bereits geschlossenes (angeregtes) RZ vermag es weiter auf ein anderes, offenes zu „wandern".

5.2.1. *Heterogener Energie-Transfer*

Bei einer räumlichen engen Anordnung der heterogenen Moleküle überlappen sich die Absorptions- bzw. die Fluoreszenzbanden der beteiligten Moleküle. Die Absorption eines Quants führt dann zunächst zur „Erregung" des aufnehmenden Moleküls. Dieser elektronische Erregungszustand wird über induktive Resonanz auf das Akzeptormolekül übertragen. Dabei stimmt die Frequenz

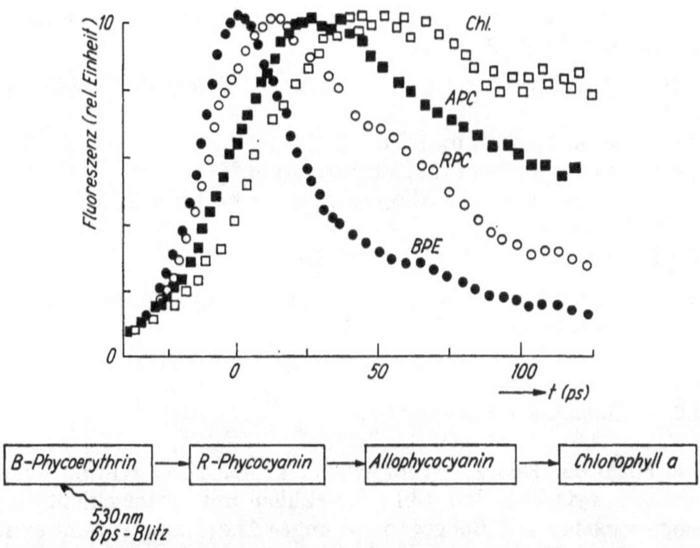

Abb. 40. Schema der Energieübertragung von accessorischen Pigmenten auf Chl a (unten) und Nachweiskurven dieses Energietransfers (oben), gemessen an den Anstiegszeiten der wellenlängen-aufgelösten Fluoreszenz bei *Porphyridium cruentum* (nach BEDDARD u. COGDELL, verändert).

des Lichts, die das zweite Molekül absorbieren kann, mit der Frequenz des Schwingungsfeldes um das erste Molekül überein. Die Wechselwirkung zwischen den Molekülen ist eine Dipol-Dipol-Interaktion. Die wirksame Energie ist proportional r^3, wobei r den Abstand zwischen den Zentren der beiden Dipole angibt. Die kritische Entfernung zweier Pigmentmoleküle zur Realisierung einer 50%igen Energieübertragung beträgt etwa 5 nm. Der Abstand der verschiedenen Pigmentmoleküle im Chloroplasten ist wesentlich kleiner und erlaubt somit potentiell eine höhere Übertragungseffektivität.

Aufgrund physikochemischer Gesetzmäßigkeiten wandert die Energie dabei nur in einer Richtung, und zwar immer von Pigmenten mit einem Absorptionsmaximum im kürzeren Wellenlängenbereich zu Molekülen, welche bei höheren Wellenlängen maximal absorbieren (Abb. 40). Im Zuge der Übertragung geht immer ein gewisser Energiebetrag als Vibrationsenergie (schließlich als Wärme) verloren. Allerdings ist dieser Anteil zwischen verschiedenen Molekülen unterschiedlich. Für die Effizienz des

Energietransfers zwischen verschiedenen Pigmenten publizierte 1982 ALFANO folgende Zahlen:

in Blaualgen (Cyanobakteria) zwischen Carotenoiden und Chl a 10–15%
zwischen Fukoxanthin und Chl a 70%
zwischen Phycoerythrin und Phycocyan 96%
zwischen Phycocyan und Allophycocyanin bis Chl a 78%
von Chl b zu Chl a 100%
von Chl a zu Chl a 100%

Bezüglich der Effizienz der Photosynthese (5.4.) sind die Transfer-Prozesse nicht limitierend.

5.2.2. *Homogener Energie-Transfer*

Diese Form der Energieleitung erfolgt in den photosynthetischen Einheiten zwischen den Chl a-Molekülen mit unterschiedlichen Absorptionsmaxima. Bei gegebener enger Anordnung kommt es zu einer gewissen Trennung der intramolekularen Vibrationen von der elektronischen Erregung. Letztere wandert über das gesamte Pigmentkollektiv, bis sie entweder im „Trap" („sink"; Reaktionszentrum) transformiert oder (besonders bei beeinträchtigter Photosynthese) als Fluoreszenz abgegeben wird.

5.2.3. *Elektronen- oder Ladungswanderung*

Das Phänomen der Elektronenwanderung ist vorrangig aus der Untersuchung metallischer Kristalle bekannt. Dort stellt sie die Grundlage der elektrischen Leitfähigkeit dar. In organischen Kristallen vermag die Absorption von Photonen ebenfalls zu einer Ladungstrennung zu führen: Elektronen werden in ein Leitfähigkeitsband gehoben und hinterlassen im Grundzustand (Valenzband) ein „positives Loch". Beide Ladungen wandern unabhängig voneinander zu einem „Trap" (Reaktionszentrum). Unter der Annahme, daß die Chlorophyllmoleküle in den Thylakoiden in quasi-kristalliner Form angeordnet sind, wird oft auch für die Energieleitung im Photosyntheseprozeß das Halbleitermodell zugrunde gelegt. Darüber hinaus ist auch eine Kombination beider Mechanismen, der Erregungswanderung und der Elektronenwanderung, diskutiert worden. Zusammenfassend sind die Pigmentmoleküle auch als Oszillator zu verstehen, die die Energie von einem Oszillator auf den anderen über Exciton-Interaktionen übertragen, da die Abstände zwischen den Molekülen sehr klein sind. Dabei sind letztlich zwei extreme Fälle zu unterscheiden:

1. Die schwache Wechselwirkung; sie ist gegeben, wenn die Transfer-Zeit lang ist ($> 10^{-12}$ s) im Vergleich zur intramolekularen Relaxation. Dabei vermag die Energie in den Grundzustand zurückkehren, bevor der Anregungszustand auf das Nachbarmolekül übertragen wurde.
2. Die starke Wechselwirkung; sie ist gegeben, wenn die Transferzeit sehr kurz ist ($< 10^{-12}$ s), verglichen mit der intramolekularen Relaxation. Daraus resultiert besonders in den Lichterntenden Komplexen des Photosyntheseapparates eine bidirektionelle Delokalisation der Excitonen.

5.3. *Reaktionszentren, Photosysteme und Wasserspaltung*

Zur Einordnung des bisher dargestellten und zum besseren Verständnis der im folgenden noch zu besprechenden Teilabschnitte der photosynthetischen Energiekonvertierung sei hier ein Schema über den enkaptischen Aufbau des Photosyntheseapparates eingefügt (Abb. 41). Der Chloroplast ist das Organell, welches die Gesamtheit der photosynthetischen Reaktionen, vom Aufbau eines Protonengradienten und Biopotentials beginnend, bis zur Synthese eines breiten Spektrums von Verbindungen, unter denen die Kohlenhydrate dominieren, durchzuführen vermag. Die die Energieumwandlung realisierenden Chlorophyllmoleküle sind in den etwa 1000 Thylakoiden eines Chloroplasten in einer solchen Weise lokalisiert, daß bei entsprechender Belichtung die weit überwiegende Zahl als Absorptionseinheit zusammenwirkt. Sie stellen gleichsam einen See mit einer Vielzahl von photosynthetischen Reaktionszentren dar (lake model). Die kleinsten zur photosynthetischen Wasseroxidation und $NADP^+$-Reduktion befähigten Einheiten sind die photosynthetischen Einheiten (7.1.1.). Ihnen ist eigen, daß sie jeweils 300—500 enger zugeordnete Pigmentmoleküle als Antennenpigmente, 2 sogenannte Photosysteme (PS I und PS II) und den die Photosysteme verbindenden Plastochinonpool besitzen. Der lichtgetriebene, vektorielle Elektronentransport zwischen diesen Photosystemen (er beginnt beim Wasser und endet zunächst beim Ferredoxin) wird durch die spezifische und unsymmetrische Anordnung einer Vielzahl von Redoxfaktoren

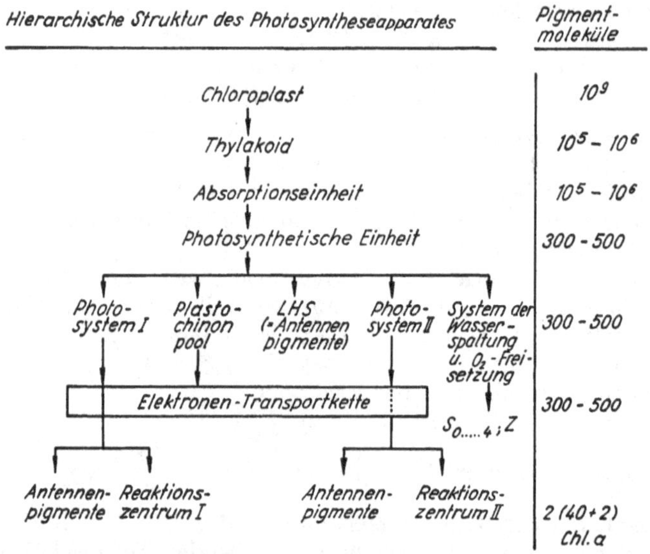

Abb. 41. Schema des hierarchischen Aufbaus des Photosyntheseapparates.

gewährleistet, die man in ihrer Gesamtheit in der photosynthetischen Elektronentransportkette zusammenfaßt (5.4.). In eine Thylakoidmembran sind etwa 200 Elektronentransportketten eingebettet. Als weitere Untereinheit des 1. Photosystems hat sich das Reaktionszentrum I erwiesen, dem etwa 40 lichtsammelnde (fokussierende) Antennenmoleküle strenger zugeordnet sind. Das Photosystem II besteht in entsprechender Weise aus fokussierenden Antennenpigmenten und dem Reaktionszentrum II. Darüber hinaus ist ihm zusätzlich das wasserspaltende und sauerstoffentwickelnde System vorgeschaltet.

Nach dem gegenwärtigen Kenntnisstand stellen die Reaktionszentren die Orte dar, in denen die eigentliche Energiekonvertierung erfolgt. Handelte es sich in den unter 5.1. und 5.2. beschriebenen Vorgängen um die Aufnahme und Weiterleitung von Anregungsenergie, vermögen die Reaktionszentrenchlorophylle aufgrund ihrer spezifischen strukturellen Bindung und Zuordnung von Elektronen-Donator- bzw. Acceptormolekülen die aufgenommene Anregungsenergie über eine reversible Redoxreaktion zur Auslösung eines Elektronenstroms zu nutzen, wobei die dissipative Rekombinationsreaktion vernachlässigbar klein ist gegenüber den nachfolgenden Redoxreaktionen. Im Ergebnis dessen wird über die Thylakoidmembran ein Protonen- und elektrischer Gradient aufgebaut, der von Plastiden in vielfältiger Weise verwertet werden kann (vgl. 6.4.). Die Photooxidation ist durch eine reversible Bleichung der Absorptionsbanden bei 430 und 700 nm sowie

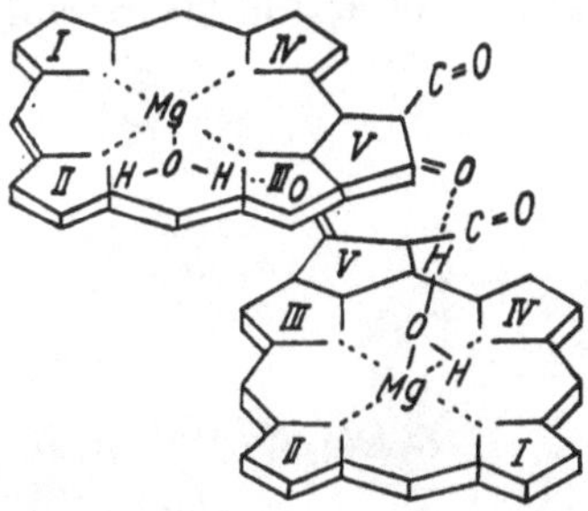

Abb. 42. Modell eines Chl a-Dimers (nach SHIPMAN 1976).

durch das kurzzeitige Auftreten eines freien Radikals im Elektroparamagnetischen Resonanzsignal (EPR) feststellbar. Bei diesem primären Schritt können von der Energie jedes Quants etwa 1 eV gespeichert werden. Die Umsetzung erfolgt mit 90—100%iger Effizienz. Als Spezifik der Reaktionszentrenchlorophylle gilt ihr Vorkommen als Dimer. Im Dimer scheinen die beiden Chl a-Moleküle so über bifunktionelle Liganden zusammengehalten zu sein, daß die „π-π-stacking-distance" mit 0,36 nm eine optimale Überlappung bedingt. Vom Dimer-Anregungszustand aus soll ferner die Elektronenabgabe leichter möglich sein als vom angeregten Monomer. Das Problem der Ladungstrennung verlagert sich damit auf das Problem des primären Elektronenakzeptors bzw. Donators im Reaktionszentrum-Komplex. Die räumliche Anordnung muß so gegeben sein, daß er rascher reduziert wird als das intermediär auftretende Chl-Kation wieder die Elektronen zurückerhält. Abbildung 42 zeigt ein solches Modell. Zwischenzeitlich ist diese Vorstellung eines Chl-Dimers, zumindest für das Reaktionszentrum II, wieder fraglich geworden. Die Reaktionszentren-Chlorophylle beider Photosysteme unterscheiden sich durch das Absorptionsmaximum, bei welchen die Redoxprozesse ablaufen; beim RZ I liegt dies bei 700 nm (P 700), beim RZ II bei 680 nm (P 680).

5.3.1. Das Reaktionszentrum I und seine Teilreaktionen

Im RZ I wirkt ein Chl-Dimer, das bei seiner Photooxidation in 60 ps ein Elektron an den Primärakzeptor A_1 abgibt (Abb. 43). Möglicherweise ist diesem noch ein weiterer vorgeschaltet. Manches spricht dafür, daß auch A_1 ein spezifisch angeordnetes Chl a-Molekül ist. Von ihm wird das Elektron mit $t_{1/2}$ in 200 ps auf

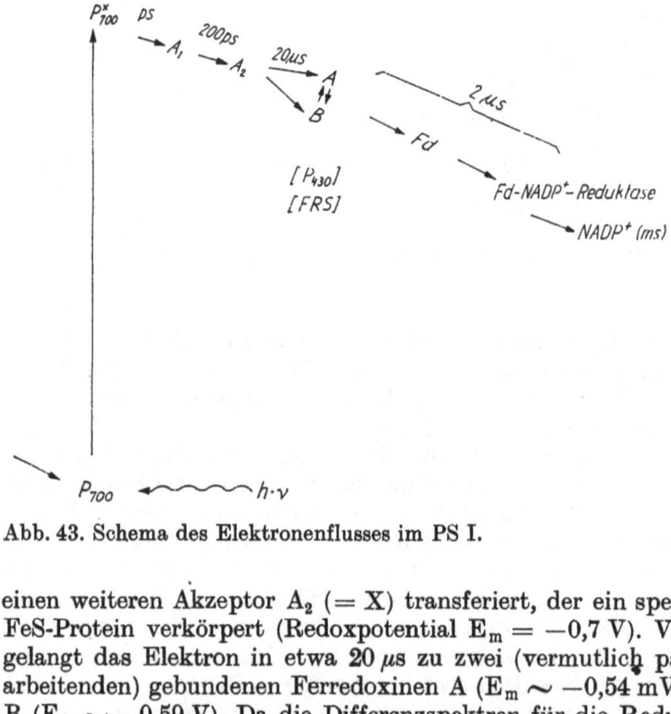

Abb. 43. Schema des Elektronenflusses im PS I.

einen weiteren Akzeptor A_2 (= X) transferiert, der ein spezielles FeS-Protein verkörpert (Redoxpotential $E_m = -0{,}7$ V). Von A_2 gelangt das Elektron in etwa 20 µs zu zwei (vermutlich parallel arbeitenden) gebundenen Ferredoxinen A ($E_m \sim -0{,}54$ mV) und B ($E_m \sim -0{,}59$ V). Da die Differenzspektren für die Reduktion dieser Akzeptoren mit einer Lebensdauer von 10^{-4} bis 10^{-2} s durch eine Absorptionsbande bei 430 nm ausgezeichnet sind, bezeichnet man sie auch als P 430. Sie sind in der Lage, das terminal lose gebundene Ferredoxin zu reduzieren. Als primäre Elektronen-Donoren für das RZ I werden sowohl Plastocyanin als auch Cytochrom f diskutiert, wobei hinsichtlich des Zusammenwirkens beider Redoxfaktoren mehrere Möglichkeiten bestehen, die sogar die Existenz von zwei getrennt, mit Cyt f oder PC, arbeitenden PS I einschließen. Das PC soll als diesbezüglicher e-Donor in den Grana-Regionen, das Cyt f bevorzugt in den Intergrana-Thylakoiden wirken.

Bisher sind sechs verschiedene Proteine für das RZ I beschrieben worden. Sie tragen mit abnehmender Molmasse die römischen Ziffern I (70000)—VI (ca. 8000); Abbildung 44 zeigt gleichzeitig

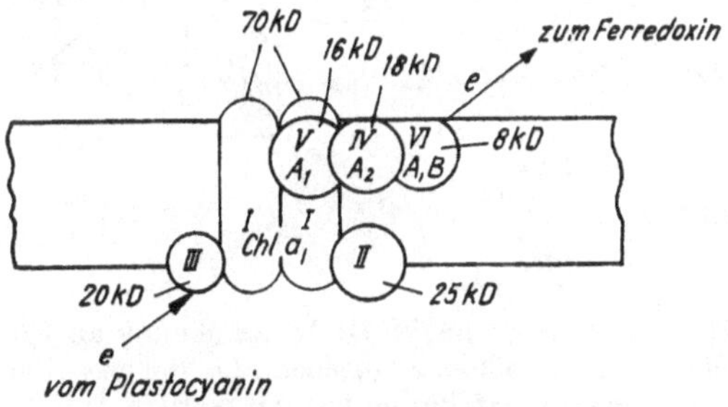

Abb. 44. Modell eines Reaktionszentrums I (nach GRÄBER u. RENGER 1984)

eine hypothetische Zuordnung der Struktur zu einigen funktionell erfaßten Kompartimenten und dem primären e-Donor Plastocyanin. Die RC I Komplexe sind bevorzugt an der Thylakoid-Außenseite lokalisiert. Das einfache Meßsystem für Photosystem I ist ein künstliches Donorsystem, wie etwa DCPIP oder substituiertes Phenylendiamin, die durch Ascorbat reduziert gehalten werden, und ein künstliches autoxidables Akzeptorsystem mit niedrigem Redoxpotential (Methylviologen, Anthrachinon). Dabei wird das Photosystem I durch eine lichtabhängige O_2-Aufnahme des Meßsystems bestimmt.

5.3.2. Das Reaktionszentrum II und seine Teilreaktionen

Nach bisherigen Befunden verkörpert das Chl a II ein Chl a-Molekül (P 680), das bei Lichtanregung in 1 ns photooxidiert wird (Abb. 45). Es ist bisher ungeklärt, ob dieses Chl als Monomer oder Dimer angeordnet ist. Als primärer Elektronen-Akzeptor fungiert Phaeophytin, von dem das Elektron auf einen Akzeptor X_{320}, ein speziell komplexiertes Plastochinonmolekül (Q_A) übergeht, das durch seine Absorptionsänderung bei 320 nm gefunden wurde. Dieser Akzeptor Q fungiert in seiner reduzierten Form als Fluoreszenz-Quencher,

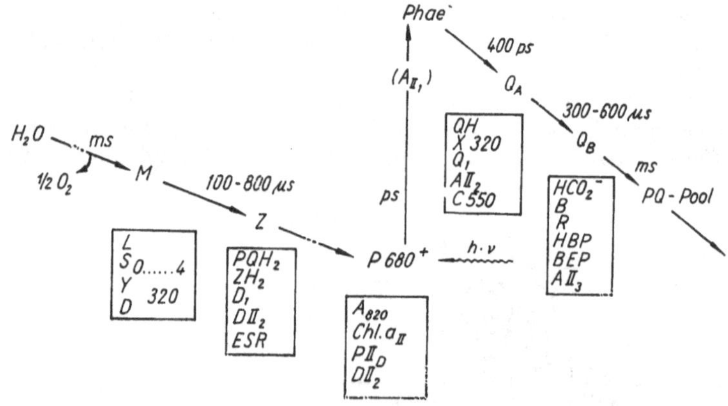

Abb. 45. Schema des Elektronenflusses im PS II. In Anlehnung an GOVINDJEE sind in den Blöcken die Symbole angegeben, die von verschiedenen Autoren für die jeweiligen Redoxfaktoren benutzt wurden.

wobei sich eine schnelle (150 ps) von einer langsameren (2—4 ns) Komponente experimentell trennen läßt. Die Anzahl möglicherweise noch dazwischenliegender Redoxschritte ist unbekannt. Vom Q_A gelangt das Elektron über ein weiteres Plastochinonmolekül Q_B in den Plastochinonspeicher PQ.

Der primäre Elektronen-Donor Z für das PS II hat ein extrem positives Potential (+0,8 V). Nur so sind die Voraussetzungen für die Wasseroxidation gegeben. In intakten Chloroplasten wird Z^+ innerhalb einer ms reduziert. Während in diesen bisherigen Reaktionsbereichen nur immer jeweils ein Elektron transportiert wird, benötigt die Wasserspaltung die (energetische) Kooperation von vier Elektronen, um 1 Molekül O_2 zu produzieren.

In chemischer Hinsicht ähneln die dem PS II zugeordneten Redoxfaktoren sehr denjenigen der bakteriellen Photosynthese, speziell der Purpurbakterien (6.5.). Dies trifft vor allem zu für die Faktoren A_{II1} (Phaeophytin) und A_{II2}, ein mit Fe^{2+} verbundenes Chinon.

Unter physiologischen Bedingungen verhindert der rasche e-Transfer vom Donor Z zum P 680 (< 1 µs) die Ladungsrekombination zwischen P 680 und Q. Der anschließende Elektronentransfer von Q zu weiter entfernten Akzeptoren und die simultane Reduktion von Z^+ durch aus dem Wasser freigesetzte Elektronen trägt zur Stabilisierung der getrennten Ladungen bei. Die bisher charakterisierten funktionellen Gruppen (Chl a_{II}) und Phaeophytin (X_{320}) sind auf einem 47 kD Protein lokalisiert. Diese funktionelle 47 kD-Einheit ist mit einem 43 kD-Chlorophyll-Protein-Komplex verbunden, der als spezifische Antenne für den Anregungsenergietransfer von Chl a_{II} wirken soll. Der Elektronentransport vom Q_A zum Q_B wird durch ein X_{320}-B-Apoprotein reguliert, dessen 32 kD-Polypeptid gleichzeitig den Wirkort für die Inhibitoren der Elektronentransportkette vom DCMU-Typ darstellt.

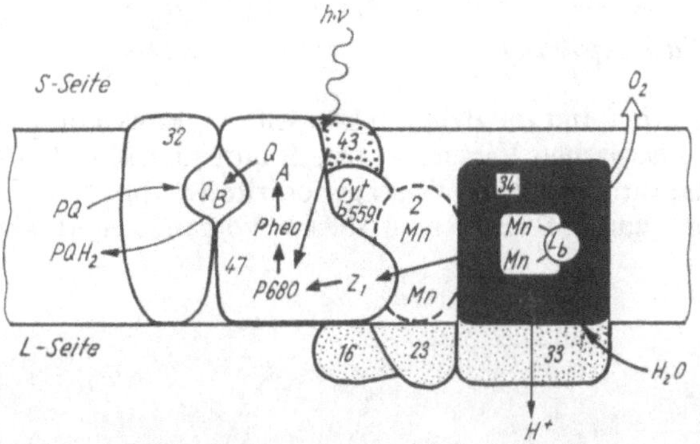

Abb. 46. Vereinfachtes Schema der funktionellen Organisation des PS II mit dem System der Wasserspaltung. Die Zahlen geben die Größe der jeweiligen Proteinkomplexe in KD an (nach Renger u. Govindjee 1985).

Ein vereinfachtes Schema der funktionellen und strukturellen Organisation des PS II in Verbindung mit dem noch zu behandelnden Komplex der Wasserspaltung gibt Abbildung 46.

Das Photosystem II ist in intakten Chloroplasten stark abgeschirmt. Zur Messung eignet sich ein System mit DCPIP. Diese Hillreaktion (5.4.) erfaßt das Teilstück des photosynthetischen Elektronentransportsystems zwischen H_2O und Photosystem II. Eine spezifische Erfassung der System II-Aktivität ohne Oxidation des Wassers erlauben die Systeme Semicarbazid/Ferrizyanid oder Diphenylcarbazid. Es ist sehr labil und somit leicht zu inaktivieren (Trisbehandlung: 0,8 M Tris bei pH 8,3; Hydroxylaminbehandlung; 1 Min erwärmen auf 45 °C; Mn^{++}-Verarmung; Cl^--Verarmung; UV-Bestrahlung). Als Hemmstoffe wirken NH_2OH und seine Derivate sowie substituierte Phenylhydrazone.

Eine wesentliche Ursache der vergleichsweise hohen Empfindlichkeit des PS II wird in der Störung des Proteinturnovers seiner

Eiweißkomponenten gesehen, der seinerseits in erheblichem Maße ATP-abhängig ist.

In physiologisch-biochemischer Hinsicht sind (seit etwa 1978) beim Photosystem II noch sogenannte α- von β-Formen zu unterscheiden, wobei die PS II α bevorzugt in den Grana-Partition-(-appressed)-Regionen der Chloroplasten, die PS II β und PS I vorwiegend in den Grana-Bereichen mit Stromakontakt (non appressed) vorkommen (5.4.).

5.3.3. Die Wasserspaltung

Die Wasseroxidation und die damit gekoppelte O_2-Freisetzung erfolgt nach den klassischen Versuchen von JOLIOT und KOK (1970) mit einer charakteristischen Viererperiodizität (Abb. 47). Die Untersuchungen zum Mechanismus dieses Vorgangs sind aber

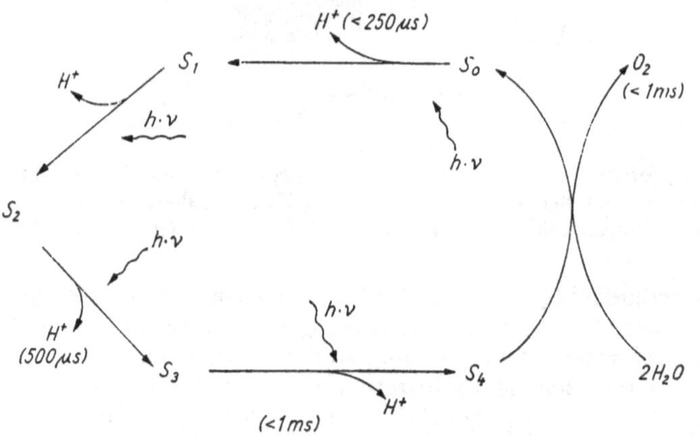

Abb. 47. Vereinfachtes Schema des 4stufigen Protonen- und Sauerstoff-Freisetzungszyklus. Die Wasseroxidation durch isolierte Chloroplasten erfolgt erst nach einer Abfolge von 4 Lichtblitzen, entsprechend der Akkumulation von 4 Quanten (in Anlehnung an RENGER u. GOVINDJEE 1985).

dadurch erschwert, daß diese Reaktionen an der Innenseite der Thylakoide ablaufen, die für verschiedene Wirkstoffe und Inhibitoren schwer zugänglich ist. Erst der methodische Fortschritt durch die Nutzung von inside-outside-Vesikeln (bei denen also die Innenseite der Thylakoide nach außen gebracht wird), erlaubte detailliertere Experimente. Die am meisten beobachteten Protonenausbeuten haben auf der Basis des KOKschen Modells eine Protonen-Freisetzungs-Stöchiometrie von 1:1:1:1 für die 4 Stufen (auch als $S_0 \rightarrow S_1 \rightarrow S_2 \rightarrow S_3 \rightarrow S_4$ bezeichnet) ergeben.

Das prinzipielle Problem der biologischen Wasseroxidation besteht darin, daß deren Zwischenprodukte (wie OH-Radikale, H_2O_2) energetisch und kinetisch so kontrolliert werden, daß sie nicht mit anderen Stoffen zurückreagieren, die dürfen also nicht frei auftreten. Durch Komplexierungen in Übergangsmetall-Proteinkomplexen könnten sowohl die Redoxpotentiale der verschiedenen Liganden verschoben als auch eine hinreichende Stabilisierung erreicht werden. Diese Funktion wird gegenwärtig speziellen binuklearen Manganzentren zugeschrieben. Das die S-Zustände bewirkende Enzymsystem y ist ein multimerer Komplex, dessen Hauptkomponenten dem Thylakoid aufgelagerte (extrinsic) Polypeptide (Abb. 46) von etwa 17 kD (dem noch keine spezielle Funktion zuzuschreiben ist), ein 23 kD (trägt unter Mitwirkung von Cl-Ionen zur funktionellen Verknüpfung des wasserspaltenden Systems mit dem RC II bei), ein 33 kD (mit Regulatorfunktion) und ein 34 kD Protein innerhalb des Thylakoids (intrinsic), sind. Dieses enthält die vier für die Photolyse des Wassers notwendigen Mn-Atome, von denen jedoch 2 ohne Funktionseinbuße durch Mg ersetzbar sind. Neben dem Mangan spielen Chlor- und Calzium-Ionen eine essentielle Rolle. Ferner wirkt HCO_3^- in Gegenwart von HCO_2^- auf der e-Aceptor Seite des PS II.

Da die Chl a_{II}^+-Reduktion in einer mehrphasigen Kinetik im ns-μs-Bereich erfolgt, die Oxidation von y jedoch schrittweise im μs-ms Bereich abläuft, muß zur funktionellen Kopplung der Operationseinheiten zumindest noch eine intermediäre Redoxkomponente (wahrscheinlich mehrere) existieren, deren chemische Natur aber unbekannt ist.

Aufgrund der länger bekannten Oszillationen der Sauerstoffentwicklung und umfangreicher kinetischer Daten entwickelte RENGER folgende Modellvorstellung:

1. Es existiert eine weitere Redoxkomponente M mit einem geringen positiven Redoxpotential ($E_{M/pH}$ 200–400 mV), wobei M^+ im Dunkeln relativ lange stabil ist und die außerordentlich hohe Lebensdauer des S_1-Zustandes bedingt.

2. die intermediären Stufen stellen Übergangsmetall-Komplexe (möglicherweise binukleare Mn-cluster) in einer Ligandenschale dar, die auch Wasser enthalten. Sie sind energetisch stabilisiert, so daß die Austauschreaktion stark endergonisch ist. Freie Zwi-

schenverbindungen existieren damit nicht. Die Stabilisierungsenergie muß bei etwa 80—100 KJ/Mol liegen.

3. Die Sauerstoff-Sauerstoffbindung wird auf der Redoxstufe des Wasserstoffperoxids gebildet, das binuklear komplementiert ist. Weitere Abspaltungen von 2 e führen dann zum komplexierten Sauerstoff, der letztlich in einer endergonen Austauschreaktion mit Wasser freigesetzt wird. Demnach ist die energetische Abstufung des Zwischenproduktes der Wasseroxidation bei der Photosynthese über 4 sequentielle Einelektronenschritte verschieden von der, die bei der (z. B. elektrolytischen) Wasseroxidation in wäßriger Lösung auftritt.

5.4. Elektronentransportsystem und Quantenausbeute

Während ein Reaktionszentrum aus dem zentralen Chlorophyll (P 700 oder P 680) und dem jeweils zugeordneten primären Elektronenakzeptor (und Donator) besteht, beinhaltet der Begriff der Photosysteme auch die weiteren dazugehörigen Redoxfaktoren. Die Zusammenschaltung dieser verschiedenen Redoxfaktoren transversal über die Thylakoidmembran realisiert die photosynthetische Elektronentransportkette.

Das heut noch allgemein als Modell benutzte „Zickzackschema" des photosynthetischen Elektronentransports geht auf Hill und Bendall zurück, die 1960 die bis damals bekannten, am Elektronen- bzw. Protonentransport beteiligten Redox-Carrier nach ihrem Redoxpotential in ein Redoxpotential-Diagramm einordneten. Die Verknüpfung der einzelnen Glieder führte zu diesem offenkettigen „Z-Schema".

Beide Systeme kooperieren in Serie und vermögen auf diese Weise, Elektronen von einem Redoxniveau, das dem der Wasseroxidation entspricht (E^{0-} — +0,8 V), auf ein solches negatives Potential zu heben, das die Reduktion von $NADP^+$ ermöglicht (E^0 — —0,32 V). Die einzelnen Faktoren sind ferner so im Potentialgradienten angeordnet, daß eine rasche Energieweiterleitung gesichert und Rückreaktionen weitestgehend ausgeschlossen sind. Abbildung 48 gibt ein Schema der photosynthetischen Elektronentransportkette höherer Pflanzen wieder. Alfono führte 1982 folgende Begründungen für die weitere Gültigkeit des Z-Schemas an:

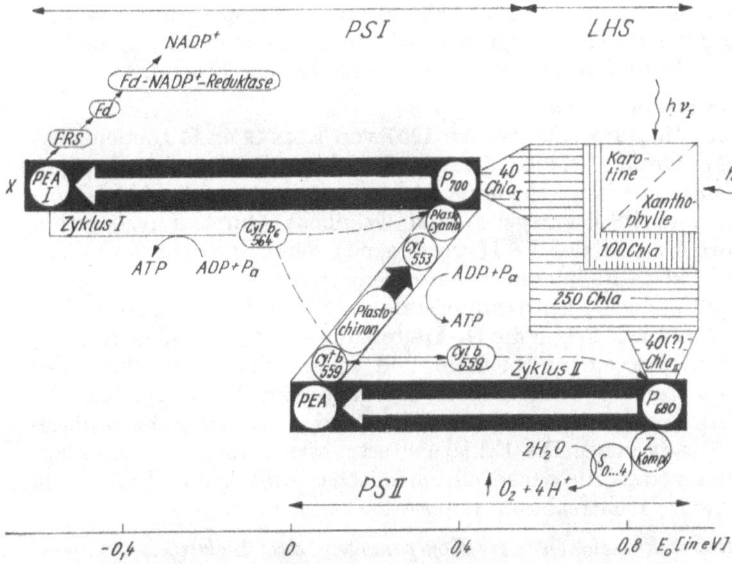

Abb. 48. Elektronentransportkette vom H_2O zum $NADP^+$ (Z-Schema nach HILL u. BENDALL sowie GOVINDJEE 1975, verändert).

1. *Das red drop Phänomen:*
Man versteht darunter die von EMERSON und LEWIS (1943) gemachte Beobachtung, wonach der Quantenertrag der O_2-Entwicklung (vergl. S. 119) als Funktion der Anregungswellenlänge im Band der Chl a-Absorption zum roten Ende des Absorptionsspektrums hin abnimmt. Ein ähnliches Verhalten beschrieben DUYSENS 1952 für die Chl a-Fluoreszenz (S. 94). Die resultierende O_2-Entwicklung ist auf der Basis der zwei Lichtreaktionen verständlich, wobei die beiden zugehörigen Pigmentsysteme verschiedene Absorptionsmaxima haben und das langwelligere Licht bevorzugt vom PS I absorbiert wird. Das Fluoreszenzverhalten erklärt sich dadurch, daß der Fluoreszenzertrag (fluorescence yield) im Pigmentsystem I niedriger ist als im PS II.

2. *Der Emerson-enhancement-Effekt*
Aus dem Konzept der 2 PS in Serie folgt, daß die maximale Effizienz des Elektronentransports auftritt, wenn die Anregung beider PS ausbilanziert ist. Der red drop-Effekt zeigte, daß langwelliges Rot eine ungleiche Anregung der PS bewirkt. Dies läßt sich jedoch

durch die zusätzliche Einstrahlung kurzwelligen Lichts, das vorrangig das PS II versorgt (wie Chl b in Grünalgen und Phycobiline in Rotalgen), überkompensieren (-enhancement-Effekt).

3. Chromatic transients:
Chromatic transients wurden 1957 von BLINKS an folgendem Beispiel entdeckt: Bei alternierender Belichtung der Rotalge *Porphyra perforata* mit langwelligerem Licht (bevorzugt durch Chl a absorbiert und PS I anregend) und Grünlicht (durch Phycoerythin absorbiert und das PS II versorgend), deren Intensitäten gleiche steady state-Bedingungen einstellen, treten „transient jumps or drops" in der O_2-Entwicklungsrate auf. Beim Übergang vom Rot- zum Grünlicht zeigte die O_2-Freisetzung einen gleitenden Anstieg, gefolgt von einer Abnahme und einer Wiedereinstellung des steady state. Der umgekehrte Übergang vom Grün- zum Rotlicht bewirkte nur einen Abfall und die Wiedereinstellung des vorherigen steady state. Die Erklärung setzt wiederum zwei Lichtreaktionen voraus, in denen ein chemisches Zwischenprodukt durch die zweite Lichtreaktion weiter verarbeitet wird.

4. Redox-Reaktionen der Komponenten der Elektronentransportkette:
Wie aus den Ausführungen im Kapitel 5.3. folgt, werden die Redoxkomponenten P 700, Cytochrom f und PQ während der Photoperiode durch Licht, das vorrangig das PS I versorgt, photooxidiert, während Licht, das bevorzugt das PS II anregt, zu deren Photoreduktion führt.

5. Teilreaktionen der Photosynthese, vor allem solche, die dem PS I oder dem PS II zugeordnet sind, lassen sich gesondert und unabhängig voneinander durch die Substitution der Elektronen-Donoren und Elektronen-Akzeptoren mit geeigneten künstlichen Redoxverbindungen untersuchen.

6. Physikalische Trennung der Reaktionszentren:
Die Isolierung sub-plastidaler Fraktionen, die jeweils mit P 700 oder P 680 angereichert waren, vertieften die Einsicht in die Existenz zweier physikalisch distinkter Licht-Reaktionen in letztlich O_2-entwickelnden Systemen der Photosynthese.

Die Einsichten in die unterschiedliche Verteilung der Photosysteme auf die verschiedenen Thylakoidbereiche (vergl. Abb. 24) sprechen jedoch nicht für das im Z-Schema postulierte Verhältnis zwischen beiden Photosystemen von 1:1 bzw. sie erfordern weitere Zusatzannahmen.

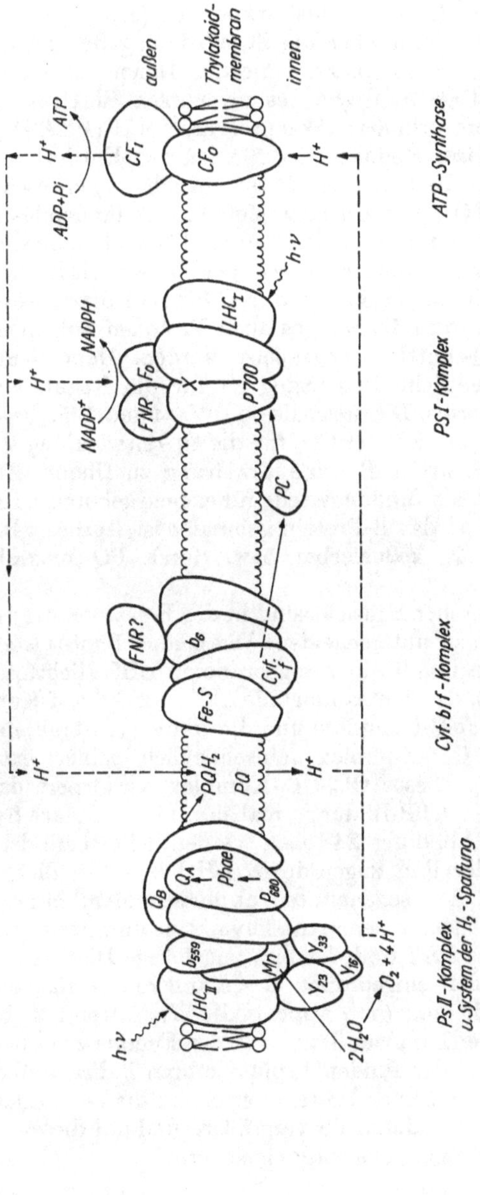

Abb. 49. Schema der asymmetrischen Einordnung der 5 die Energiekonvertierung bewirkenden Komplexe in die Thylakoidmembran. Erklärung im Text (in Anlehnung an ANDERSEN 1984).

Jeder Schritt dieses Energietransfers in der Elektronentransportkette ist mit einem Energieverlust verbunden (etwa 0,05—0,5 eV pro Stufe). Dafür nimmt aber die Stabilisierung der getrennten Ladung gegenüber dem photooxidierten Donor zu (Abb. 49). Neuerliche sorgfältige Analysen des reversiblen Elektronenübergangs von Q_A, dem primären Akzeptor des PS II (PEA II), zum PQ als intermediärer Redoxcarrier führten zur Entdeckung des B-Proteins. Dieser Redoxcarrier B ist ein Photosynthesehemmstoff — (wie DCMU, Atrazin oder Metribuzin) bindendes Membranprotein, dessen funktionelle Gruppe Plastochinonnatur besitzt. Er übernimmt hintereinander jeweils ein Elektron vom Q^-B^{2-} und wird in einem Schritt durch PQ reoxidiert, wobei als Folge dieses Elektronenüberganges auch Protonen aufgenommen und in den „PQ-shuttle" eingespeist werden. Dem B-Protein kommt eine wesentliche Bedeutung zu für die Regulation des Elektronentransportes. Die erstmals von WARBURG 1956 beschriebene essentielle Funktion des CO_2 für die O_2-Entwicklung scheint mit diesem Redoxcarrier B seine Erklärung zu finden. Zumindest erwies er sich als Bindungsstelle für exogen gebotenes HCO_3^-. Nur wenn HCO_3^- an das B-Protein gebunden ist, ist dieser Redoxcarrier B durch Q^- reduzierbar bzw. durch PQ reoxidierbar (vergl. 5.3.).

In proteinchemischer Hinsicht sind in der Elektronentransportkette 5 Komplexe zu unterscheiden: Die beiden Photosysteme (I und II) mit ihren unmittelbar zugeordneten LHC (lichtfokussierenden Antennen), der lichtsammelnde LHC, der Cyt b_6-f-Komplex (mit dem Rieske-Fe-S-Komplex) und der in die Membran eingelagerte (intrinsic) CF_0-Komplex (einschließlich seiner extrinsic CF_1-Komponente). Dieser CF_0-CF_1-Komplex verkörpert das die photosynthetische ATP-Bildung realisierende ATP-ase-System (vgl. 5.6.). Wie Abbildung 24 oben verdeutlicht, befindet sich das PS II und der ihm zugeordnete LHC hauptsächlich (oder ausschließlich) in den sogenannten appressed Membranen, also in den Granabereichen, in denen die Thylakoide unmittelbar aneinandergrenzen. Das PS I und der ihm zugehörige LHC ist nur in solchen Thylakoiden eingeordnet, deren äußere Oberflächen dem Stroma zugewandt sind (non appressed). Wie unter 5.2. bereits angedeutet, soll der Langweg-Transport der Energie zwischen den Photosystemen auf der fluiden Lipidmembran indirekt über die Bewegung phosphorylierter Proteine erfolgen, die so additiv den LHC des einen oder anderen PS vergrößern und auf diesem Wege dessen bevorzugte Energieversorgung sichern.

In lipidchemischer Hinsicht sind die non-appressed Membranen fluider als die appressed Thylakoide, unabhängig von deren Fettsäurezusammensetzung. BARBER diskutierte 1983 als Ursache unterschiedliche Lipidklassen in beiden Membrantypen, die in ihrer Gesamtheit strukturelle, dynamische und katalytische Funktionen erfüllen. Das Protein-Lipidverhältnis bewegt sich in Granathylakoiden um 1,8, in Stromathylakoiden um 1,2.

Das Plastochinon erfüllt primär (Q) und sekundär (B) eine mehrfache Funktion in der Elektronentransportkette. So wirkt es als Regulator des Elektronentransportes zwischen beiden PS (u. a. durch den Übergang von 1-Elektronen-Schritten zu 2-Elektronen-Schritten), als Bindungsort für viele Systeminhibitoren und vor allem als Protonenpumpe.

Der Cytochrom b_6/f-Komplex fungiert als Plastochinol-Plastocyanin-Oxidoreduktase, welche Protonen durch die Lipidmembran pumpt. Das Plastocyanin wirkt als Dimer (oder in einer noch höher aggregierten Form) und versorgt das P 700 direkt mit Elektronen.

Bei der Wasserspaltung werden die Protonen an der Innenseite der H^+-undurchlässigen Thylakoidmembran freigesetzt (vergl. S. 108). Andererseits werden an der Außenseite der Membran infolge der $NADP^+$-Reduktion dem Stroma Protonen entzogen. Zwischen beiden Orten vermittelt das Plastochinon als Protonenpumpe, wobei es folgenden Zyklus durchläuft: nach der Aufnahme von 2 Elektronen vom B-Protein des PS II belädt es sich mit $2H^+$ aus dem Stroma und diffundiert als Plastohydrochinon durch das Thylakoid zum RZ des PS I. Hier gibt es die Elektronen an den

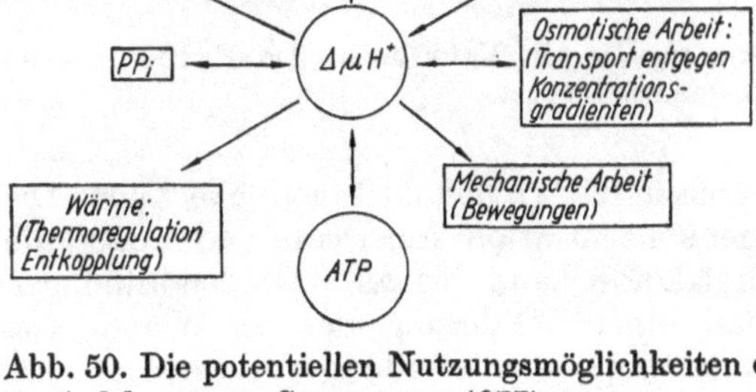

Abb. 50. Die potentiellen Nutzungsmöglichkeiten des Protonengradienten (in Anlehnung an SKULACHOV 1977).

Cyt b_6/f-haltigen Proteinkomplex (1 e reduziert Cyt f, das zweite e wird im Cyt b_6 gespeichert) und die Protonen in den Thylakoid-Innenraum ab. Als Plastochinon kehrt es zum PS II zurück. Insgesamt werden beim Transport von 2 Elektronen durch die zwei

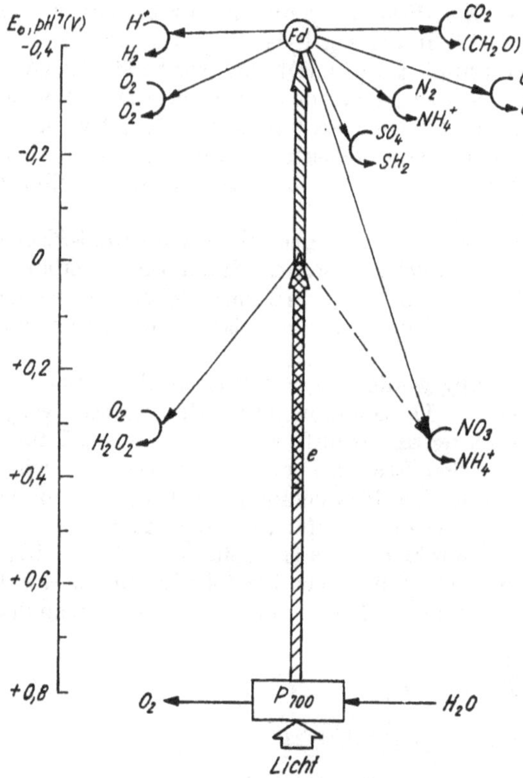

Abb. 51. Die potentiellen regulativen Funktionen des Ferredoxins im photosynthetischen Elektronentransport.

PS 4 H^+ aus dem Stroma in das Thylakoid-Innere überführt. Die Differenz der Protonenkonzentration innerhalb und außerhalb der geschlossenen Thylakoide kann bis zu 3 Größenordnungen betragen (entsprechend einer Minderung des pH-Wertes von pH_8 außen auf pH_5 innen, bei intensiver Photosynthese).

Die laterale Diffusion des mobilen Plastochinons/Plastohydrochinons von der reduzierenden Seite des RZ II zum Cyt b/f-Komplex stellt den Rate-bestimmenden Schritt in der gesamten Elektronentransportkette dar. Er liegt bei 20 ms und scheint bei allen daraufhin untersuchten höheren Pflanzen etwa gleich zu sein, zumindest deren Kapazität zur Biomassebildung nicht zu begrenzen (vergl. 7.2.3.). Dieser Protonengradient (Abb. 50) und das im Zuge der primären Ladungstrennung errichtete elektrische Potential über die Thylakoidmembran (das wegen der geringen Ausmaße, etwa 10^{-6} cm, Feldstärken von bis zu 10^5 Vm^{-1} erreichen kann) stellen ebenfalls noch eine sehr labile Energieform dar. Sie werden als Komponenten des energiereichen Membranzustandes bezeichnet, die die Voraussetzung zur Photophosphorylierung (5.6.) und damit zur Bildung des universellen Energieäquivalents ATP darstellen.

In der Hierarchie der Folgeprozesse ist das reduzierte Ferredoxin eine weitere wichtige „Schaltstelle" zur „bedarfsgerechten" Verteilung der photosynthetisch bereitgestellten Energie (Abb. 51). Auf dieser Ebene fließt der größere Anteil in diejenige Stoffwechselsequenz, die zur Reduktion des CO_2 führt. Vor allem aber während der Chloroplastenbiogenese überwiegt die Nutzung der Energie- und Reduktionsäquivalente im Plastiden selbst, so daß junge Blätter nur eine relativ geringe photosynthetische CO_2-Assimilation zeigen. Die Integration der photosynthetischen Primärvorgänge mit den Folgeprozessen zur CO_2-Reduktion verdeutlicht Abbildung 52.

5.4.1. Hillreaktion

Das beliebteste Untersuchungsobjekt für photosynthetische Teilreaktionen stellen immer noch isolierte Chloroplasten dar; zunehmend werden auch Chloroplastenfragmente und Präparationen von Blaualgen einbezogen. Aufgebrochene Chloroplasten („broken chloroplasts; „intact chloroplasts"; „class II chloroplasts") enthalten das gesamte strukturierte Elektronentransportsystem. Sie unterscheiden sich einerseits von fragmentierten Chloroplasten, die beispielsweise durch Detergentien in kleinere Untereinheiten zerlegt wurden, und zum anderen von ganzen Chloroplasten („whole chloroplasts"; class I chloroplasts"). In letzteren ist die äußere Chloroplastenmembran noch intakt; sie haben daher bei der Präparation keine löslichen Enzyme verloren und sind somit u. a. weiterhin in der Lage, CO_2 zu reduzieren.

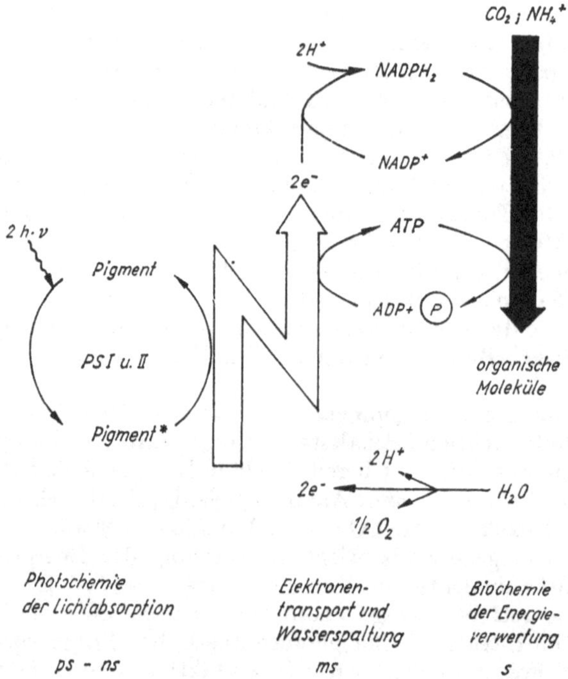

Abb. 52. Verknüpfung der photosynthetischen Primärvorgänge mit den Folgeprozessen der reduktiven CO_2-Assimilation (in Anlehnung an SCHOPFER u. MOHR 1978).

Die Einführung künstlicher Elektronenakzeptoren durch HILL 1937 brachte die Voraussetzung zur Analyse der Teilreaktionen im zellfreien System. Seitdem ist die Hillreaktion definiert als die photochemische Reduktion eines Elektronenakzeptors für das Photosystem I unter O_2-Entwicklung. Dabei mißt die Hillreaktion die Aktivität der Gesamtelektronentransportkette vom Wasser mit der O_2-Entwicklung bis zu einem Elektronenakzeptor für Photosystem I. Nur die $NADP^+$-Reduktion, die Ferredoxin-abhängig ist, betrachtet man als physiologische Hillreaktion. Bei Verwendung künstlicher Akzeptoren (wie Methylviologen oder Anthrachinon) wird kein Ferredoxin benötigt. Das Redoxpotential des eingesetzten Hillreagens bestimmt ferner, welches der beiden Photosysteme bzw. in welchem Ausmaße beide gemeinsam wirksam werden.

5.4.2. Quantenausbeute

Im Gesamtprozeß der Photosynthese hat die Reduktion des Kohlendioxids bzw. die Freisetzung der äquivalenten Menge Sauerstoffs die Absorption von Quanten als Energielieferanten zur Voraussetzung. Die Effektivität des absorbierten Lichtes ist für die Photosynthese unterschiedlich; sie hängt ab von der Natur der absorbierenden Pigmente und schwankt zwischen 20 und 100%, verglichen mit der effektiven Form des Chl a.

Mißt man die Rate P der O_2-Entwicklung (oder CO_2-Aufnahme), die durch eine bekannte Anzahl absorbierter Quanten I_a bei bestimmten Wellenlängen energiegleichen monochromatischen Lichtes erzeugt wird, so ergibt das Verhältnis $\frac{P}{I_a} = f(\lambda)$ ein „Aktionsspektrum".

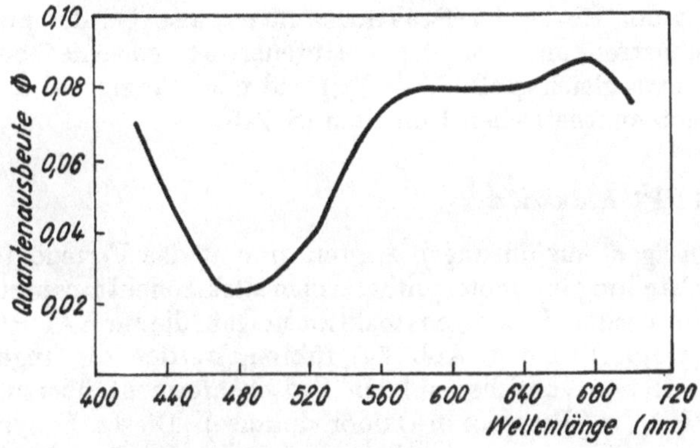

Abb. 53. Quantenausbeute der Photosynthese bei *Chroococcus* spec. (nach HEATH 1972).

Wird P angegeben als Anzahl der pro Sekunde freigesetzten O_2-Moleküle und I_a als die pro Sekunde absorbierte Quanten-Anzahl, ist P/I_a ein Maß für die Quantenausbeute (= Quantenertrag; Abb. 53). Allgemeiner gilt auch Ø = mol gebildetes Produkt (O_2, ATP, $NADPH^+$; Monosaccharid) oder assimilierter Kohlenstoff (CO_2) pro mol absorbierter Quanten. Die Quantenausbeute korreliert mit der Photosyntheseeffektivität (vergl. 7.2.3.). Der reziproke Wert gibt den Quantenbedarf an:

$$\text{Quantenbedarf} = \frac{\text{Anzahl absorbierter Mole Quanten}}{\text{Anzahl aufgenommener Mole } CO_2} \quad \left(\frac{\text{Einstein}}{\text{Mol } CO_2}\right)$$

Quanten, welche durch Chl b, Phycobiline und Fukoxanthin absorbiert werden, bewirken eine dem Chl a entsprechende photosynthetische Effektivität; Car-Absorption (zwischen 450—500 nm) ist weniger effektiv (20—50%).

Aus der relativen Quantenausbeute der Photosynthese in monochromatischem Licht verschiedener Farbe lassen sich absolute Werte ableiten. Der maximale Quantenertrag Ø gibt die höchste Anzahl von O_2-Molekülen an, die durch je ein absorbiertes Quant freigesetzt werden. Der reziproke Wert 1/Ø widerspiegelt die minimale Anzahl von Quanten, die notwendig sind, um ein Molekül O_2 zu bilden. Diese Daten lassen sich nur unter Schwachlichtbedingungen am Kompensationspunkt bestimmen. Aus der Vielzahl der diesbezüglichen Bestimmungen gelten heute 8 Quanten als minimaler Bedarf zur photosynthetischen Freisetzung eines O_2-Moleküls; unter in vivo-Bedingungen rechnet man mit 10—15 Quanten. Auf der Ebene der Reaktionszentren, also bei der primären Ladungstrennung, ist der Quantenertrag verschiedener Organismen etwa gleich groß (85—90%) und unabhängig von der Größe der photosynthetischen Einheiten (S. 215).

5.5. *NADP⁺-Reduktion*

Wie die bisherigen Ausführungen zeigten, nimmt das Ferredoxin eine Schlüsselstellung im photosynthetischen Elektronentransportsystem ein. Im Verlauf derjenigen Reaktionsfolgen, die zur $NADP^+$-Reduktion (vergl. Tab. 6 u. Abb. 54) führen, werden die angelieferten Elektronen zunächst auf ein Zwischenferment übertragen ($NADPH + H^+$-Ferredoxin-Oxidoreduktase). Dieses Enzym ist auf der dem Stroma zugewandten Oberfläche des Thylakoids lokalisiert und übernimmt die Elektronen einzeln vom Ferredoxinpool. Erst dieses chloroplasteneigene Flavoprotein-Enzym reduziert $NADP^+$. Aufgrund ihrer zwei Bindungsorte kann die $NADP^+$-Reduktase sowohl mit dem Ferredoxin als auch mit dem $NADP^+$ reagieren. Dieses Ferment vermag ferner die Elektronen vom reduzierten Ferredoxin zum Plastochinonpool zurückzuführen und sie somit in den zyklischen Elektronenfluß um das PS I (S. 104) einzuspeisen. Die isolierte Reduktase vermag den Wasserstoff vom reduzierten $NADP^+$ auch auf eine Fülle nicht physiologischer Akzeptoren zu übertragen: sie zeigt z. B. Transhydrogenase-Aktivität (Übertragung auf NAD^+) oder Diaphorase-Aktivität (Wasserstoffübertragung vom reduzierten $NADP^+$ auf DCPIP, Methylviologen, Ferricyanid u. a.).

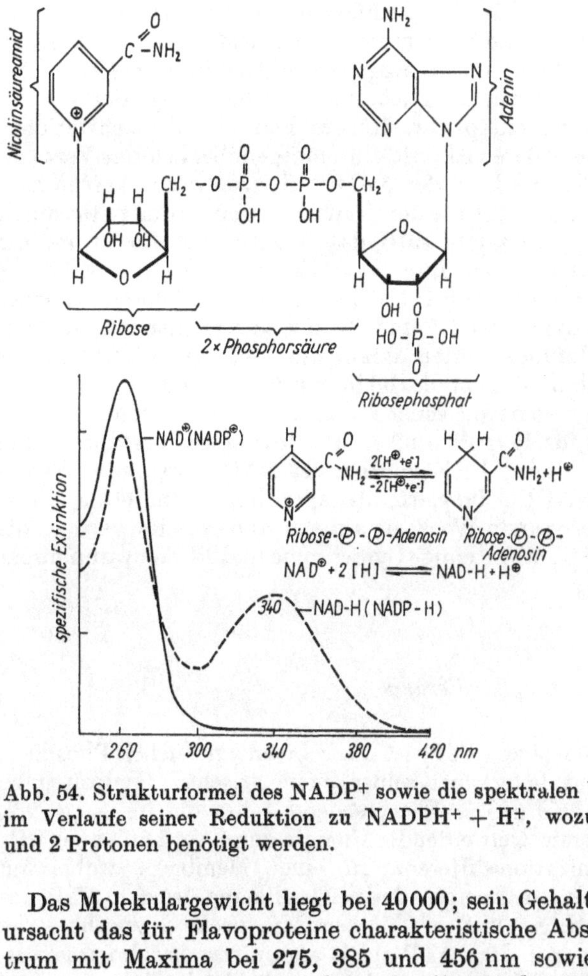

Abb. 54. Strukturformel des $NADP^+$ sowie die spektralen Veränderungen im Verlaufe seiner Reduktion zu $NADPH^+ + H^+$, wozu 2 Elektronen und 2 Protonen benötigt werden.

Das Molekulargewicht liegt bei 40000; sein Gehalt an FAD verursacht das für Flavoproteine charakteristische Absorptionsspektrum mit Maxima bei 275, 385 und 456 nm sowie Minima bei 321 und 410 nm. Der Extinktionskoeffizient beträgt bei 456 nm für die oxidierte Form 10,740 M^{-1} cm^{-1}, für die reduzierte Form 2,160 M^{-1} cm^{-1}. Das Redoxpotential wird mit —370 mV angegeben. Die Michaelis-Konstante gegenüber NAD^+ beträgt 3,77 mM, gegenüber $NADP^+$ 7,72 μM. Unter physiologischen Bedingungen wird nur $NADP^+$ umgesetzt. Gegenüber dem Ferredoxin (auch demjenigen aus Bakterien und dem Rubredoxin) hat es eine Michaelis-Konstante von 0,33 μM.

Die durch die Fd-NADP-Reduktase katalysierten Reduktionsvorgänge werden durch Ferredoxin in spezifischer Weise beeinflußt. Es steigert die Transhydrogenase-Aktivität um das 3–4fache in einem Konzentrationsbereich, der etwa der Menge der vorhandenen Reduktase entspricht. Höhere Ferredoxinkonzentrationen dagegen hemmen deren Aktivität. Demgegenüber hat eine Verzehnfachung der NAD^+- bzw. der $NADP^+$-Konzentration keinen Einfluß auf die Steigerungsrate der Transhydrogenase-Aktivität durch Ferredoxin. Böger zeigte 1970, daß in vitro Ferredoxin und die Reduktase aus der Alge *Bumilleriopsis filiformis* einen Komplex im molaren Verhältnis von 1:1 bilden, der an der Entstehung neuer Absorptionsmaxima bei 397 und 464 nm zu erkennen ist. Die diesbezüglichen Befunde deuten darauf hin, daß die Aktivierung des Enzyms durch diese Komplexbildung erfolgt. Somit dürfte Ferredoxin auch in vivo neben seiner Funktion als Elektronenüberträger und Substrat für Ferredoxin-$NADP^+$-Reduktase zusätzlich deren Aktivität und damit die Reduktion des $NADP^+$ regulieren. Thionicotinamid-$NADP^+$ fungiert als spezifischer Inhibitor dieser Reduktase-Ferredoxin-Wechselwirkung. Andererseits vermag die Fd-$NADP^+$-Reduktase einige Cytochrome und Plastocyanin direkt zu reduzieren.

5.6. *Photophosphorylierung*

Adenosintriphosphat (ATP) ist ein sehr energiereicher Phosphorsäureester und liefert bei seiner enzymatischen Hydrolyse zu ADP + Pa 29 KJ mol^{-1}. Entsprechend führt die im Zuge von Redoxvorgängen freiwerdende Energie zum Aufbau einer H^+-Ionen-Konzentrationsdifferenz an einer Membran, wobei auf Kosten der freien Energie dieses Gradienten wieder ATP aus ADP + (P)OH gebildet wird (chemiosmotische Hypothese der Phosphorylierung). Das ATP spielt als universeller Energieüberträger auch im Chloroplasten eine entscheidende Rolle; es wird einerseits u. a. im Calvinzyklus benötigt (vgl. S. 133), andererseits aber selbst im Photosyntheseprozeß gebildet. Da die ATP-Bildung in den Chloroplasten höherer Pflanzen — im Gegensatz zur oxidativen Phosphorylierung der Mitochondrien — nicht an O_2 gebunden und unabhängig ist von einem äußeren chemischen Substrat, wird die lichtinduzierte ATP-Synthese in den Chloroplasten allgemein als Photophosphorylierung bezeichnet.

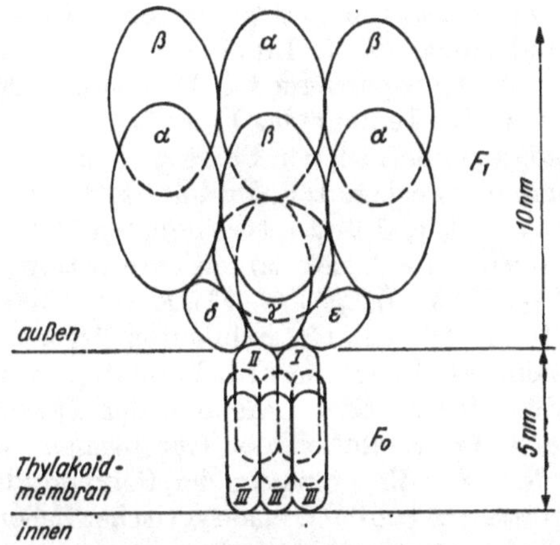

Abb. 55. Schematischer Aufbau des Kopplungsfaktors (F_1) und der Protonentransport-ATP-Synthase (F_1-F_0) in der Thylakoidmembran (in Anlehnung an ROTT u. NELSON 1983).

Die 1961 von MITCHELL formulierte „chemiosmotische Hypothese" hat vielseitige Erweiterungen und auch Anwendung zur Erklärung der Photophosphorylierung gefunden. Dieser Vorstellung folgend, haben wir uns die Kopplung zwischen lichtinduziertem Elektronentransport und ATP-Bildung über einen durch Protonen bedingten elektrochemischen Konzentrationsgradienten zwischen zwei Seiten einer Membran vorzustellen, dessen Energie eine in dieser Membran lokalisierte reversible ATPase zur ATP-Synthese befähigt (Abb. 55). Die ATPase katalysiert diese Reaktion in folgender Beziehung:

$$ADP + P_a + 3\,H^+ \text{ innen} \rightarrow ATP + H_2O + 3\,H^+ \text{ außen},$$

wobei die jeweilige Richtung sowohl vom $ATP/ADP \cdot P_a$-Verhältnis als auch vom P_H abhängt und somit thermodynamisch kontrolliert wird.

Bemerkenswert sind Hinweise auf die Existenz von zwei ATPase-Populationen, die jeweils spezifisch in den PS I enthaltenden Stromamembranen und den PS II-haltigen Granathylakoiden vorkommen und sich durch den F_0 I (in der Stromamembran) bzw. F_0 II (in der Granamembran) unterscheiden.

Den gegenwärtigen Wissensstand über dieses Enzymsystem faßte 1985 SÜSS folgendermaßen zusammen: Die ATP Synthetasen (F_1-F_0) bestehen aus einem enzymatisch aktiven Teilkomplex

F_1 (= Kopplungsfaktor der oxidativen und photosynthetischen ADP-Phosphorylierung) und einem in die Lipidphase der Membranen eingelagerten Protonen transportierenden Teilkomplex F_0 (Abb. 55). Der enzymatisch aktive Teilkomplex F_1 ist an die äußere Oberfläche der Thylakoidmembranen der Chloroplasten (und der bakteriellen Zellmembranen) angelagert. F_1-Proteine setzen sich aus fünf verschiedenen, mit α, β, γ, δ und ε bezeichneten Typen von Untereinheiten zusammen. Ihre Molekulargewichte betragen 55000–60000 (α), 50000–56000 (β), 29000–37000 (γ), 15000 bis 21000 (δ) und 9000–16000 (ε). Die Untereinheiten liegen in allen F_1-Proteinen in einem stöchiometrischen Verhältnis von α_3, β_3, γ, δ, ε vor. Eine Reduzierung oder Erhöhung der Anzahl der Untereinheiten während der Evolution der Organismen ist unwahrscheinlich. Die α_3, β_3, γ, δ, ε-Kombination der Polypeptide scheint die einzige Lösungsvariante pro- und eukaryotischer Zellen zur energieabhängigen ATP-Synthese und Hydrolyse zu sein.

Über die räumliche Anordnung der Untereinheiten gibt es unterschiedliche Auffassungen. Die meisten Ergebnisse sprechen jedoch für die zentrale Lage der γ-Untereinheit im Molekül, um die sich die α- und β-Untereinheiten alternierend anordnen. Die Untereinheiten δ und ε befinden sich auf der membranbindenden Oberfläche der α, β, γ-Struktur. Die δ-Untereinheit ist für die Bindung der Proteine an die Membran verantwortlich.

F_1-ATPasen enthalten multible Nukleotidbindungsorte, die in Bindungsorte mit hoher und geringer Affinität eingeteilt werden. Die hochaffinen Bindungsorte haben wahrscheinlich auch eine regulatorische Bedeutung für die allosterisch regulierten Enzyme und befinden sich auf den α-Untereinheiten. Die niedrigaffinen Nukleotidbindungsorte liegen auf den β-Untereinheiten der aktiven Zentren.

Gereinigte bakterielle und plastidäre F_1—F_0 Komplexe enthalten neben den Untereinheiten α, β, γ, δ und ε des F_1 drei mit I, II und III bezeichnete, dem F_0 zuzuordnende Polypeptide.

Die Funktion der F_0-Untereinheiten I und II besteht in der Bindung der F_1-ATPasen an die Membranen. F_0-III übernimmt die Funktion der H^+-Translokation durch die Membran.

Der überwiegende Teil von F_0-I ist in die Membran eingelagert und besitzt ein exponiertes Segment an der Membranoberfläche. Dagegen ist Fo-II nur über ein kurzes Segment der Polypeptidkette mit der Membran verbunden. F_0-III durchspannt die Membran und bildet dabei zwei α-Helizes als strukturelle Voraussetzung für den transmembranalen H^+-Transport.

In natürlichen und artifiziellen Membransystemen wird die ATP Synthese durch ein überkritisches, elektrochemisches H^+-Potential getrieben, das durch einen Protonengradienten (Δ pH) und eine elektrische Membranpotentialdifferenz ($\Delta\psi$) erzeugt wird.

Der energieabhängige Schritt der ATP Synthese ist die Abspaltung des gebildeten ATP vom Enzymkomplex. Experimentell ist dieses aktive Hineinpumpen von Protonen in das Innere der Thylakoide durch einen pH-Anstieg im Außenmedium von Chloroplastensuspensionen nachweisbar. Aber auch über einen künstlich hergestellten pH-Gradienten durch einen Säure-Base-Übergang läßt sich ATP-Bildung induzieren.

Den Wasserstoff- und Elektronen-transportierenden Reaktionen in der Elektronentransportkette ist zeitlich der Aufbau eines elektrischen Feldes vorgelagert. Die positive Ladung liegt dabei im Thylakoid-Inneren, die negative außen. Im Fließgleichgewicht bei kontinuierlicher Photosynthese besteht dann der Protonengradient über der Membran aus einem elektrischen und einem osmotischen Term, wobei letzterer überwiegt. Die Stöchiometrie der ATP-Bildung bewegt sich um einen P/2 e-Quotienten von 1 (1, 36). Das H^+/ATP-Verhältnis liegt bei 2—3, d. h., für jedes gebildete ATP-Molekül werden 2—3 Protonen über den ATP ase gekoppelten Weg transportiert.

Die wichtigsten Einsichten in die physiologisch-biochemischen Beziehungen der ATP-Bildung verdanken wir wiederum den vielfältigen Untersuchungen an isolierten zellfreien Systemen. Sie erbrachten den eindeutigen Nachweis, daß Chloroplasten hinsichtlich der Photophosphorylierung autark sind und keiner kooperativen Mitwirkung anderer zellulärer Strukturen bedürfen. Dies schließt jedoch eine Vielzahl von Wechselbeziehungen zwischen den verschiedenen, den Energiehaushalt einer Zelle regulierenden Systemen nicht aus (vgl. 6.4.).

Die Photophosphorylierung setzt intakte Thylakoide voraus; allerdings ist sie nicht so fest mit dem Elektronenfluß gekoppelt wie die Atmungsketten-Phosphorylierung. Als Substrat benötigt sie den durch das Licht kontinuierlich betriebenen Elektronenfluß sowie ADP und Pa. Hinsichtlich der Kopplung sind 3 Varianten zu unterscheiden:

Als basaler Elektronentransport wird derjenige bezeichnet, der in Abwesenheit von Phosphorylierungssubstrat (ADP) und Entkopplern abläuft. Die (geschwindigkeitsbegrenzende) H^+-Akkumulation im Thylakoidinnenraum wird durch einen passiven H^+-

Ausstrom durch den F_0-Kanal kompensiert bzw. in Grenzen gehalten.

In Anwesenheit von ADP + Pa verläuft der Elektronentransport gekoppelt. Die H^+-Akkumulation wird durch den H^+-Ausstrom durch den Fo-Kanal unter ATP-Bildung genutzt. In Gegenwart eines Entkopplers, der die H^+-Ansammlung verhindert, kann der pH-empfindliche Elektronentransport zwischen PQH_2 und Cyt f mit maximaler Geschwindigkeit entkoppelt ablaufen. Nach den Arbeiten von ARNON und seiner Schule (1959) unterscheiden wir zwei Formen der Photophosphorylierung, die zyklische Photophosphorylierung und die nichtzyklische oder direkte Photophosphorylierung.

5.6.1. Zyklische Photophosphorylierung

Die zyklische Photophosphorylierung ist dadurch gekennzeichnet, daß ihr einziges Produkt ATP ist, welches in einem in sich geschlossenen lichtgetriebenen Elektronenumlauf entsteht:

$$\mathrm{nADP} + \mathrm{Pa} \xrightarrow[\mathrm{Chl}]{h\cdot\nu} \mathrm{nATP}.$$

Als charakteristische Redoxcarrier für dieses zyklische System gelten die dem PS I-zugehörigen.

Die zyklische Photophosphorylierung schließt somit eine „Rückreaktion" ein, in deren Verlauf die Elektronen durch Vermittlung geeigneter Cofaktoren über die Cytochrome dem in der Primärreaktion oxidierten Chlorophyll (P_{700}) wieder zugeführt werden. Sie füllen dadurch dessen e-Vakanz wieder auf, so daß es erneut Photonen zu absorbieren bzw. Anregungsenergie aufzunehmen vermag. Das Potentialgefälle, welches das Elektron bei seiner Rückkehr zum oxidierten P_{700} durchläuft, beträgt $\sim$ 0,8 Volt.

5.6.2. Direkte Photophosphorylierung

Die direkte Photophosphorylierung ist demgegenüber mit dem Hauptweg des photosynthetischen Elektronentransports verbunden; sie liefert außer ATP noch NADPH + H^+, O_2 und H_2O (vgl. Abb. 49):

$$2\mathrm{NADP}^+ + 2\mathrm{ADP} + 2\mathrm{Pa} + 2\mathrm{H_2O} \xrightarrow[\mathrm{Chl}]{h\cdot\nu} 2\mathrm{NADPH} + \mathrm{H}^+ + 2\mathrm{ATP} + \mathrm{O_2}.$$

Die physiologischen Elektronenakzeptoren sind also die Pyridinnucleotide; der physiologische Elektronendonator ist bei den grünen Pflanzen letztlich das Wasser. Ihr Ablauf setzt die Kooperation beider Lichtreaktionen voraus.

5.6.3. *Pseudozyklische Photophosphorylierung*

Neben den beiden bisher diskutierten Phosphorylierungsarten ist noch begrenzt eine sogenannte „pseudozyklische Photophosphorylierung" zu messen, die mit einer MEHLER-Reaktion verbunden ist. Sie zeigt eine charakteristische Sauerstoffabhängigkeit, da dieser direkt als Wasserstoffakzeptor auftritt. Ihr Mechanismus entspricht demjenigen der direkten Photophosphorylierung:

$$FMN + ADP + Pa + H_2O \xrightarrow{h \cdot \nu} FMNH_2 + {}^1/_2 O_2 + ATP$$

$$FMNH_2 + {}^1/_2 O_2 \xrightarrow{h \cdot \nu} FMN + H_2O.$$

5.6.4. *Zur Physiologie der Photophosphorylierung*

Unter experimentellen Bedingungen werden 400 bis 500 μMol ATP/mg Chl x h^{-1} (unter besonderen Bedingungen sogar bis 2500 μMol) gemessen. Die Menge reicht aus, um den Energiebedarf zur CO_2-Reduktion zu decken. Allerdings ist auch ein ATP-Austausch zwischen den Chloroplasten und dem nichtplastidischen Teil der Zelle möglich. Das durch die nichtzyklische Photophosphorylierung produzierte ATP soll vorrangig der Stärkebildung im Chloroplasten dienen. Das Nebeneinanderbestehen von zyklischer und nichtzyklischer Photophosphorylierung in der höheren Pflanze unterliegt einer komplizierten Regulation. Der zyklischen Photophosphorylierung kommt eine entscheidende Bedeutung für die Bereitstellung des „Extra-ATP" bei der photosynthetischen CO_2-Fixierung zu (6.1. u. 6.2.). Auch bei Pflanzen mit einem natürlicherweise hohen ATP-Verbrauch, wie den CAM-Pflanzen, soll die zyklische und pseudocyclische Photophosphorylierung zusätzlich ablaufen. Eine spezifische Beteiligung von ATP aus der cyclischen Photophosphorylierung wird bei Algen u. a. für die Aufnahme und Assimilation von Ionen und organischen Molekülen, bei höheren Pflanzen u. a. bei der Zuckerphosphatbildung aus Phosphoglycerinsäure bzw. im Aminosäure- und Proteinstoffwechsel gesehen.

5.6.5. *Reversible Volumenänderungen der Chloroplasten*

Chloroplasten zeigen in vitro sowie in situ bei Belichtung eine mit der Photophosphorylierung verbundene Volumenabnahme um 20–30%. Diese lichtabhängige Schrumpfung erfolgt viel rascher als die Rückkehr in den Ausgangszustand im Dunkeln (Abb. 56).

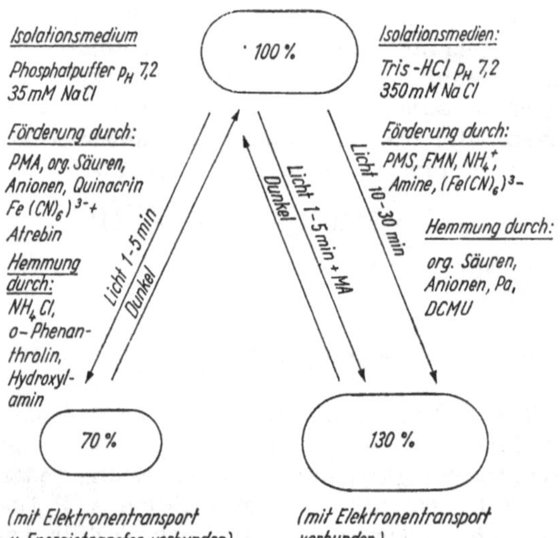

Abb. 56. Schema des jeweiligen Bedingungsgefüges, welches zum Schwellen und Schrumpfen isolierter Chloroplasten führt.

Die Volumenänderungen sind die Folge von Bewegungen schwacher undissoziierter Säuren durch die Membranen. Im Licht führt die Zunahme von H^+-Ionen im Inneren zu einer Anlagerung schwacher Anionen, während undissoziierte Säuren herausdiffundieren und so einen „osmotischen Kollaps" der Membranen nach sich ziehen. Dieser lichtabhängige Wasserverlust der Chloroplasten ist immer von einem K^+- und Mg^{2+}-Efflux begleitet; die Menge der aufgenommenen H^+-Ionen entspricht der Menge der freigesetzten Kationen während der Schrumpfung.

6. Photosynthetische CO_2-Fixierung

Die wesentlichen Produkte der Lichtreaktionen sind das ATP und NADPH + H^+. Im Zuge der vielfältigen Syntheseprozesse im Chloroplasten, aber auch aufgrund der vielseitigen Wechselbeziehungen der Chloroplasten zum nichtplastidischen Teil der Zelle (vgl. 6.4.) dienen diese primären Photosyntheseprodukte den verschiedensten endergonischen Reaktionen. Im ausgewachsenen Blatt überwiegt die Nutzung der Reduktionsäquivalente zur photosynthetischen Inkorporation von CO_2 und damit zur Biosynthese von Kohlenhydraten bei weitem. Es soll jedoch noch einmal betont werden, daß dies zwar die quantitativ bedeutsamste, im Entwicklungsablauf einer Pflanzenzelle aber nur eine von vielen Möglichkeiten zur Nutzung der über die Lichtabsorption in den photosynthetisch aktiven Strukturen aufgebauten Protonen- und elektrischen Gradienten ist.

Diese Sequenzen des anabolen Stoffwechsels, welche die Verwertung der Produkte der Lichtreaktion unter Anlagerung des Energieträgers Wasserstoff (als Reduktionsäquivalent) an ein Kohlenstoffgerüst unter Bildung von Kohlenhydraten vollziehen, werden unter dem Begriff Dunkelreaktionen zusammengefaßt.

Die im Stroma der Chloroplasten normalerweise im Licht neben dem Elektronentransport ablaufenden enzymatischen Reaktionen kommen im Dunkeln wegen Substratmangels rasch zum Erliegen. Sie sind aber insofern nicht an das Licht gebunden, da sie auch im Dunkeln erfolgen, wenn man den an ihnen beteiligten Enzymsystemen und Substraten NADPH + H^+ und ATP experimentell zusetzt, anstatt diese Verbindungen durch belichtete Thylakoide bereitstellen zu lassen.

Im Bereich der photosynthetischen CO_2-Fixierung höherer Pflanzen sind 3 Hauptgruppen bekannt: der C_3-Weg, der C_4-Weg (vgl. 6.2.) sowie der Crassulaceen-Acid-Metabolismus (CAM; vgl. 7.2.4.). Sie stellen eine Anpassung der Pflanzen an unterschiedliche Standorte dar. Die autotrophen Bakterien zeigen eine viel größere Mannigfaltigkeit der reduktiven CO_2-Fixierung (vgl. 6.5.).

6.1. Calvinzyklus

Die Aufklärung der Teilschritte zur reduktiven CO_2-Inkorporation gelang Calvin (1956), nach dem die radioaktiven Verbindungen auch Eingang in die pflanzenphysiologischen Forschungen gefunden hatten. Die ersten Versuche mit dem langlebigen Kohlenstoff-Isotop ^{14}C (Halbwertzeit 5720 Jahre) brachten zunächst widersprüchliche Resultate. Es zeigte sich nämlich, daß einmal im Zuge der Photosynthese sehr rasch eine Vielzahl von ^{14}C-markierten Verbindungen auftritt, zum anderen erwies sich das eingesetzte $^{14}CO_2$ selbst nicht so biochemisch inert, wie man es vorher angenommen hatte; es wurde im Dunklen in vielfältiger Weise in nicht reduktive enzymatische Reaktionen einbezogen.

Durch die Trennung der unterschiedlich rasch ablaufenden Reaktionen gelang CALVIN nach kurzzeitiger $^{14}CO_2$-Applikation (im Verlauf von Sekunden) mittels der Chromatographie und Autoradiographie der Nachweis der einzelnen Zwischenverbindungen (Calvinzyklus). Deren schrittweise Umwandlungen über 13 Enzym-katalysierte Reaktionen haben vieles gemeinsam mit den dissimilatorischen Vorgängen aus dem Bereich der Glycolyse und aus dem Pentosephosphatweg des oxidativen Glucoseabbaus, die hier gleichsam in umgekehrter Richtung durchlaufen werden. Wenn Zellen von *Chlorella pyrenoidosa* im Licht $^{14}CO_2$ erhielten und nach 5 Sekunden in kochendem 80%igem Alkohol abgetötet wurden, ließen sich 90% der Radioaktivität in der Carboxylgruppe der Phosphopglycerinsäure nachweisen. Als primärer CO_2-Akzeptor erwies sich Ribulose-Bisphosphat.

Im einzelnen verläuft die Carboxylierung des RuBP über folgende Schritte (siehe S. 131):

Zunächst wird über die Ausbildung einer Endiol-Struktur das C-Atom 2 des RuBP zu einem Carbanion, d. h. zu einem nucleophilen Zentrum. An dieses wird dann das CO_2 (nicht Bikarbonat) gebunden, wobei sich das instabile 3-Keto-carboxyribitol-1,5-biphosphat bildet. Seine Spaltung zwischen C-Atom 2 und C-Atom 3 führt zu zwei Molekülen Phosphoglycerat.

Die Einstellung des Gleichgewichts zwischen dem in die Blattinterzellularen diffundierenden gasförmigen CO_2 und dem als Substrat der Carboxylierung im Stroma dienenden gelösten Kohlendioxid erfolgt durch die Kohlensäure-Anhydrase:

$$CO_2\text{-gasförmig} \rightleftharpoons CO_2 + \text{gelöst} + H_2O \rightleftharpoons H^+ + HCO_3^- .$$

$$\downarrow$$

Substrat für RuBPCO

Das carboxylierende Enzym ist die RuBP-Carboxylase-Oxigenase (vgl. 4.2.). Seine Michaelis-Konstante für CO_2 beträgt in vitro 450 μM. Dies entspricht bei einem pH von 7,5 einem Partialdruck

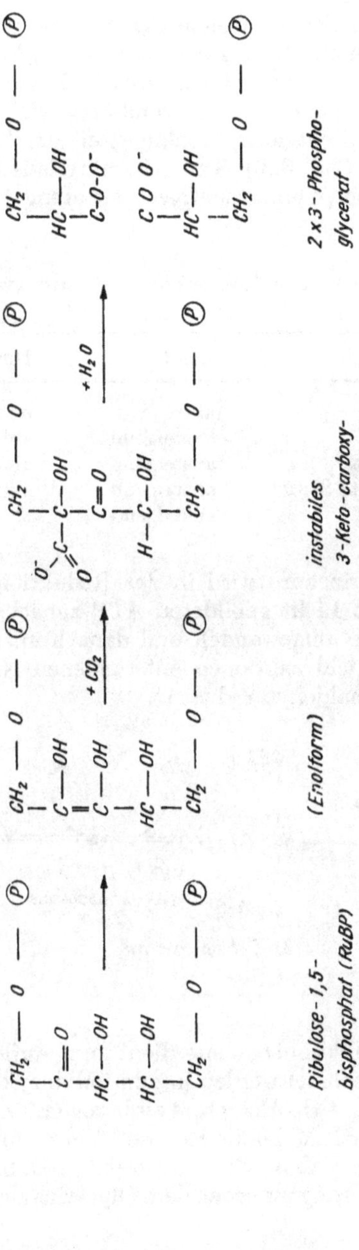
Ribulose-1,5-bisphosphat (RuBP)
(Enolform)
$+CO_2$
instabiles 3-Keto-carboxy-ribitol-1,5-bisphosphat
$+H_2O$
2 x 3-Phosphoglycerat

von 1–2% CO_2. Bei der gegebenen CO_2-Konzentration von 0,03 Vol.% ist das Enzym also keineswegs ausgelastet. Es ist allerdings nicht entschieden, ob dies auch für in vivo-Bedingungen gilt. Eine zweite für die Effizienz der Biomassebildung viel gravierendere Besonderheit stellt die hohe O_2-Abhängigkeit der Wirkungsweise dieses Ferments dar (vgl. 6.3.). Seine charakteristische Lichtregulation erfolgt über ein mehrschichtiges Faktorengefüge (Tab. 15).

Tabelle 15

Das die Lichtregulation der Ribulose-Bisphosphat-Carboxylase bedingende Faktorengefüge

Faktor	Licht	Dunkel
Elektronentransport	aktiv	unterbrochen
pH des Stromas	ansteigend	abfallend
Mg^{2+}-Gehalt im Stroma	ansteigend	abfallend
Reduktions-Potential im Stroma	ansteigend	abfallend
ATP/ADP-Verhältnis	ansteigend	abfallend

Die Phosphoglycerinsäure wird in der Reduktionsphase unter Einbeziehung des im Licht gebildeten ATP zunächst zur 1.3-Diphosphoglycerinsäure umgewandelt und danach mittels des ebenfalls im Zuge der Lichtreaktionen entstandenen NADPH + H^+ zum Phosphoglycerinaldehyd reduziert.

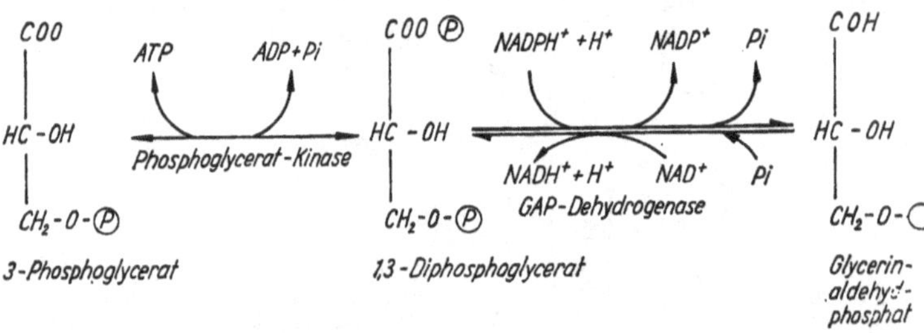

Ein Sechstel dieses Triosephosphats dient zum Aufbau von Kohlenhydraten. Fünf Sechstel werden in den Calvinzyklus zur Regeneration des primären CO_2-Akzeptors einbezogen.

Für die Bildung eines Moleküls Hexose ist also ein sechsmaliger Durchlauf durch den Calvinzyklus notwendig. Dabei erfolgt zunächst eine Isomerisierung zwischen dem Glycerinaldehydphosphat und Dihydroxyacetonphosphat.

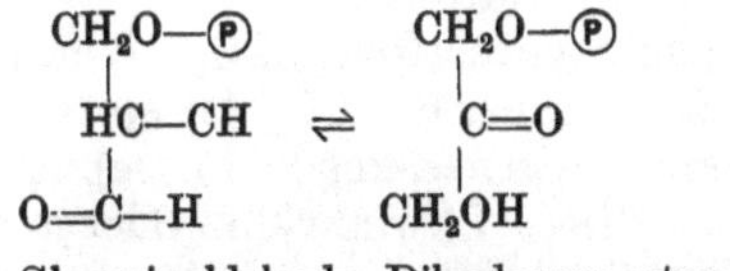

Glycerinaldehyd-phosphat (GAP; > 60%) — Dihydroxyaceton-phosphat (DHAP < 40%)

Je 1 Molekül GAP und DHAP vereinigen sich mittels der Aldolase zu einem Molekül Fructose-1,6-Diphosphat. Die Phosphatase spaltet eine Phosphatgruppe ab und mit Hilfe einer weiteren Isomerase bildet sich Glucosemonophosphat. Damit stehen Glucose-

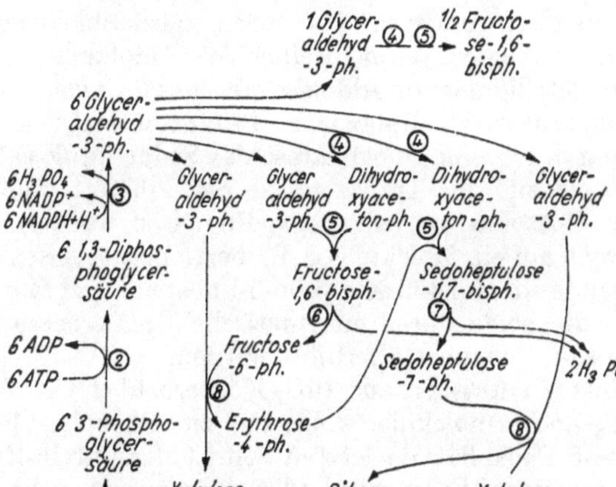

Abb. 57. Bilanziertes Schema des Calvinzyklus.

Ph — Phosphat; 1 — Carboxylierungsphase; 2—3 — Reduktionsphase; 4—11 — regenerierende Phase. 1: Ribulosebiphosphatcarboxylase-Oxygenase; 2: Phosphoglyceratkinase; 3: Triosephosphatdehydrogenase; 4: Triosephosphatisomerase; 5: Aldolase; 6: Fructosebisphosphat-1-phosphatase; 7: Sedoheptulosebisphosphat-1-phosphatase; 8: Transketolase; 9: Ketopentosephosphat-3-Epimerase; 10: Ribosephosphatisomerase; 11: Phosphoribulokinase (aus BORRISS und LIBBERT 1984).

und Fructose-Monophosphate zur Verfügung; aus ihnen gehen die höher-molekularen Kohlenhydrate hervor.

Eine kontinuierliche photosynthetische CO_2-Fixierung setzt jedoch die fortwährende Erneuerung des CO_2-Akzeptors in einem Kreisprozeß voraus (Akzeptor-regenerierende Phase). Die einzelnen Zwischenverbindungen dieses Calvinzyklus oder reduktiven Pentosephosphatzyklus (im Gegensatz zu den in vielen Einzelschritten übereinstimmenden oxidativen Pentosephosphatzyklus) sind ebenfalls identifiziert worden (vgl. Abb. 57). Eine Schlüsselposition hat dabei das Thiamin (Vitamin B_1) als C_2-Gruppenüberträger (Transketolase) inne. Die Transketolase überträgt eine Glycolyl-Gruppe des Fructosephosphats auf das Glycerinaldehydphosphat unter Bildung von Erythrose-4-Phosphat und Xylose-5-Phosphat; letzteres wird durch die Phosphoketopentose-Epimerase in Ribulose-5-Phosphat und damit in die unmittelbare Vorstufe von Ribulosediphosphat umgewandelt. Das zurückbleibende Erythrose-4-Phosphat reagiert dann in einer Art Aldolkondensation unter erneuter Beteiligung von Aldolase mit Dihydroxyacetonphosphat zu Sedoheptulose-1,7-diphosphat. Daraus entsteht nach Dephosphorylierung durch eine Phosphatase das Sedoheptulose-7-Phosphat, welches erneut der Transketolase als Substrat dient. Die beiden ersten C-Atome werden abgespalten und nach Bindung an das Coenzym auf ein Molekül G-3-P übertragen. Als Reaktionsprodukte fallen je ein Molekül Xylulose-5-Phosphat und Ribose-5-Phosphat an, die beide durch enzymatische Epimerisierung ebenfalls in Ribulose-5-Phosphat überführt werden.

In der Gesamtbilanz entstehen aus $10\,C_3$-Körpern über C_3-, C_4- und C_7-Zucker $6\,C_5$-Zuckermoleküle, wobei nur zur Phosphorylierung von Ribulose-5-Phosphat im letzten Schritt des Calvin-Zyklus nochmals Energie in Form von ATP aufgewandt werden muß.

Der gesamte Calvin-Zyklus gliedert sich also in 3 Phasen (Abb. 58). Die Bruttogleichung des Calvinzyklus lautet somit:

$$12\,H_2O + 12\,NADP^+ + 18\,ADP + 18\,Pa \rightarrow 12\,NADPH + H^+ + 6\,O_2 + 18\,ATP$$

$$6\,CO_2 + 12\,NADPH + H^+ + 18\,ATP \rightarrow F\text{-}6\text{-}P + 12\,NADP + 18\,ADP + 17\,P_a.$$

Die für die einzelnen Reaktionen vorhandenen Enzyme sind in den Chloroplasten nachgewiesen worden (vgl. Tab. 6). Allerdings gehen bei der wäßrigen Isolierung Enzymproteine verloren, so

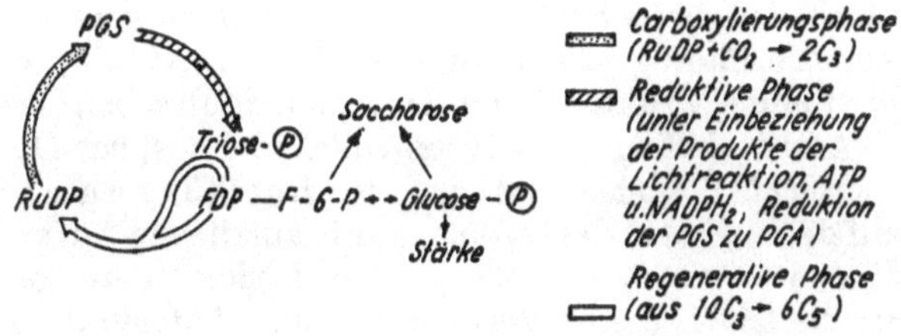

Abb. 58. Schema der Reaktionsphasen im Calvinzyklus.

daß in isolierten Chloroplasten geringere CO_2-Fixierungsraten gemessen werden als in intakten Blättern (50—250 μmol $CO_2 \times$ mg $Chl^{-1} \times h^{-1}$; gegenüber 500—700 μmol $CO_2 \times$ mg $Chl^{-1} \times h^{-1}$). Bei dieser Darstellung wurde der Einfachheit halber von einer Hexose als Photosyntheseprodukt ausgegangen. Freie Hexosen treten aber in den Chloroplasten kaum auf. Vor allem werden Stärke als Speicherprodukte und andere Zucker (wie Saccharose) bzw. Zuckerderivate als Transportkohlenhydrate gebildet. Darüber hinaus ist der Chloroplast auch Syntheseort für vielfältige weitere endergonische Produkte (vgl. 6.4.).

Inzwischen sind Pflanzen gefunden worden, bei denen nicht Phosphoglycerinsäure, sondern Oxalessigsäure (eine C_4-Verbindung) das Primärprodukt der CO_2-Fixierung ist. Da diese C_4-Pflanzen gleichzeitig eine auf die Fläche bezogene höhere CO_2-Aufnahme zeigen, erfuhren sie vorrangig unter dem Aspekt der pflanzlichen Produktivität eine besondere Berücksichtigung. Im Spektrum der regulativen Mechanismen auf den hierarchischen Ebenen des energiekonvertierenden pflanzlichen Systems findet sich eine größere Anzahl im Bereich der photosynthetischen CO_2-Assimilation. Einige Beispiele sollen dies für den Calvinzyklus belegen.

Eine zentrale Rolle kommt bereits dem Eingangs-Enzym, der RuBPCO, zu. Sie entscheidet in Abhängigkeit von den übrigen endogenen und exogenen Bedingungen über jenen Anteil assimilierten Kohlenstoffs, der in das System einbezogen, also nicht photorespiratorisch wieder abgegeben wird.
Die Geschwindigkeit dieser Carboxylierungsreaktion (normalerweise sind überhaupt nur etwa 60% der zellulären RuBPCO aktiviert) stellt bei den C_3-Pflanzen den wesentlichen limitierenden Faktor der Photosynthese dar. Weitergehende, wiederholt diskutierte Beziehungen zwischen RubPCO-Aktivität und photosynthetischer Leistungsfähigkeit bedürfen noch der generellen Bestätigung.

Sicher ist jedoch, daß dieses Schlüsselenzym unter niedrigen CO_2-Konzentrationen die Photosynthese limitiert. Die Aktivitäten sowie die Aktivierung der Fruktose- und der Sedoheptulosebisphosphatase, der $NADP^+$-abhängigen Glycerinaldehyd-Phosphat-Dyhydrogenase, der Ru5-P-Kinase und auch der RubPCO reagieren sehr sensibel auf den p_H-Wert des Stromas sowie auf die Mg^{2+}-Konzentration. Eine weitere Regelgröße stellen Redoxänderungen im Stroma dar, die letztlich eine Verbindung zum photosynthetischen Elektronentransport herstellen.

Auch Änderungen des Metabolitgehaltes, die nicht selten durch exogene Faktoren bewirkt werden, beeinflussen die Aktivität charakteristischer Enzyme des Calvinzyklus. Am besten untersucht ist dazu die Modulation der RuBPCO-Aktivität durch CO_2 und die Stabilisierung des Enzym-CO_2-Komplexes durch Zuckerphosphate und Mg^{2+}.

Trotz der wachsenden Einsichten in einzelne Regelkreise sind deren Interaktionen, besonders unter wechselnden Umweltbedingungen, noch nicht in einem generalisierenden Schema zusammenzuführen. Die entscheidende Regelgröße für den Calvinzyklus insgesamt stellt jedoch das Licht dar. Im Dunkeln findet in den Chloroplasten keine CO_2-Assimilation statt. Die nächste Ebene ist durch die lichtbedingte Alkalisierung des Stromas und die damit zeitlich korrelierte Zunahme der Mg^{2+}-Ionen geprägt. Die vielfältigen, an einigen Beispielen skizzierten Enzymregulationen leiten sich in unterschiedlicher Weise von diesen Grundmechanismen der Lichtkontrolle ab.

6.2. C_4-Dicarbonsäureweg (Hatch-Slack-Weg)

Der C_4-Weg der Photosynthese wurde vor etwa 30 Jahren von mehreren Arbeitsgruppen beschrieben (KORTSCHAK; KARPILOV; HATCH und SLACK). Im Gegensatz zum Calvinzyklus dient hier nicht Ribulosebisphosphat als CO_2-Akzeptor sondern Phosphoenolpyruvat. Demzufolge ist das erste Assimilationsprodukt nicht Phosphoglycerinsäure sondern Oxalacetat.

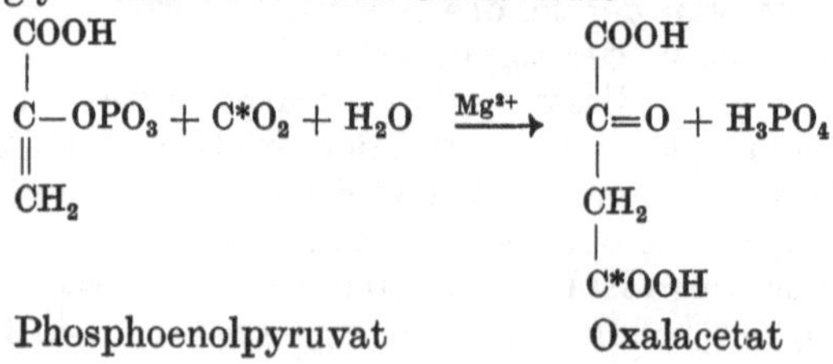

Phosphoenolpyruvat Oxalacetat

Tabelle 16
Charakteristika von C_3- und C_4-Pflanzen

	C_3-Pflanzen	C_4-Pflanzen
1. Morphologische Charakteristika		
Leitbündeldichte	gering	hoch
Blattstruktur	Diffuses Mesophyll	Spezielle Leitbündelscheiden („Kranzanatomie“)
Chloroplastenstruktur	granahaltig	im Mesophyll: granahaltig in Bündelscheiden: granafrei; mit reichlich Stärke
Peroxysomen	viele	wenig
Mesophyll-Widerstand gegenüber CO_2	hoch	niedrig
Stomatawiderstand gegenüber CO_2	niedrig	hoch
2. Physiologische Charakteristika		
CO_2-Abgabe im Licht (Lichtatmung)	ja	nahezu kompensiert
Anteil der Photorespiration an der Nettophotosynthese	$\approx$ 35% (−50%)	$\approx$ 0−6%
Lichtsättigung der Nettophotosynthese	Lux: 20−30000 $W \cdot cm^{-2}$: < 200	> 100000 = 400−600
Effizienz der Energiekonvertierung		
im Schwachlicht	4,7%	4,0%
im Starklicht	1−2%	3−4%
Maximale CO_2-Fixierungsrate ($mg\ CO_2\ dm^{-2} \cdot h^{-1}$)	15−35	60
Nettophotosyntheserate ($mg\ TG\ dm^{-2}\ d^{-1}$)		
Im Ontogenese-Durchschnitt	50−150	70−200
In der Hauptwachstumsphase	200	400−800
Translokationsrate der Assimilate	niedrig	hoch
Zunahme der CO_2-Fixierungsrate mit abnehmender O_2-Konzentration im Licht	bis 1% O_2	keine

(Tabelle 16 Fortsetzung)

	C_3-Pflanzen	C_4-Pflanzen
Zunahme der CO_2-Fixierungsrate mit wachsender äußerer CO_2-Konzentration im Licht	bis 3000 v. p. m. CO_2	keine
CO_2-Kompensationskonzentration	45–60 ppm	10 ppm
Ökonomie des Wasserverbrauchs (g H_2O/g produzierte Trockenmasse)	500	250
Verhältnis Chl a/b	2,8 ± 0,35	3,9 ± 0,6
Verhältnis P 700 zu Gesamtchlorophyll	1,2 ± 0,11	1,83 ± 0,21
Verhältnis extrahierbares Ferredoxin zu Gesamtchlorophyll	2,38	5,04
Wachstumsrate (g TM · dm^{-2} · d^{-1})	0,5–2	3–5
Futterwert der Biomasse	höher	niedriger
Förderung der Blütenbildung durch:	Langtag	Kurztag
Temperaturabhängigkeit der Nettophotosynthese (°C)		
Unteres Limit	−2 bis ca. 0	+5 bis 7
Optimum	20–30	35–45
Oberes Limit	40–50	50–60
25°–35°	Abfall	Zunahme
3. Biochemische Charakteristika		
Erste CO_2-Fixierungsprodukte	Phosphoglycerinsäure	Oxalacetat Malat Aspartat
Carboxylierende Enzyme	RuBPCO	PEPC (RuBPCO-Gene nicht exprimiert)
CO_2-Affinität der carboxylierenden Enzyme	niedrig Km = 450 mol/O_2/l	hoch Km = 70 mol CO_2/l
Anteil der RuBPCO am gesamtlöslichen Protein (%)	40–50	8–23

(Tabelle 16 Fortsetzung)

	C_3-Pflanzen	C_4-Pflanzen
CO_2-Anhydrase-Aktivität	hoch	niedrig
Zyklische Photophosphorylierung	0,4–2 mMPA 0,5–0,6 mMADP$^+$	50 μMPi 25 μNADP$^+$
$\delta^{13}C/^{12}C$-Werte	−23‰ bis −40‰	−10‰ bis −20‰
Energiebedarf für die reduktive CO_2-Fixierung	1 CO_2 : 3 ATP + 2 NADPH + H$^+$	1 CO_2 : 5 ATP + 2 NADPH + H$^+$
Quantenbedarf der Photosynthese (Mol Quanten/Mol CO_2)	13	15

Als CO_2-fixierendes Enzym wirkt die Phosphoenolpyruvat-Carboxylase (PEP-Enzym).

Dieser auch als C_4-Dicarboxylsäureweg bekannte Mechanismus setzt somit die Synthese des Phosphoenolpyruvats voraus. Sie erfolgt in den dadurch ausgezeichneten Pflanzen (Tab. 16) aus Pyruvat:

$$\begin{matrix} COOH \\ | \\ C{=}O \\ | \\ CH_3 \end{matrix} + ATP + P_i \xrightleftharpoons[\text{Phosphopyruvat synthetase}]{Mg^{2+}} \begin{matrix} COOH \\ | \\ C{-}OPO_3H_2 \\ \| \\ CH_2 \end{matrix} + AMP + PP_i$$

Ein Teil des im Zuge der Carboxylierung entstandenen Oxalacetats tritt rasch ins Gleichgewicht mit dem Malat- und Aspartat-Pool. Das C_4-Atom des Oxalacetats wird über eine Transcarboxylierungsreaktion auf den Akzeptor RuDP übertragen, wobei schließlich 3-PGS entsteht. Den Akzeptor liefert ein dem Calvinweg homologer zweiter Zyklus, der zum Aufbau der Kohlenhydrate führt. Die verbleibenden 3C-Atome der Dicarboxylsäure ergeben Pyruvat, welches unter Phosphorylierung den CO_2-Akzeptor Phosphoenolpyruvat regeneriert.

Dieser Grundtyp erfuhr in der Evolution verschiedene Variationen, die sich in drei Gruppen zusammenfassen lassen (Abb. 59). In einer ersten Gruppe derartiger C_4-Arten (wie z. B. *Zea mays*; *Saccharum officinarum*) wirkt als malatdecarboxylierendes Enzym in den Leitbündelscheiden eine sehr aktive NADP$^+$-spezifische

„Malicenzyme-oxidoreductase" ($NADP^+$-ME- oder Malat-Typ). Eine zweite Gruppe (mit *Panicum maximum*; *Chloris gayana*) setzt das CO_2 über eine PEP-Carboxykinase aus Oxalacetat frei (PCK-Typ), während in einem dritten Typ (*Panicum miliaceum*; *Amaranthus edulis*) diese Funktion ein NAD^+-spezifisches „Malicenzyme" ausübt (NAD^+-ME-Typ). Da bei den Pflanzen der letzteren beiden Gruppen Aspartat den Transportmetaboliten darstellt, werden sie mitunter auch zum Aspartat-Typ zusammengefaßt. Die Vertreter dieser Gruppen unterscheiden sich ferner hin-

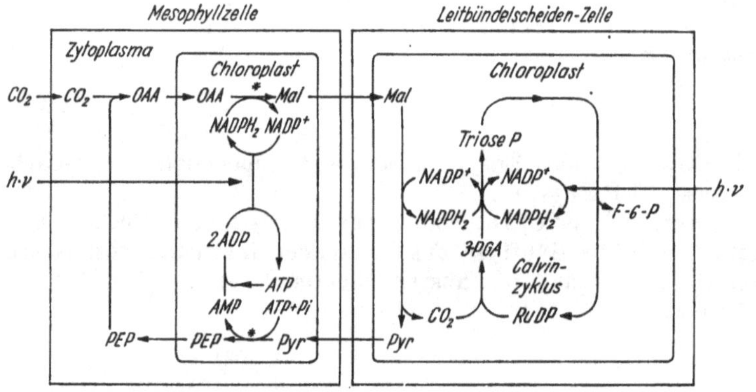

Abb. 59a

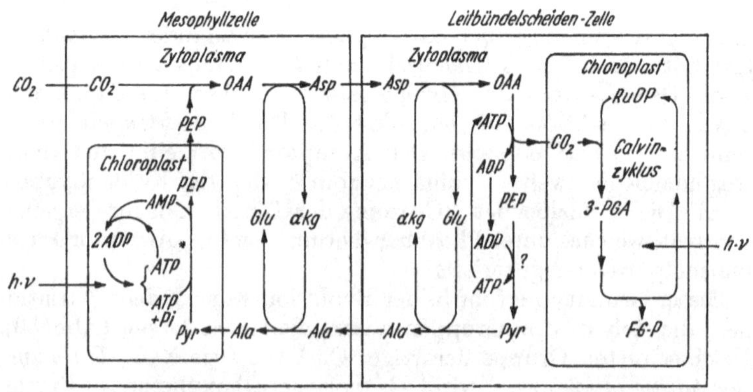

Abb. 59b

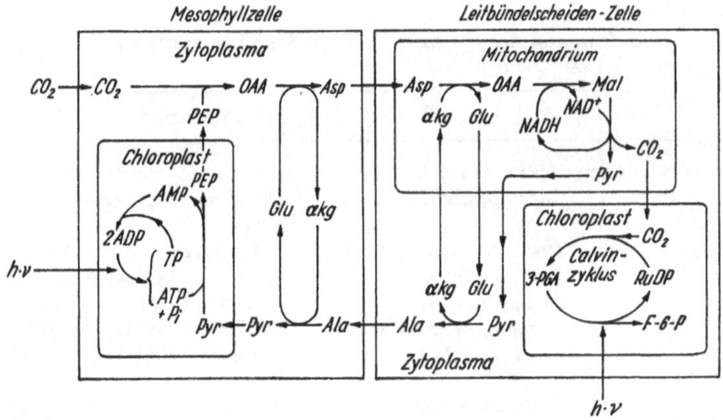

Abb. 59c

Abb. 59. Schemata des CO_2-Umsatzes in den 3 Untergruppen der C_4-Photosynthese. A: NADP+-ME-Typ; B: PCK-Typ; C: NAD+-ME-Typ. (in Anlehnung an GOODWIN und MERCER 1983).

sichtlich der jeweiligen Kompartimentierung dieser Reaktionen in den Bündelscheidenchloroplasten (NADP-ME-Typ) bzw. im Cytoplasma und/oder den Mitochondrien (PCK- und NAD-ME-Typ; Abb. 59.). Andererseits vollzog sich auch der Übergang vom C_3- zum C_4-Typ über eine Reihe von Zwischenformen. In diesen Übergangsformen sind noch nicht alle Merkmale des C_4-Syndroms in gleicher Weise ausgeprägt. Es sind bisher in 5 Arten derartige C_3-C_4-intermediäre Formen bekanntgeworden; dazu gehören *Mollugo verticillata, Panicum milioides* und *Moricandia arvensis.*

In den sogenannten C_4-Pflanzen (Beispiele in Tab. 17) wirken also beide Wege der CO_2-Fixierung nebeneinander. Besonders bemerkenswert ist dabei, daß die beiden Systeme in unterschiedlich gestalteten Chloroplasten in verschiedenen Geweben des Blattes lokalisiert sind; den C_4-Dicarboxylsäureweg finden wir in den Chloroplasten der Mesophyllzellen, während die abweichend gestalteten (granafreien) Plastiden der Leitbündelscheiden die Enzyme des Calvinzyklus besitzen (Tafel 8 u. 9). Weitere Differenzen erstrecken sich im wesentlichen auf die Enzymausstattung im Bereich der Dunkelreaktionen. Die Photosysteme I und II sind in beiden Plastidentypen vertreten, allerdings mit unterschiedlichem Anteil, ebenso wie andere Faktoren der Elektronentransportkette (Tab. 16). Bei den C_4-Monocotyledonen befinden sich 20—30%

Tabelle 17

Beispiele für Pflanzen des C_3- bzw. C_4-Typs der photosynthetischen CO_2-Fixierung

	„C_3-Pflanzen"	„C_4-Pflanzen"
Monocotyledonen	*Avena sativa* L.	*Andropogon virginicus* L.
	Carex pendula L.	*Digitaria sanguinalis* (L) Scop.
	Hordeum vulgare L.	*Echinochloa colonum* L.
	Iris sibirica L.	*Miscanthus sinensis* L.
	Oryza sativa L.	*Saccharum officinarum* L.
	Phragmites communis L.	*Setaria italica* (L!) Beauv.
	Secale cereale L.	*Sorghum bicolor* (L.) Moench
	Triticum aestivum L.	*Zea mays* L.
	Cyperus papyrus L.	*Cyperus rotundus* L.
	Panicum lindheimevi Nash	*Panicum miliaceum* L.
Dicotyledonen	*Beta vulgaris* L.	*Amaranthus albus* L.
	Helianthus annuus L.	*Portulaca oleracea* L.
	Nicotiana tabacum L.	*Salsola kali* L.
	Phaseolus vulgaris L.	*Kochia scoparia* (L.) Roth.
	Atriplex hastata L.	*Atriplex rosea* L.
	Euphorbia corollata L.	*Euphorbia maculata* L.

des gesamten Chlorophylls in den Leitbündelscheiden; bei entsprechenden C_4-Dicotyledonen können es sogar 50—70% sein.

Eine weitere Besonderheit der C_4-Pflanzen besteht darin, daß sie im Vergleich zu den C_3-Typen eine wesentlich geringere Isotopen-Diskriminierung zeigen. Während die C_3-Formen gegenüber der atmosphärischen Luft $^{13}\delta$-Werte von —22 bis —40‰ aufweisen, liegen die entsprechenden $^{13}\delta$-Werte der C_4-Pflanzen zwischen —9 bis —19‰. Die Ursache wird darin gesehen, daß die RuBPCO in der Lage ist, bei der primären CO_2-Fixierung wesentlich stärker zu diskriminieren als die Phosphoenolpyruvat-Carboxylase. Dieser Effekt der unterschiedlichen Kohlenstoff-Isotop-Diskriminierung ist auch an den isolierten Enzymsystemen zu beobachten und unabhängig davon, aus welchen Pflanzen das jeweilige Enzym isoliert wurde. Seine Ermittlung gilt heute als zuverlässigstes Indiz für die Zuordnung der Arten zum C_3- oder C_4-Typ. Inzwischen sind weitere Effekte der Isotopendiskriminierung bekannt geworden, so für den Wasserstoff und den Sauerstoff.

Zur photosynthetischen CO_2-Fixierung nach dem C_4-Weg werden in der Gesamtbilanz gegenüber dem Calvinzyklus noch zusätzlich 2 Moleküle ATP benötigt.
Energiebedarf zur Fixierung von 1 Mol CO_2 in Mol:

C_3-Pflanzen: 3 ATP + 2 NADPH + H^+
C_4-Pflanzen: 5 ATP + 2 NADPH + H^+
CAM-Pflanzen: 5,5 ATP + 2 NADPH + H^+

Kalkuliert man den Bedarf an Energie- und Reduktionsäquivalenten auf der Basis der gebildeten Zuckermenge, werden diese Unterschiede noch größer. Daß die C_4-Pflanzen trotzdem eine höhere photosynthetische Aktivität besitzen, beruht darauf, daß diese in den C_3-Chloroplasten der Leitbündelscheiden freigesetztes CO_2 durch die C_4-Chloroplasten des Mesophylls wieder binden und in Form der C_4-Säuren den C_3-Chloroplasten über Plasmodesmen wieder zuführen, während andererseits die ausschließlichen C_3-Pflanzen auch im Licht aufgrund der Lichtatmung (vergl. 6.3.) eine erhebliche CO_2-Menge ausscheiden.

Der C_4-Weg trägt also selbst nicht zur Netto-CO_2-Fixierung bei, sondern bewirkt — wie eine ATP-abhängige CO_2-Pumpe — eine bessere CO_2-Versorgung der RuBPCO. Ferner zeigen die C_4-Pflanzen auch eine effizientere Stickstoffnutzung als C_3-Arten.

Mit diesem ökologisch bedeutsamen Aspekt der effektiven CO_2-Ausnutzung ist gleichzeitig ein wesentlich günstigeres Verhältnis von transpiriertem Wasser zu produzierter Trockensubstanz verbunden. Da die über den Calvinzyklus assimilierenden C_3-Pflanzen infolge ihrer Lichtatmung bis zu 50% des aufgenommenen CO_2 wieder verlieren, benötigen sie zum Aufbau von 1 g TM im Durchschnitt 450—900 g Wasser; die äußerlich kaum eine meßbare Lichtatmung aufweisenden C_4-Pflanzen produzieren demgegenüber bereits mit 250—350 g Wasser die gleiche Menge an Trockenmasse. Als Maß der Effektivität der Wassernutzung läßt sich möglicherweise auch der $\delta^{13}C$-Wert nutzen. Die Isotopendiskriminierung einer C_3-Pflanze ist umso geringer, je größer der Wassernutzungskoeffizient der Photosynthese ist.

Dieser C_4-Photosynthesetyp mit der günstigeren CO_2- und H_2O-Bilanz stellt somit eine effektive ökologische Anpassung insbesondere an tropische Gegenden dar; die meisten C_4-Pflanzen sind auch Vertreter dieser Gebiete. Von den ökonomisch wichtigsten Arten gehören Weizen, Gerste, Reis, Roggen, Kartoffel, Zuckerrübe und alle kultivierten Leguminosen dem C_3-Typ der Photosynthese an. Mais, Zuckerrohr und die verschiedenen Hirsearten fixieren nach dem C_4-Weg. Andererseits sind bisher keine submersen Wasserpflanzen bekanntgeworden, die den C_4-Typ zuzuordnen wären (vergl. ferner Tab. 17).

Es gilt als gesichert, daß der C_3-Typ in der Evolution der primäre, der C_4-Typ und der CAM-Typ (vergl. 7.2.4.) daraus abgeleitete Stoffwechselwege sind. Das C_4-Syndrom hat sich durch Mutation mehrerer, vermutlich vorwiegend regulatorischer Gene herausgebildet (vergl. 8.).

Die Vielzahl der Besonderheiten zwischen C_3- und C_4-Arten ist in Tabelle 16 vergleichend zusammengefaßt.

6.3. *Lichtatmung (Photorespiration)*

Der photosynthetische Gaswechsel der autotrophen Pflanzen wird durch das im Zuge der Atmungsprozesse freigesetzte CO_2 überlagert. Bei ökophysiologischen Untersuchungen ist es daher auch heute noch recht verbreitet, die Bruttophotosynthese aus der Summe der im Licht gemessenen CO_2-Aufnahme plus der im Dunkeln ermittelten CO_2-Abgabe zu errechnen. Dies setzt jedoch das

Tabelle 18

Vergleich zwischen Photorespiration und Atmung

Merkmal	Photorespiration	Atmung
Reaktionsort	Chloroplasten, Peroxisomen u. Mitochondrien	Cytoplasma u. Mitochondrien
Substrat	Glykolsäure	Glucose
Bilanz	Verbrauch von ATP u. O_2; CO_2-Freisetzung	Bildung von ATP u. CO_2; O_2-Verbrauch
Hemmstoffe	Isonicotinsäure	KCN
Lichtwirkung	auslösend u. fördernd	hemmend
Abhängigkeit von der O_2-Konzentration	ja (Hemmung unter 1% O_2; bei ca. 20% Sättigung)	gering (zwischen 1 u. 100% O_2)
Abhängigkeit von der CO_2-Konzentration	ja	gering
Physiologische Funktion	Beseitigung überschüssiger Reduktionskraft; AS-Bildung; Glykolat-Abbau	Energiegewinn

Postulat voraus, daß die Atmungsrate im Dunkeln und im Licht mit gleicher Intensität abläuft. Aber bereits aus der Diskussion um die Wechselbeziehungen zwischen Atmung und Photosynthese ist dies kaum zu erwarten (6.4.).

Eine Fülle von Detailarbeiten hatte über Jahrzehnte die Aufklärung dieser Problematik zum Inhalt. Die oft widersprüchlichen Daten erlauben zusammenfassend erstens die Schlußfolgerung,

Tabelle 19

Einfluß der Sauerstoffkonzentration auf die Nettophotosynthese einzelner Blätter verschiedener Arten bei hohen Beleuchtungsstärken und 300 ppm CO_2 (aus Zelitch 1971, verändert)

Art	Temperatur °C	Nettophotosynthese ($mg\ CO_2 \cdot dm^{-2} \cdot h^{-1}$)		Zunahme in %
		21 % O_2	2% O_2	
Weizen	25	17	23	35
	30	31	47	52
	35	14	24	71
	40	12	24	100
Sonnenblume	30	37	53	43
Tabak	30	17	24	41
	40	16	30	88
Zuckerrübe	25	25	35	40
	35	28	38	36
Mais	30	49	52	6
	35	50	50	0
Zuckerrohr	26	52	52	0

daß Belichtung die im Dunkeln ablaufende Atmung hemmt (Kok-Effekt). Als zweites Ergebnis bestätigte sich eine im Licht meßbare CO_2-Ausscheidung, die biochemisch andersgearteten Stoffwechselwegen entstammt; sie ist also nicht mit der Dunkelatmung identisch und wird daher als „Lichtatmung" oder „Photorespiration" bezeichnet. Zwischen Dunkel- und Lichtatmung bestehen grundlegende Unterschiede hinsichtlich der Abhängigkeit von Umweltbedingungen, der Stellung im Zellstoffwechsel, der Energiebilanz, der Lokalisation in der Zelle, des Substrats sowie der physiologischen Bedeutung (Tab. 18). In quantitativer Hinsicht übersteigt die Photorespiration die Dunkelatmung etwa um das 2—3-fache. Da die überwiegende Menge dieses im Licht ausgeschiedenen Kohlendioxids aus dem Glykolatstoffwechsel stammt, wird von vielen Autoren nur diese Komponente des im Licht freigesetzten CO_2 als Lichtatmung bezeichnet. Photorespiration wäre demnach ein Begriff für jede CO_2-Bildung im Licht ohne Berücksichtigung der biochemischen Herkunft.

Die auffälligste Erscheinung ist die starke O_2-Abhängigkeit der Lichtatmung. Während mit steigender Sauerstoffkonzentration die Photorespiration zunimmt, erfährt sie mit sinkendem O_2-Partialdruck eine Hemmung (Tab. 19). Da durch die Lichtatmung Photosyntheseprodukte sofort wieder abgebaut werden, führt eine O_2-abhängige Beeinträchtigung derselben zu einer auch als Warburg-Effekt bezeichneten Steigerung der photosynthetischen CO_2-Assimilation durch Verminderung des O_2-Partialdruckes. Diese Differenzen der Photosyntheserate, etwa zwischen 21% O_2 und 2% O_2, sind bei verschiedenen Pflanzen, sogar innerhalb einer Gattung, unterschiedlich. Sie liegen beispielsweise für *Atriplex hastata*, Sojabohne und Zuckerrüben bei 33, 53 bzw. 40%, während demgegenüber *Atriplex nummularia* und Mais keine O_2-Abhängigkeit zeigen. Gaswechselmessungen bei verschiedenem O_2-Partialdruck bieten daher eine von vielen Möglichkeiten, Pflanzen mit Photorespiration zu erkennen. Generell zeichnen sich die besonders leistungsfähigen Pflanzen durch eine geringe Lichtatmungsrate, gleichzeitig verbunden mit dem C_4-Weg der Photosynthese (6.2.), aus. Beispiele für weitere Differenzenzen zwischen Pflanzenarten mit hoher bzw. fehlender Photorespiration enthält Tabelle 16.

Die vielfach diskutierte Hoffnung, die photosynthetische Produktivität, insbesondere der Kulturpflanzen, ließe sich beträchtlich steigern, wenn es auf biochemischem oder gentechnischem Wege gelänge, die Photorespiration zu unterdrücken, hat trotz diesbezüglicher intensiver Untersuchungen noch keine Bestätigung erfahren.

Die Anwendung der Isotopenmethodik und enzymologische Studien ermöglichen vertiefte Einsichten in die biochemischen Grundlagen der Photorespiration. Die Untersuchungen erbrachten Nachweise für die vermutete enge Wechselbeziehung zwischen Photorespiration und Photosynthese. Die biochemische Ursache der Photorespiration liegt in der Doppelfunktion der RuBPCO begründet: sie führt unter natürlichen Bedingungen pro 2—3 Carboxylierungen eine Oxigenierung durch (Abb. 60). Diese Eigenschaft (Oxigenase-Funktion) besitzt jede RuBPCO, unabhängig von der systematischen Stellung der Herkunftspflanze; sie tritt auch bei den Blaualgen und Bakterien auf.

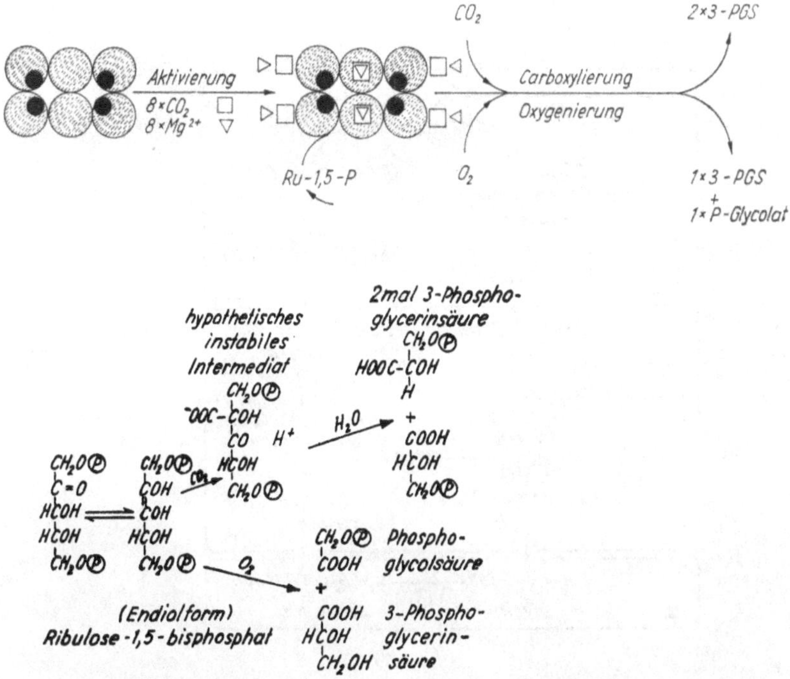

Abb. 60. Schematische Darstellung (oben) und formelmäßige Wiedergabe (unten) der Doppelfunktion der RuBPCO, in Abhängigkeit von der O_2-Konzentration zu carboxylieren und/oder zu oxigenieren (in Anlehnung an GÜNTHER u. BAUMANN 1985).

Der Anteil der Oxigenierung wird über die kleine Untereinheit des komplex zusammengesetzten Enzyms reguliert und hängt vom jeweiligen relativen Verhältnis der O_2/CO_2-Konzentrationen am Carboxylierungszentrum ab. Im Ergebnis dieser Doppelfunktion der RuBPCO entsteht neben Phosphoglycerinsäure (vergl. 6.1.) mit steigender O_2-Konzentration in zunehmendem Maße Glycolat. Die weiteren Sequenzen zur Oxidation des Glycolats stellen die physiologische Widerspiegelung der Lichtatmung dar, wie es Abbildung 61 im Schema verdeutlicht. Die Umsetzung des Glycolats erfolgt in den als Peroxisomen bezeichneten Organellen, während sich ein weiterer verbindender Reaktionsschritt in den Mitochondrien vollzieht:

$$2\ \text{Glycin} \rightarrow \text{Serin} + CO_2 = NH_3 + 2H^+ .$$

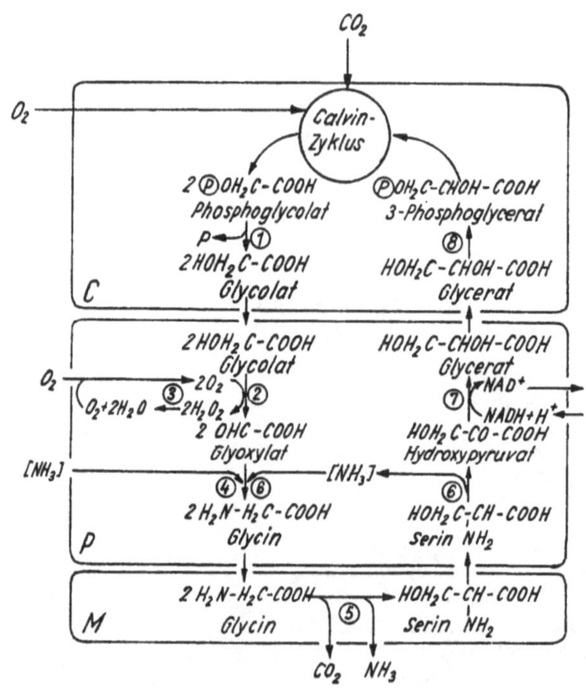

Abb. 61. Reaktionsschema der Lichtatmung. C — Chloroplast; P — Peroxisom; M — Mitochondrium. Die Zahlen in den Kreisen geben die beteiligten Enzyme an: 1 — Phosphoglycolat-Phosphatase; 2 — Glycolatoxidase; 3 — Katalase; 4 — Glutamat-Glyoxylat-Aminotransferase; 5 — Serinsynthase; 6 — Seringlyoxalat-Aminotransferase; 7 — Hydroxypyruvatreduktase; 8 — Glyceratkinase (aus BORRISS u. LIBBERT 1984).

Das Serin gelangt in die Peroxisomen zurück, in denen es über Hydroxypyruvat zu Glycerat umgesetzt wird. Das Endprodukt des Glycolatstoffwechsels, das Glycerat, wird wieder vom Chloroplasten zu 3-P-Glycerat phosphoryliert und so in den Kohlenhydratstoffwechsel der Plastiden eingeführt. Das Glycolat stellt also das Substrat der Photorespiration dar. Die Rate der CO_2-Ausscheidung kann 30—50% der photosynthetischen CO_2-Fixierung betragen. Somit erfolgt über diesen „Shuttle" ein kontinuierlicher Abzug von photochemischer Reduktionskraft. Dadurch wird eine Sistierung des nichtzyklischen e-Transports infolge Fehlens der e-Akzeptoren vermieden und der kontinuierliche Ablauf auch der nichtzyklischen Photophosphorylierung gesichert sowie das ATP- zu NADPH + H^+-Verhältnis mit reguliert. Aber auch die im Zuge der Photorespiration erfolgende Beseitigung der Glycolsäure selbst könnte eine physiologische Bedeutung haben.

Ferner kann die Lichtatmung bei der Beseitigung zwangsläufig auftretender, aber schädigender Sauerstoffradikale eine besondere Rolle spielen und zur Glycin- und Serinsynthese beitragen.

Die strukturellen Grundlagen des Glykolatweges der Photorespiration finden wir neben den Mitochondrien in den Peroxisomen; sie sind in den Blattzellen aller untersuchten Pflanzen vorhanden. Die Peroxisomen besitzen eine eigene Membran, die eine granulierte Matrix umschließt, aber keine Lamellen besitzt. In Tabakblättern kommen sie in $^1/_3$ der Menge der Mitochondrien vor; in Spinatblättern repräsentieren sie 1—1,5% des gesamten Blattproteins. In ihnen wurde neben Katalase, als Leitenzyme der Blattperoxisomen, die Glycoxylat-Aminotransferase nachgewiesen. Die Bildung der Peroxisomen vollzieht sich über Sprossungsprozesse aus dem endoplasmatischen Reticulum und ist unabhängig von der Entwicklung des Photosyntheseapparates (sie sind z. B. auch in etiolierten Blättern vorhanden). Es werden daher für diese etwa 1—1,5 μm langen Gebilde auch noch weitere, nicht direkt mit dem Photosyntheseprozeß in Beziehung stehende Funktionen diskutiert.

In einem abschließenden Vergleich zwischen C_3- und C_4-Pflanzen ist hervorzuheben, daß in Pflanzen beider Gruppen diese Lichtatmung abläuft. Während sie aber bei den C_3-Pflanzen einen erheblichen bilanzmäßigen Verlustterm darstellt (trotz der diskutierten möglichen physiologischen Funktionen), wird dieses freigesetzte CO_2 bei den C_4-Pflanzen durch den in den Mesophyllzellen vorhandenen zusätzlichen CO_2-Fixierungstyp wieder refixiert, so daß bei diesen nach außen kaum eine CO_2-Ausscheidung meßbar ist.

Neben diesen im Licht ablaufenden Sauerstoff-aufnehmenden Prozessen der Photorespiration wurde inzwischen auch in den Chloroplasten eine „Dunkelatmung“ nachgewiesen. Dabei wird die im Licht akkumulierte Assimilationsstärke abgebaut und der Kohlenstoff in Form von Triosen metabolisiert. Auf diese Weise entstehendes NADPH + H^+ kann entweder durch Ferredoxin regeneriert werden oder es wird in einer als „Chlororespiration“ bezeichneten Reaktionsfolge mit Luftsauerstoff oxidiert, wobei das Plastochinon der Thylakoide (4.5) eine Kofaktorfunktion erfüllt. Die gleiche Funktion vermag möglicherweise ein Enzymsystem auszuüben, das Ascorbat und H_2O_2 als Kofaktoren hat und dessen pH-Optimum dem Stroma-pH im Dunkeln entspricht, so daß diese Reaktion vor allem im Dunkeln abläuft. Möglicherweise trägt sie zur Sicherung des Energiebedarfs der Chloroplasten während der Nachtstunden bei.

6.4. *Wechselbeziehungen zwischen dem autotrophen und dem heterotrophen System der Zelle*

Die Einordnung der Photosynthese in den kosmischen Entropiefluß (vergl. 9.) vollzieht sich auf zellulärer Ebene durch die vielschichtigen Wechselbeziehungen zwischen Chloroplasten und Mitochondrien.

Ihre naturgegebenen kooperativen Wechselbeziehungen begannen schon zu Zeiten, als es noch gar keine Zellen gab (vergl. 8.). In den Zellen der eukaryoten Pflanzen, die wir als Ergebnis des symbiontischen Zusammenschlusses praezellulärer Strukturen zu verstehen haben, gibt es eine unüberschaubare Fülle regulativer Beziehungen, die sich in je einen Komplex genetisch fixierter Beziehungen (vergl. 4.3. und 7.2.5.) und physiologisch-chemisch begründeter zusammenfassen lassen. Den letzteren Problemkreis sollen folgende Beispiele verdeutlichen.

6.4.1. *Wechselbeziehungen zwischen dem autotrophen und dem heterotrophen System während der Chloroplastenbiogenese*

Die Biosynthese der Chlorophylle (vergl. 3.1.) in höheren Pflanzen findet ausschließlich in den Chloroplasten statt. Alle an den Anfangsschritten der Chl-Biosynthese beteiligten Enzyme sind jedoch im Stroma lokalisiert. Erst die weiteren an der Biosynthesekette beteiligten Fermente, beginnend mit der Mg-Chelatase, befinden sich an den Thylakoidmembranen. Während also die Pigmentsynthese in den Chloroplasten im Wesentlichen kerncodiert ist, werden Metabolite und Energieäquivalente von der gesamten Zelle beigesteuert.

Der Ergrünungsprozeß der Plastiden schließt die Kooperation mit den Mitochondrien ein. So spiegelt sich der Energiebedarf für die Chloroplastenentwicklung in den frühesten, noch nicht photosynthetisch wirksamen Stadien in einem Anstieg der Atmungskettenphosphorylierung wider. Diese Stimulation ist z. B. schon nach 15 Min. Belichtung etiolierter Haferblätter zu beobachten und erreicht zwischen 2 und 8 h Ergrünung den Höchstwert. Bedingt durch die Regulation der Mitochondrienatmung durch den energy-charge, sinkt diese mit einsetzender Photophosphorylierung und damit ansteigendem Phosphorylierungsgrad der Adenylate in den folgenden Stunden. In dieser Phase sind auch spezifische, vom Biogenesestadium abhängige Permeabilitätsverhältnisse zwischen beiden Organellen zu beobachten, wonach der „bedarfsgerechte“ Metabolittransport erleichtert wird. In entsprechender Weise bewirkt eine partielle Atmungshemmung eine Beeinträchtigung der Chlorophyllbildung, deren Ausmaß vom Grad der Atmungshemmung abhängt.

Ein solches regulatives Wechselspiel zwischen Zellatmung und alternativem, energiebereitstellendem System beobachtet man bereits bei den Halobakterien (vergl. 6.5.4.). So liegen in Gegenwart von Sauerstoff in der Halobakterienzelle nur Spuren von Bakteriorhodopsin in der Purpurmembran vor. Bei Sauerstoffentzug jedoch steigt der relative Anteil an Bakteriorhodopsin an, bis er mit 50–80% Zelloberfläche die Hauptkomponente der Zellmembran darstellt.

Folgendes Beispiel verdeutlicht die Umsetzung der regulativen Wechselbeziehungen zwischen beiden Organell-Typen auf der Ebene charakteristischer, in den Energiestoffwechsel einbezogener Enzyme: Bei Belichtung etiolierter Weizen-Keimpflanzen nimmt die Aktivität der für die Chloroplasten charakteristischen NADP-GAPDH mit dem Ergrünungsprozeß zu, während die die respiratorische Aktivität widerspiegelnde NAD-GAPDH absinkt. Dabei wird ein enzymatischer Kompensationspunkt durchlaufen, der zeitlich einige Stunden vor dem Gaswechsel-Kompensationspunkt auftritt. Seine Lage ist sorten- und artspezifisch und widerspiegelt den bilanzmäßigen Übergang zum autotrophen Entwicklungsstadium des jeweils untersuchten Systems. In der Zwischenzeit sind eine Reihe weiterer Befunde über die komplexe Beteiligung des heterotrophen Systems an der Herausbildung des Photosyntheseapparates erhoben worden.

Manches spricht dafür, daß in frühen Phasen der Evolution die Elektronentransportsysteme der Photosynthese und Atmung noch nicht getrennt kompartimentiert waren. So laufen bei Blaualgen Synthese und Atmung im Elektronentransportsystem der Thylakoide ab, wobei das Plastochinon, der Cytochrom-b_6/f-Komplex, das Cytochrom c-553 und das Plastocyanin für beide Prozesse gemeinsam genutzt werden. Demnach wäre der respiratorische Elektronentransport als ein um Pyridinnukleotid-Dehydrogenase und Cytochromoxidase erweiterter photosynthetischer Elektronentransport aufzufassen. Möglicherweise wird auch die NADPH + H^+-Oxidation im Dunkeln von einem Photosyntheseenzym, der Ferredoxin-$NADP^+$-Oxidoreduktase, katalysiert. Bei den Blaualgen können Photosynthese und Atmung auch als Elektronendonatoren und ATP-Produzenten für die Stickstoffixierung dienen (6.4.4.).

6.4.2. Der Stoffaustausch zwischen Chloroplasten und Mitochondrien über shuttle-Mechanismen

Aus einer Vielzahl vergleichender Untersuchungen ist bekannt, daß in dem Maße, in welchem sich die photosynthetische Leistungsfähigkeit einer Zelle entwickelt, die Aktivität der Mitochondrien abnimmt. Anderseits führen alle Beeinträchtigungen der Chloroplastendifferenzierung zur Verzögerung der Leistungsabnahme der Mitochondrien, unter manchen Bedingungen sogar zu deren Intensivierung. Dabei ist zu berücksichtigen, daß bereits die Aufrechterhaltung photosynthetischer Primärvorgänge, besonders der Photophosphorylierung (5.6.), an einen regulierten Ionenaustausch zwischen Chloroplasten und Zytoplasma gebunden ist.

Die energetische Bilanz einer photosynthetisierenden Zelle wird durch die zwei entgegengesetzt ablaufenden Energieströme bestimmt, die Absorption von Lichtenergie und deren letztendliche Festlegung in den Photosyntheseprodukten einerseits sowie die Abnahme des „inneren" Energiegehaltes infolge der Vielfalt der endergonischen Reaktionen zum Aufbau und zur Erhaltung des Systems andererseits. Dabei erwächst eine besondere Problematik daraus, daß die im Zuge der Photosynthese gebildeten Adenylate und Pyridinnukleotide die innere Chloroplastenmembran nicht direkt zu permeieren vermögen. Als nicht oder schwer permeierbar gelten auch RDP, FGP, GGP, Saccharose und Ionen, während PGS, DHAP, Pentose- und Monophosphate, Glycolsäure, Malat, Aminosäuren, Orthophosphate und HCO_3^- rasch zwischen Cytoplasma und Chloroplasten ausgetauscht werden. Die Arbeiten von HEBER, KRAUSE und SANTARIUS brachten Einsichten in die Existenz eines mit dem Transfer von Reduktionsäquivalenten gekoppelten indirekten ATP-Transportsystems, das reversible Dihydroxy-Acetonphosphat-Phosphoglycerat-System, (= Phosphattranslokator, in der inneren Thylakoidmembran),

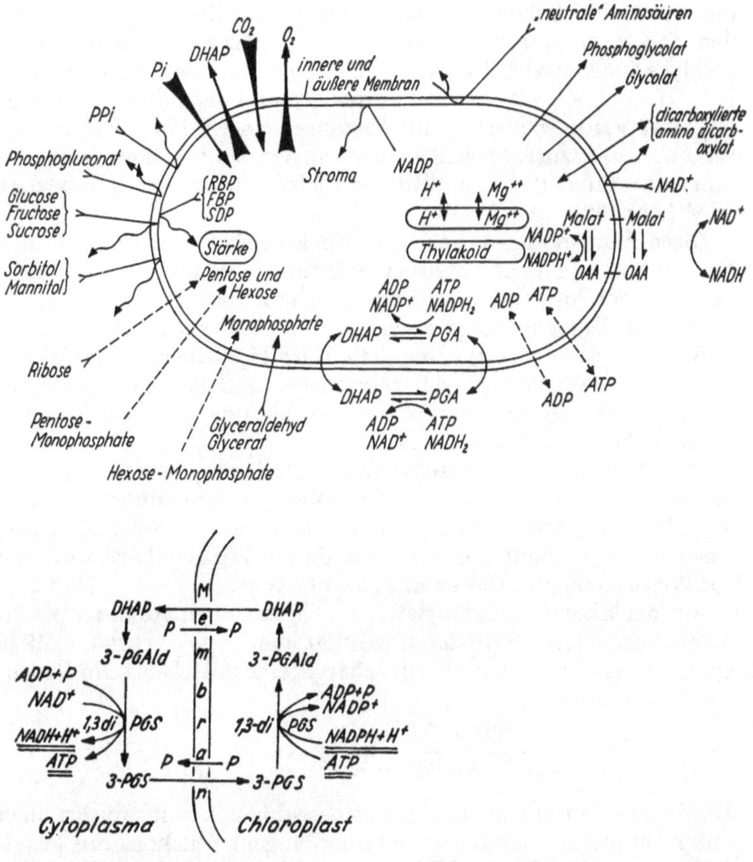

Abb. 62. Schema des Phosphoglycerat-Dihydroxyacetonphosphat-shuttles (PGA-DHAP-shuttle) zwischen Chloroplast und Zytoplasma (oben); daneben sind noch der Aspartat- und der Malat-shuttle sowie andere Austauschmöglichkeiten angegeben. Unten: detaillierteres Wirkprinzip des Phosphattranslokators.

das mittels Phosphat einen raschen Austausch zwischen Chloroplasten und Cytoplasma ermöglicht, wobei die Pa-Konzentration auf beiden Seiten die Transportrichtung reguliert. Mit diesem ATP-shuttle ist der Transfer der Nicotinamid-Adenin-Dinukleotidphosphate aus den Chloroplasten und Cytoplasma verbunden: Das in den Chloroplasten aus 3 P-Glycerat entstehende Triosephosphat wird bei hohen Pa-Konzentrationen außerhalb der Plastiden im Cytoplasma durch die NADP-spezifische, nicht reversible D-Glycerinaldehyd-P-Dehydrogenase-Reaktion unter ATP- und NADH + H^+-Gewinn zu 3-Phosphoglycerat reoxidiert. Das 3-P-Glycerat kann wiederum im Austausch gegen Phosphat in den Chloroplasten zurückgelangen und so den shuttle komplettieren, indem es durch die Produkte der Lichtreaktion erneut reduziert wird (Abb. 62).

Diese Vorstellungen über das Spektrum der in den shuttle-Komplex einbezogenen weiteren Substanzen erfuhren mit der Entdeckung der löslichen Ascorbinsäure-Peroxidase eine gewisse Erweiterung. Danach erfolgt auch ein Austausch zwischen Ascorbat und Dehydroascorbat zur Regulation des H_2O_2-Gehaltes im Wechselspiel der Aktivitäten von gebundener und löslicher Ascorbinsäure-Peroxidase; dies vertiefte die Bedeutung der Ascorbinsäure für den Photosyntheseapparat.

Das Ausmaß der wechselseitigen Beteiligung beider Organelle an der Energieversorgung des Cytoplasmas wird durch verschiedene Regulationssysteme bestimmt, von denen im Folgenden zwei Beispiele vorgestellt werden, von deren Wirksamkeit auch die Aktivität nachgeschalteter Enzyme abhängt.

Auf der Ebene der Adenylate wird für die Regulation der plastidalen und mitochondrialen Aktivität dem von Atkinson 1966 erstmals beschriebenen energy charge eine entscheidende Bedeutung beigemessen

$$EC = \frac{ATP + 0{,}5\ ADP}{ATP + ADP + AMP}.$$

Die Werte sind objekt- und ontogeneseabhängig und werden auch unter belastenden Bedingungen über längere Zeit konstant gehalten. So wird z. B. im Wechsel von Licht und Dunkelheit das erforderliche ATP entweder über den Photosyntheseapparat oder die Atmung bereitgestellt; der „Endwert“ regelt sich über Oszillation (einer der regulatorischen Grundmechanismen überhaupt) ein. So erniedrigt sich z. B. in *Chlorella*-Zellen der ATP-Gehalt im Dunkeln auf 50% des Ausgangswertes, dann steigt er aber unter starken Oszillationen mit einer Frequenz von 0,6 min^{-1} innerhalb von 3—4 min auf den Ausgangswert wieder an. Einige ausgewählte Beispiele für charakteristische EC-Werte enthält Tabelle 20. In die EC-Regulation ist eine große Anzahl von solchen Enzymen einbezogen, die mit ATP-Verbrauch oder ATP-Regeneration verbunden sind. Beide Gruppen zeigen eine gegen-

Tabelle 20
Beispiele für EC-Werte

Organismus	Organ, Gewebe bzw. Organell	EC
Hordeum vulgare L.	Blätter	0,60
	Gesamtsproß	0,54
Avena sativa L.	Gesamtsproß	0,76
	Plastiden	0,56
	Mitochondrien	0,54
	Zytoplasma	0,54
	Protoplast	0,80
Triticum aestivum L.	Karyopsen	
	12 d nach der Blüte	0,87
	32 d nach der Blüte	0,71
	Blätter	
	im Dunkeln in N_2	0,21
	im Dunkeln in Luft	0,61
	im Licht in N_2	0,48
	im Licht in Luft	0,60
	Gesamtpflanze	0,62
Beta vulgaris L.	Gesamtblatt	0,68
	Blattstiel	0,43
	Leitbündel	0,39
Pisum sativum L.	Blätter	0,64
	Wurzeln	0,83
	unter Salzstreß	0,73
	Samen	
	lufttrocken	0,26
	am Ende der Quellungsphase (nach 16 h)	0,49
	beim Durchbruch der Radicula (nach 40 h)	0,58

sätzliche Abhängigkeit vom EC, so daß sich das ATP-ADP-AMP-System unter optimalen Bedingungen in einem steady state befindet und auch gegenüber exogenen Belastungen recht widerstandsfähig ist. Hohe Energieladung aktiviert im allgemeinen die Enzyme des Baustoffwechsels bei gleichzeitiger Hemmung der Fermente des Energiestoffwechsels und umgekehrt. Somit werden über den Adenalatpool durch Rückkopplung der Baustoffwechsel mit dem Energiestoffwechsel verknüpft und reguliert.

In dieser Fähigkeit des Organismus, auch unter variierenden Außenfaktoren den energetischen Status ohne Leistungseinbuße zu erhalten, liegt ein wesentlicher Faktor seiner Produktivität, zumal auch solche zentralen Prozesse wie die der reduktiven CO_2-Fixierung durch die RuPCO, die Proteinsynthese oder Phytohormonwirkungen EC-abhängig sind. Neben dem EC werden in der Literatur auch das Phosphorylierungspotential

$$p = \frac{ATP}{ADP \cdot P_a}$$

sowie die Protonen-bewegende Kraft (proton motive force) zur Charakterisierung des Energiestatus des Chloroplasten angewandt.

In Analogie zum Adenylat-energy-charge definierten Wildner (1975) und Anderson und Meyenburg (1977) den catabolic (CRC) und anabolic (ARC) reduction charge:

$$CRC = \frac{NADH + H^+}{NAD^+ + NADH + H^+};$$

$$ARC = \frac{NADPH + H^+}{NADP^+ + NADPH + H^+}.$$

Quebedeaux (1981) vereinigte den CRC und den ARC zum redox charge (RC)

$$RC = \frac{NADH + H^+ + NADPH + H^+}{NAD^+ + NADH + H^+ + NADP^+ + NADPH + H^+}.$$

Weniger die im mM-Bereich liegenden Gehalte dieser Verbindungen als vielmehr das in diesen Quotienten angegebene Verhältnis zueinander ist ein Ausdruck für die Reduktionskraft des Gewebes, die den Grad der Elektronen-Sättigung anzeigt (Tab. 21). Deren regulatorische Funktion wird über eine Reihe von Mechanismen (wie Interkonversionen und Transhydrogenase-Reaktionen) realisiert. In entsprechender Weise scheint die Fähigkeit einer Pflanze, unter variierenden, belastenden Bedingungen das optimale Verhältnis der Pyridinnukleotid-poolgrößen zu erhalten bzw. rasch wieder einzustellen, ebenfalls ein Indikator für deren Effizienz zu sein.

Die Licht-Dunkel-Modulation der chloroplastidischen Enzyme erfolgt auf folgenden Ebenen:

a) durch Interkonversion, wie z. B. durch Reduktion und Oxidation von Thiolgruppen, die mit dem photosynthetischen Elektronentransport gekoppelt sind,

Tabelle 21
Beispiele für RC-Werte

Organismus	Organ, Gewebe bzw. Organell	aRC	cRC	RC
Triticum aestivum L.	Koleoptile	0,61	0,33	0,53
	Primärblätter	0,46	0,29	0,40
	Wurzeln, belüftet	0,79	0,08	0,48
	Wurzeln, N_2 begast	0,32	0,69	0,51
Zea mays L.	Karyopsen, lufttrocken	0,59	0,48	0,52
	Primärblätter	0,54	0,28	0,48
Saccharum officinarum L.	Blätter	0,48	0,40	0,47
Pisum sativum L.	Blätter	0,61	0,35	0,48
	Hauptwurzel, Spitze	0,77	0,04	0,21
Glycine soja L.	Hypocotyl	0,65	0,33	0,57
	Blätter			
	NH_4-Ernährung	0,93	0,16	0,42
	NO_3-Ernährung	0,44	0,19	0,33
	Wurzeln			
	NH_4-Ernährung	0,54	0,26	0,41
	NO_3-Ernährung	0,96	0,48	0,77
Helianthus annuus L.	Blätter			
	NH_4-Ernährung	0,83	0,10	0,41
	NO_3-Ernährung	0,74	0,09	0,40
	Wurzeln			
	NH_4-Ernährung	0,74	0,25	0,43
	NO_3-Ernährung	0,87	0,65	0,77

b) durch die Abhängigkeit vom pH-Wert und der Mg-Konzentration des Stromas, vom Redoxzustand der Pyridinnukleotide, dem Phosphorylierungsgrad der Adenylate u. a.;

c) durch eine erhöhte Kontrolle lichtmodulierter Enzyme über Intermediärprodukte des Calvinzyklus.

Die besonders unter ökophysiologischen Bedingungen bedeutsame Frage, ob bzw. in welchem Ausmaß im Licht die mitochondriale Dunkelatmung weiterläuft, ist auch heute noch nicht eindeutig zu beantworten. Neben Befunden einer uneingeschränkten Mitochondrienatmung grüner Gewebe im Licht gibt es solche, die über Beeinträchtigungen berichten bis zu solchen, nach denen im Licht in photoautotrophen Zellen keine Dunkelatmung abläuft. Wenn auch die Befunde über eine Reduzierung der Mitochondrienatmung überwiegen und meistens über eine Verringerung auf 30% berichtet wird (das korreliert etwa mit dem Anteil heterotropher Zellen in autotrophen Geweben), gibt es auch entsprechende Werte für einzellige Algen.

6.4.3. *Strukturelle Grundlagen der Wechselbeziehungen der Chloroplasten mit dem nichtplastischen Teil der Zelle*

Die Renaissance von Arbeiten zur Strukturdynamik in pflanzlichen Organellen und Geweben läßt auch die morphologischen Zusammenhänge zwischen den einzelnen Zellorganellen, wie sie Abbildung 63 verdeutlicht, in einem neuen Lichte erscheinen. So gibt es eine umfangreiche Literatur über den Nachweis von Verbindungen zwischen Chloroplasten, Mitochondrien und anderen Zellorganellen.

Schon frühzeitig wurde anhand vergleichender elektronenmikroskopischer Studien über die Bildung von amöboiden Auswüchsen der Chloroplasten berichtet, an deren Entstehung die äußere Doppelmembran (Envelope) beteiligt ist und in die auch Mitochondrien oder Elemente des endoplasmatischen Retikulums eingeschlossen sein können. Ihre Anzahl ist in den Plastiden junger Pflanzenteile größer und verändert sich unter äußeren Einflüssen. Ihre Bildung gilt noch heute als normaler Prozeß, der zur Verwirklichung der Wechselbeziehungen mit nichtplastidischen Zellkompartimenten beiträgt.

Auch die strukturellen Wechselbeziehungen zwischen Chloroplasten und Mitochondrien zeigen sich bereits in der Ergrünungsphase. So haben in etiolierten Keimlingen von *Zea mays* bei Überführung in Schwachlicht die Bündelscheiden-Plastiden 1—2 tiefe Invaginationen, in denen sich Mitochondrien befinden. Im Starklicht verschwinden die Mitochondrien aus den Invaginationen.

Das Spektrum dieser Kontakte reicht von der losen Aneinanderlagerung, über den partiellen Einschluß in Plastiden-Invaginationen, über die Ausbildung von Membranverbindungen bis zur Erhöhung der Anzahl der Mitochondrien.

Das jeweilige Ausmaß widerspiegelt die Dynamik der kompensatorischen Energiebereitstellung durch diese nichtplastidischen Kompartimente der Zelle auch auf der morphologischen Ebene der Zelle. So steht in Mais-Mitochonbrien die Anzahl der Christae im umgekehrten Verhältnis zur Feinstruktur und zur Aktivität der Chloroplasten. Am Ende der Ontogenese scheinen mit fortschreitendem Abbau des Photosyntheseapparates Kontaktbezie-

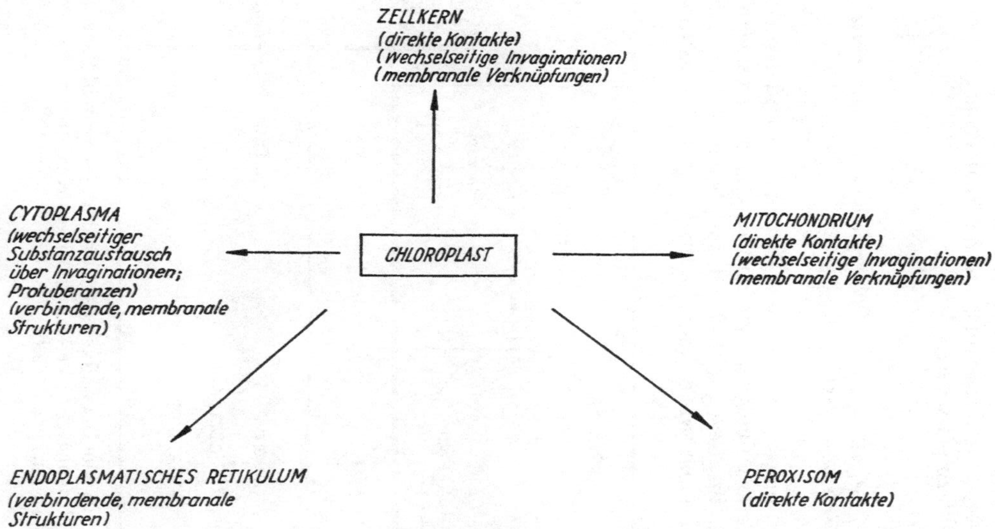

Abb. 63. Schematische Darstellung möglicher struktureller Beziehungen zwischen den Chloroplasten und anderen Kompartimenten der eukaryoten Zelle.

hungen zwischen Mitochondrien und dem Zellkern zu überwiegen. Gelegentliche Beobachtungen über angebliche direkte strukturelle Ableitungen von Mitochondrien aus Chloroplastenmaterial haben sich nicht bestätigt und sind auch aus molekularbiologischen Gegebenheiten nicht zu erwarten.

6.4.4. Syntheseleistungen der Chloroplasten in ihrem Bezug zum Gesamtsystem

Die Evolution eukaryoter Systeme hat einen Stand erreicht, bei dem eine klare Trennung der Syntheseleistungen der verschiedenen Zellorganellen im Bezug auf das Gesamtsystem ebenso schwer herauszuarbeiten ist, wie es keine Methoden gibt, Wachstums- und

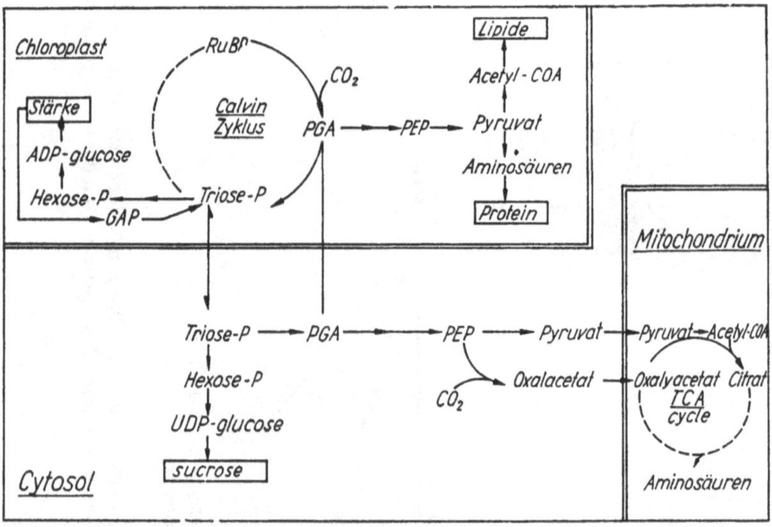

Abb. 64. Schematische Darstellung der Verteilungswege und Verwertungsmöglichkeiten des photosynthetisch fixierten Kohlenstoffs in der Zelle (in Anlehnung an RUYTERS 1983).

Entwicklungsprozesse zu entkoppeln. Letztere scheinen die Photosyntheserate zu modulieren. Dabei korrelieren Maxima von Teilungen in grünem Gewebe mit einem Minimum des photosynthetischen Gaswechsels, aber mit hoher Atmungsintensität. Generell scheint in Blättern der Energiebedarf für Zellteilungsprozesse bevorzugt durch die Atmung, für das Streckungswachstum dagegen über die Photophosphorylierung gedeckt zu werden.

Die wichtigsten und quantitativ auch überwiegenden Syntheseprodukte der Chloroplasten sind die Kohlenhydrate (Triosen). Abbildung 64 zeigt in einem vereinfachten Schema deren vielseitige Verteilungs- und Verwertungsmöglichkeiten.

Tabelle 22

Beispiele für Syntheseleistungen der Chloroplasten

Kohlenhydrate, einschließlich der Intermediate des C_3- und C_4-Stoffwechsels
Aminosäuren u. Eiweiße
NO_2^-- und SO_4^{--}-Reduktion
Nukleinsäuren
Chlorophylle u. Vorstufen (wie δ-ALS; y-Protoporphyrin)
Carotenoide u. Vorstufen (wie Mevalonsäure)
Chinone
Flavone
Benzoesäure
Cumarin
Kaffeesäure
Phytohormone (Gibberellinsäure, Ethylen; Abscisinsäure)
Alkaloide (Conicein; Quinolizidin)

In diesem Spektrum der Nutzung der photosynthetisch gebildeten Energie- und Reduktionsäquivalente kommt dem plastidischen Aminosäure- und Eiweißstoffwechsel eine besondere Bedeutung zu. Da der Stickstoff vorrangig in der oxidierten Form, als Nitrat, von den Pflanzen aufgenommen wird, ist für seine Einbeziehung in den Stoffwechsel seine Reduktion erforderlich. Die Reduktion des Nitrats zum Nitrit findet in den Blattzellen im Zytoplasma statt. Dazu leisten die Chloroplasten durch die Bereitstellung von NADPH + H^+ als Wasserstoffdonator für die Nitratreduktase einen wesentlichen Beitrag. Das Reaktionsprodukt Nitrit gelangt in die Chloroplasten, in denen es durch die Nitritreduktase direkt auf die Stufe des Ammoniums reduziert wird. Elektronendonator ist das photosynthetisch reduzierte Ferredoxin (vergl. 4.8.). Die Einbeziehung des Ammoniums in die Aminosäure- und Eiweißsynthese setzt ein weiteres Wechselspiel zwischen den Plastiden und dem nichtplastidischen Teil der Zelle voraus. Das Ausmaß derartiger Umsetzungen unterstreicht der Befund, wonach die Plastiden etwa 90% aller Aminosäuren der Asparagin-Familie synthetisieren.

Ebenso wie der Stickstoff wird auch der Schwefel von der Pflanze nur in oxidierter Form, als Sulfat, aufgenommen. Seine Einbeziehung in den Stoffwechsel, bevorzugt als Bestandteil einiger Aminosäuren, erfordert ebenfalls seine vorherige Reduktion. Diese Reduktion beginnt im Chloroplasten mit der Bildung des „aktiven Sulfats" durch die Bindung von Sulfat an AMP, wozu pro SO_4^{2-} zwei Moleküle ATP erforderlich sind. Das aktive Sulfat wird dann auf ein Disulfidgruppen-haltiges Protein übertragen und über Sulfit bis zur Stufe des H_2S reduziert, der direkt aus dem gebundenen Zustand zur Bildung des Cysteins genutzt wird. Die SH-Gruppe des Cysteins kann dann sowohl auf andere Aminosäuren übertragen als auch zur Synthese weiterer S-haltiger Substanzen verwandt werden. Das sulfatbindende Eingangsenzym wird durch photosynthetisch gebildete Reduktionsäquivalente wieder in den reduzierten Zustand überführt. Als Elektronendonator für das gebundene Sulfat dient reduziertes Ferredoxin.

Somit treibt also die photosynthetische Lichtreaktion neben der CO_2-Assimilation auch die Schwefel- und Stickstoffassimilation. Dabei besteht zwischen CO_2-, SO_4^{2-}- und Nitratreduktion eine Konkurrenz um die Elektronen. Bei dieser „bedarfsgerechten" Elektronenverteilung auf die verschiedenen Synthesewege kommt dem Ferredoxin und der Ferredoxin-$NADP^+$-Reduktase eine wesentliche regulatorische Funktion zu. Unter dem Aspekt des endosymbiontischen Charakters der Chloroplasten nimmt es nicht Wunder, daß sie nicht nur eine Vielzahl über die Realisierung der Photosyntheseleistung hinausgehender Enzyme besitzen (Tab. 6), sondern diese auch aktiv zur Bildung eines breiten Spektrums von primären und sogar auch sekundären Pflanzenstoffen zu nutzen vermögen, wie Tabelle 22 an einigen ausgewählten Beispielen ausweist.

6.5. *Photosynthesevorgänge bei Bakterien*

Bereits WINOGRADSKI hatte 1887 bei seinen Untersuchungen zum Schwefelstoffwechsel gefärbter und farbloser Bakterien beobachtet, daß erstere zum Wachstum H_2S benötigen. Obwohl man rasch auf einen Zusammenhang zwischen diesem S-Stoffwechsel und der photosynthetischen Aktivität schloß, förderten letztlich erst die Vorstellungen VAN NIEL's die Aufklärung dieser Zusammenhänge.

VAN NIEL formulierte 1931 erstmals die Grundgleichung der Photosynthese in folgender allgemeingültiger Form:

$$2\,H_2A + CO_2 \xrightarrow{h\cdot\nu} (CH_2O) + H_2O + 2\,A.$$

Danach bewirkt dieser Prozeß den Transport von Protonen (und Elektronen) von einem Donor H_2A auf einen Akzeptor, welcher für die CO_2-Reduktion genutzt wird. Während bei den höheren Pflanzen das Wasser diesen Donor darstellt:

$$CO_2 + 2\,H_2O \xrightarrow{h\cdot\nu} (CH_2O) + H_2O + O_2,$$

ist es bei den autotrophen gefärbten Schwefelbakterien H_2S:

$$CO_2 + 2\,H_2S \xrightarrow{h\cdot\nu} (CH_2O) + H_2O + 2\,S.$$

Andere photosynthetisch aktive Bakterien vermögen auch einfache organische Verbindungen als Wasserstoff-Donor zu benutzen:

$$CO_2 + 2\text{ Isopropanol} \xrightarrow{h\cdot\nu} (CH_2O) + H_2O + 2\text{ Aceton}.$$

Wir unterscheiden heute vier Gruppen bakterieller Photosynthetiker (Tab. 23).

Für die Vertreter aller dieser Gruppen ist charakteristisch, daß sie Lichtenergie in chemische Energie umzuwandeln vermögen, daß deren Photosynthese aber ohne Sauerstoffentwicklung und (mit Ausnahme der Cyanobakteria und Prochlorophyta) allgemein unter anaeroben Bedingungen abläuft. Dies beruht darauf, daß sie, im Vergleich zu den höheren Pflanzen, Algen und Cyanobakterien, nur ein PS besitzen. Eine weitere Besonderheit der Bakterienphotosynthese gegenüber der Photosynthese grüner Pflanzen besteht darin, daß mit der lichtabhängigen CO_2-Reduktion eine Oxidation von verschiedenen Substanzen verbunden ist. Nach VAN NIEL erfüllen diese die gleiche Funktion wie das O_2-entwickelnde System der höheren Pflanzen.

Die meisten Schwefel-Purpurbakterien gewinnen den Wasserstoff zur Assimilation des CO_2 anaerob durch die lichtabhängige Oxidation von H_2S zu Schwefel bzw. (bei S-Mangel) zu Sulfat. Einige vermögen auch photosynthetisch organische Substanzen zu assimilieren.

Die schwefelfreien Purpurbakterien benutzen einfache organische Verbindungen als Wasserstoffdonatoren; sie werden durch H_2S gehemmt. Unter aeroben Bedingungen vermögen sich einige Vertreter dieser Gruppe auch im Dunkeln heterotroph zu entwickeln.

Tabelle 23

Photosynthetisierende Prokaryoten — Systematische Übersicht unter Berücksichtigung einiger wesentlicher Eigenschaften

Archebakteria (Halobakterium; Halococcus)	Pigmente:	Bakteriorhodopsin
	Strukturen:	5 Rhodopsin-Pigment-Komplexe in Cytoplasma-Membran
	Physiologie:	Aufbau eines Protonengradienten über lichtbewirkte Konformationsänderungen des Bakteriorhodopsins; salzbedürftig (optimal 25% NaCl)
Bakteriophyta: 1. Purpurbakterien	Pigmente:	BChl a und BChl b; azyklische Carotenoide (Spirilloxanthin u. a.)
1.1. Chromatiaceae (= Thiorhodaceae) (Chromatium; Thiospirillum)	Strukturen:	Thylakoidähnliche Vesikel durch Einstülpung der Cytoplasmamembran; LHC mit BChl-Protein B 800-850 sowie B 870; Absorptions-Max. bei 870 nm; Reaktionszentrum: BChl P870-Dimer
	Physiologie:	Wachstum obligat anaerob; photolithotroph; H_2S und S_2O_3 als e-Donatoren; Speicherung des Schwefels im Zellinnern (= bewegliche Schwefelbakterien.)
1.2. Rhodospirillaceae	Pigmente:	BChl a und b; azyklische Carotenoide (Spirilloflexanthin)
(= Rhodospirillum;	Strukturen:	Thylakoidähnliche Vesikel
Rhodopseudomonas)	Physiologie:	Wachstum fakultativ anaerob; photoorganotroph; organische Substanzen mit Redoxpotentialen von etwa $E_0' \leqq 0$ (bevorzugt Dicarbonsäuren und Alkohole als e-Donator; schwefelfreie Purpurbakterien)
2. Grüne Bakterien 2.1. Chlorobiaceae	Pigmente:	BChl a und c oder d; monozyklische Carotenoide
(= Chlorobacteriaceae) (Chlorobium; Chloropseudomonas)	Strukturen:	Chlorosomen, als Vesikel mit der Plasmamembran durch eine kristalline Basalplatte eng verbunden. LHC nicht kristallin; als RZ fungiert BChl-P 840-Dimer
	Physiologie:	Wachstum obligat anaerob; photolithotroph; bevorzugt H_2S als e-Donator; reduzierter Schwefel wird ausgeschieden (= unbewegliche grüne Schwefelbakterien).

(Tabelle 23 Fortsetzung)

2.2. Chloroflexaceae (Chloroflexus)	Pigmente:	BChl a, c und/oder d
	Strukturen:	Chlorosomen
	Physiologie:	Wachstum fakultativ photoorganotroph oder photolithotroph mit H_2S als e-Donator. Nicht obligat anaerob (fädige, gleitende grüne Bakterien).
Cyanobakteria (Nostoc; Cylindrospermum)	Pigmente:	Chl a und Chl b; Carotenoide; β-Caroten und Derivate
	Strukturen:	Thylakoide, Phycobilisomen
	Physiologie:	H_2O-Spaltung (PS II); photoautotroph, aerob. Nutzung gleicher Elektronentransportsysteme für Photosynthese- und Atmungsprozesse; N_2-Reduktion in Heterozysten.
Prochlorophyta (Prochloron)	Pigmente:	Chl a und Chl b; Carotenoide: β-Caroten und Zeaxanthin; keine Phycobiline
	Strukturen:	Thylakoide; Pigment-Protein-Komplexe wie bei höheren Pflanzen
	Physiologie:	Obligate Symbionten; PS II wahrscheinlich vorhanden

Die grünen Schwefelbakterien sind vorwiegend obligat photoautotroph; nur *Chloropseudomonas ethylicum* vermag photoorganotroph zu wachsen.

Alle photosynthetisierenden Bakterien, zu denen auch die als einzige Prokaryotengruppe zur Wasserspaltung befähigten Cyanobakterien zählen, nutzen eine der bekannten Chlorophyllformen als Energiewandler, aber nur die Cyanobakterien und die Prochlorophyta (von denen wir bisher nur eine symbiontisch lebende Form kennen) verwenden dabei Chl a zur Ladungstrennung (nur die Prochlorophyta haben im lichtsammelnden Apparat auch Chl b). Die Purpurbakterien und grünen Schwefelbakterien hingegen haben BChl sowohl in den RC als auch im LHC. Aufgrund der in vivo-Absorptionsmaxima dieser Pigmente (vgl. 3.1.3.) sind diese Organismen in der Lage, auch im nahen Infrarot-Bereich photosynthetisch zu wachsen. Die strukturelle Grundlage der photochemischen Aktivitäten bei Bakterien stellen deren Chromatophoren dar. Wir verstehen darunter jene partikulären Strukturen, welche die Photosynthesepigmente enthalten. Sie besitzen ebenso katalytische Systeme, die sowohl in den photochemischen als auch in den Dunkelreaktionen aktiv sind. Photosynthese und Atmung sind somit noch nicht getrennt voneinander kompartimentiert. Man findet alle Übergänge von einfachen, in der Cytoplasmamembran angeordneten Strukturen bis zu intrazellulären Membranbildungen, die in ihrer Komplexität bereits an die Stroma- und Granathylakoide in den Chloroplasten höherer Pflanzen erinnern. (Abb. 21).

Der Photosyntheseprozeß bei Bakterien beruht, im Prinzip wie bei den höheren Pflanzen, auf einem lichtinduzierten Transport von Protonen und Elektronen von einem Substratmolekül zum Akzeptormolekül, aber mit Bildung von NADH + H^+. Daneben ist auch ein zyklischer Elektronentransport festzustellen, der zur ATP-Bildung führt.

Im Detail besteht über den Mechanismus infolge der physiologischen Plastizität dieser Organismen keine völlige Klarheit. Die im besonderen an *Rhodospirillum rubrum* und *Chromatium* erarbeitete Auffassung geht davon aus, daß sich die Wirkung des Lichtes vorrangig auf die Bildung von ATP (über die Photophosphorylierung) beschränkt, etwa vergleichbar dem Photosystem I der höheren Pflanzen (vgl. 5.3.).

Das Reaktionszentrum stellt eine multible Einheit dar, die sich bei den photoautotrophen Bakterien in etwa gleicher Weise aus folgenden Untereinheiten zusammensetzt:
L (21 K D); M (24 K D); H (28 K D, pigmentfrei), denen insgesamt noch 4 Moleküle BChl, 2 Moleküle BPhae, 1 Molekül Caroten, 1—2 Ubichinon-Moleküle und 1 nicht-haemgebundenes Eisenatom zugeordnet sind.

6.5.1. Photosynthetische Primärprozesse und Photophosphorylierung

Die photosynthetische Primärreaktion erfolgt entsprechend einem allgemeinen Schema im RC-Dimer des BChl a. Innerhalb von 10 ps wird ein Radikalpaar gebildet zwischen BChl a und Bakteriophaeophytin.

Innerhalb weiterer 200 ps gelangt das Elektron zu einem primären Chinon (Q_A), welches mit einem nicht haemartig gebundenen Eisenatom assoziiert ist. Dies führt zur intermediären Bildung eines Semichinons; von diesem gelangen die Elektronen zum sekundären Chinon (Q_B). Danach reduziert das Elektron den Ubichinonpool, der die Membran überspannt, wobei Protonen über die Membran transportiert werden. Dieser Protonenstrom dient der ATP-Bildung auf dem chemiosmotischen Weg. Die Elektronen komplettieren den Zyklus, indem sie über ein Fe-S-Protein und ein Hochpotential-Cytochrom zum BChl a_{870} zurückkehren. Dieser letzte Schritt erfolgt etwa innerhalb 270 ps. Im Ergebnis liefert dieser cyclische e-Transport nur ATP. Aber unter besonderen Bedingungen können auch externe Donatoren Elektronen liefern und unter Verwendung des gebildeten ATP (oder des Potentials eines vorgeschalteten energiereichen Zustandes) NAD^+ zu $NADH + H^+$ reduzieren, welches dann zur reduktiven CO_2-Fixierung zur Verfügung steht.

Die Besonderheiten der Lichtreaktionen für die Purpurbakterien (bevorzugt nur einen zyklischen Elektronenstrom) und einen überwiegend linearen Elektronenstrom bei den grünen Bakterien zeigt Abbildung 65. an zwei gut untersuchten Beispielen. Auf die evolutionären Bezüge zwischen beiden Typen wird gesondert eingegangen (Kap. 8.).

6.5.2. NAD^+-Reduktion

Bei der bakteriellen Photosynthese ist NAD^+ (gegenüber $NADP^+$ bei höheren Pflanzen) als spezifischer Wasserstoffüberträger wirksam. Seine Reduktion erfolgt in einer terminal an den cyclischen Elektronentransport angeschlossenen Reaktion über ein Flavinprotein (Abb. 65).

Von besonderer Bedeutung ist ferner die (auch bei einzelligen Grünalgen nachgewiesene) Hydrogenase-Reaktion für die Bildung von $NADH + H^+$. Im Zuge dieser „Photoreduktion" wird molekularer Wasserstoff mit Hilfe der Hydrogenase im Zusammenwirken mit dem photochemischen System aktiviert, so daß er mit dem Coenzym eine Bindung eingehen kann. Durch eine Umkehrung der Hydrogenase-Reaktion vermögen derartige Organismen bei einem Überschuß an Reduktionsäquivalenten und einem Mangel an reduzierbaren Substanzen molekularen Wasserstoff freizusetzen. Damit wird nicht nur das normale Gleichgewicht zwischen NAD^+ und $NADH + H^+$ gesichert, sondern auch durch das Aufrechterhalten des Elektronentransportes das photochemische System vor einer Lichtschädigung geschützt. An dieses Grundprinzip knüpfen sich vielseitige Bemühungen um die Schaffung von biologischen oder artifiziellen Systemen zur Produktion des umweltfreundlichen Energieträgers Wasserstoff aus dem Wasser mit Hilfe der Sonnenenergie (vergl. 10.).

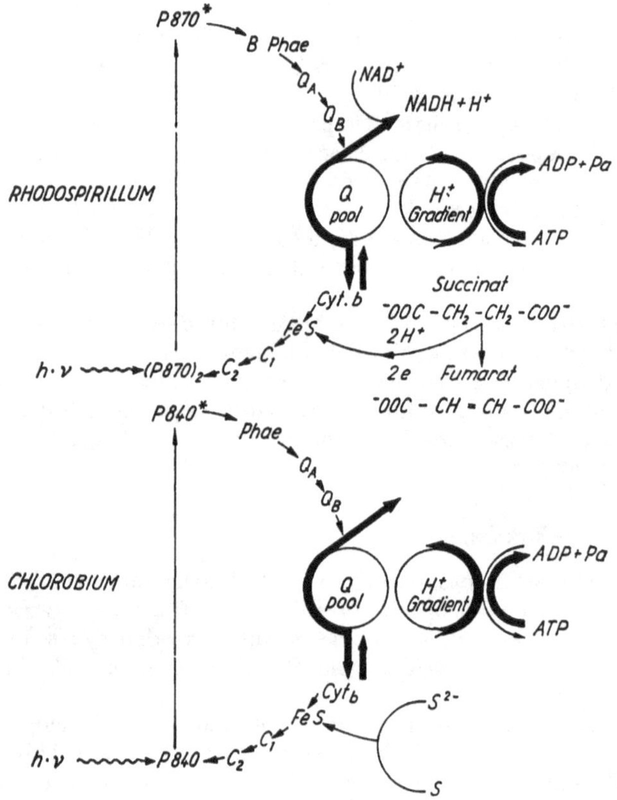

Abb. 65. Schema des photosynthetischen Elektronentransports bei einem Vertreter der Purpurbakterien (*Rhodospirillum*) und einem grünen Schwefelbakterium (*Chlorobium*) (nach Hieke, 1986).

6.5.3. CO_2-*Fixierung*

Die photosynthetische CO_2-Fixierung erfolgt über den Calvinzyklus; die Ribulosebisphosphat-Carboxylase ist als Schlüsselenzym in allen photosynthetisch aktiven Bakterien nachgewiesen. Allerdings weicht ihre molekulare Struktur von derjenigen bei Algen und höheren Pflanzen ab (während das Enzym der Eukaryoten aus je 8 großen und 8 kleinen Untereinheiten besteht, hat das entsprechende Ferment bei *Rhodospirillum rubrum* z. B.

nur 2 große und keine kleinen Untereinheiten). Es gibt Hinweise darauf, daß mehrere an der reduktiven CO_2-Fixierung beteiligte Enzyme zu Komplexen aggregieren und gemeinsam wirken. Unter diesem Aspekt werden die Carboxysomen (S. 65) manchmal auch als „Calvinosomen" bezeichnet.

Eine Sonderstellung nehmen die Chlorobiaceen ein. Sie besitzen keine RuBPCO, sondern fixieren das CO_2 mit Hilfe von zwei Ferredoxinen über den reduktiven Trikarbonsäurezyklus.

Die mit der Formenfülle korrelierende physiologische Mannigfaltigkeit erfordert für die Bakterienphotosynthese in besonderer Weise das Studium der Spezialliteratur.

Allerdings hängt die größere Vielfalt der Strukturen und Funktionen nicht nur mit dem höheren phylogenetischen Alter der Prokaryoten zusammen. Da sie von Eukaryoten nicht nutzbare ökologische Nischen zu besiedeln vermögen, dürfte dieser Mannigfaltigkeit eine ebensolche Bedeutung im Rahmen der Spezialisierung zukommen.

6.5.4. Halobakterien — Photosynthese

Eine Gruppe von Prokaryoten, die man von den Eubakterien abtrennt und mit den Methanbakterien zu den Archebakterien zusammenfaßt, die Halobakterien, nehmen, auch im Bezug auf die Evolution der Photosynthese (vgl. 8.), eine Sonderstellung ein. Sie repräsentieren den sowohl morphologisch als auch funktionell einfachsten Typ eines zur Photosynthese befähigten Organismus. In ihnen ist der Photosyntheseapparat auf begrenzte Orte innerhalb der Cytoplasmamembran, die Purpurmembran, beschränkt, die zudem fast ausschließlich aus einer einzigen Protein-Spezies besteht, die in einer hexagonalen Gitterstruktur angeordnet ist. Sie ist chemisch dem Sehpurpur des Wirbeltierauges nahe verwandt; in ihr ist Retinal als prosthetische Gruppe kovalent als SCHIFF'sche Base an einen Lysylrest des Membranpeptids gebunden. Wegen der Ähnlichkeit zwischen dem Protein-Retinal-Komplex und dem Rhodopsin spricht man vom Bacteriorhodopsin (MG 2600). Es überbrückt etwa siebenmal in α-helikaler Struktur die Purpurmembran. Die bei den meisten Halobakterien ebenfalls verbreiteten Carotenoide sind in gesonderten Membranabschnitten lokalisiert. Möglicherweise widerspiegelt dies bereits auf der sehr frühen Entwicklungsstufe die Trennung von Energiekonversion (über Bakteriorhodopsin) und Signalwirkung (Lichtverwertung

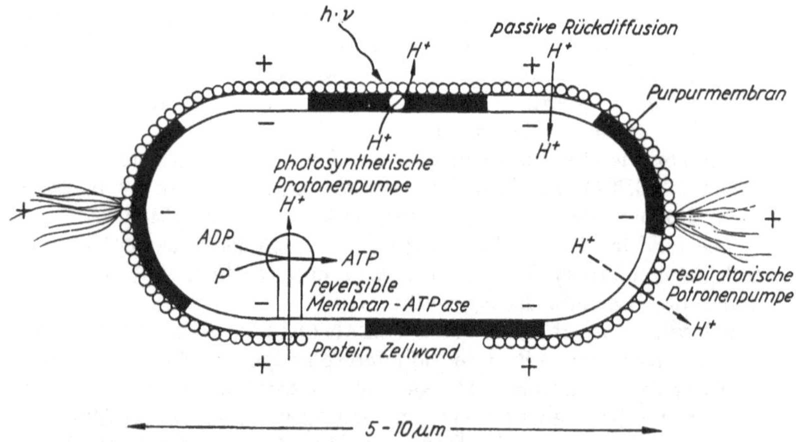

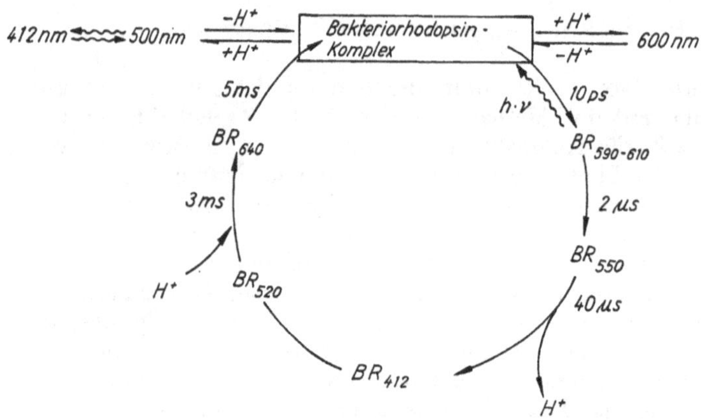

Abb. 66. Oben: Schema einer Halobakterienzelle
Unten: Der photochemische Zyklus des Bakteriorhodopsins mit den verschiedenen über Zwischenstufen bewirkten Isomerisierungen.

über die Carotenoide und zwei spezielle, die Phototaxis steuernde Rhodopsine).

So können Halobakterien neben dem photosynthetischen Hauptpigment vier weitere Retinal-Protein-Komplexe enthalten: Halorhodopsin, das als lichtgetriebene Chloridpumpe wirkt, ein Retinalpigment mit einem langsamen Intermediatzyklus (= slow cycling rhodopsin), dessen Funktion noch unbekannt ist, sowie die zwei photosensorischen Pigmente (P_{565} und P_{370}).

Das Bakteriorhodopsin wird im Licht (zwischen 412 und 568 nm) reversibel gebleicht (isobestischer Punkt bei 462 nm), wobei der photochemische Zyklus über mehrere intermediäre Formen verläuft (Abb. 66). Die Purpurmembran ist somit in der Lage, Licht, vornehmlich des grünen Spektralbereiches, zum Aufbau eines Protonengradienten zu nutzen, wobei Protonen in das Außenmedium gepumpt werden, verbunden mit einer Alkalisierung des Cytoplasmas. Jedes Bakteriorhodospin-Molekül wäre demnach einem RC homolog. Die in diesem Protonengradienten gespeicherte Energie wird von einer ebenfalls in der Cytoplasmamembran lokalisierten Protonen-ATPase zur ATP-Bildung genutzt.

Dieser einfachste Photosyntheseprozeß ist also weder mit einem Elektronentransport noch mit einer photosynthetischen NADH-Bildung verbunden. Trotzdem vermögen *Halobacterium halobium*-Zellen CO_2 in säurestabile Produkte zu transferieren. Dieser Vorgang ist an einen „umgekehrten“, Ferredoxin-vermittelten Elektronenstrom gebunden, der vom lichtgetriebenen Aufbau des elektrochemischen Potentialgradienten bewirkt wird. Über diesen Weg wird die Reduktionskraft zur Speisung des reduktiven Carboxylierungszyklus erzeugt. Dieser Prozeß läuft aber nur unter anaeroben Bedingungen ab; in O_2-haltiger Atmosphäre decken sie ihren Energiebedarf über die Atmung.

Die Halobakterien vollziehen ihre Energiekonvertierung somit gleichsam auf drei hierarchischen Ebenen: Zunächst in Form der Pigment-Protein-Konformation; sie führt zum Aufbau des elektrochemischen Protonen-Gradienten (aber auch Na^+- und/oder K^+-Gradienten können entstehen); dieser ermöglicht Gradienten anderer Transportsubstrate oder die Bildung des universell verwertbaren ATP, dessen Hydrolyse auch zur reduktiven CO_2-Fixierung beizutragen vermag.

7. Physiologie der Photosynthese höherer Pflanzen

7.1. *Abhängigkeit von exogenen Faktoren*

Aus den bisherigen Ausführungen läßt sich bereits ableiten, daß die Photosynthese von einer Vielzahl von Faktoren abhängt, die ihre Intensität und Produktivität bestimmen. Im folgenden soll die Bedeutung der wichtigsten Faktoren diskutiert werden, wobei sich eine Untergliederung in exogene und endogene Faktoren als zweckmäßig erweist.

Wenn aus didaktischen Gründen die Faktoren gesondert abgehandelt werden, so sei jedoch betont, daß sich in der Natur das Faktorengefüge ständig verändert. Die jeweilige Reaktion der Pflanze ist nur als integrale Antwort durch viele Teilprozesse zur Systemoptimierung zu verstehen. Dabei ist es zur genaueren Beurteilung erforderlich, zwischen der Spanne der Faktorenänderung und ihrer Zeitabhängigkeit (Änderungsrate) zu unterscheiden. Je nach dem Komplex der exogenen und endogenen Bedingungen resultieren dann entweder keine Reaktionen auf Änderungen der Faktorenkombinationen oder die Faktoren wirken antagonistisch bzw. synergistisch auf den Photosyntheseapparat ein. Die Adaptationskapazität der Pflanze (besonders im Bereich des Energiestoffwechsels, vergl. 6.4.) entscheidet dann maßgeblich über deren Resistenz.

7.1.1. Licht[1])

Wenn man die Umweltfaktoren ihrer Bedeutung gemäß ordnet, ist das Licht zweifellos an erster Stelle zu nennen. Von der Gesamtheit der auf die Erdoberfläche treffenden Sonnenstrahlung (2,6 $\times 12^{21}$ kJ pro Jahr; vgl. Abb. 67 u. 68) entfallen 9,3% auf Ödland, 20% auf Wald, Kulturland und Steppe und mehr als 70% auf das Meer. Nach Schätzungen wird im Verlaufe eines Jahres von der Pflanze in Wald, Kulturland und Steppe eine Nettoproduktion erreicht, deren chemisch gebundene Energie $6{,}3 \cdot 10^{17}$ kJ beträgt. Dies entspricht einem Ausnutzungsgrad von 0,24% pro Jahr. Wesentlich ungünstiger liegen die Verhältnisse auf dem Meer, dort bleiben nur etwa 0,07% der potentiell photosynthetisch aktiven Energie als Nettoprodukt der Photosynthese erhalten. Dieses recht ungünstige Bild der Sonnenenergienutzung von 0,11% verändert sich jedoch etwas, wenn man berücksichtigt, daß diese Schätzwerte sich jeweils auf ein ganzes Jahr beziehen. In unseren Breiten beträgt die Produktionsphase in der Regel aber nur 6 bis

[1]) Da in ökophysiologischen Arbeiten die Lichtwerte verbreitet noch in Lux angegeben werden, wurden in den Abbildungen diese Zahlen beibehalten. Für eine überschlägige Umrechnung in die entsprechende SI-Einheit gilt: 1 klx = 10 W m^{-2}.

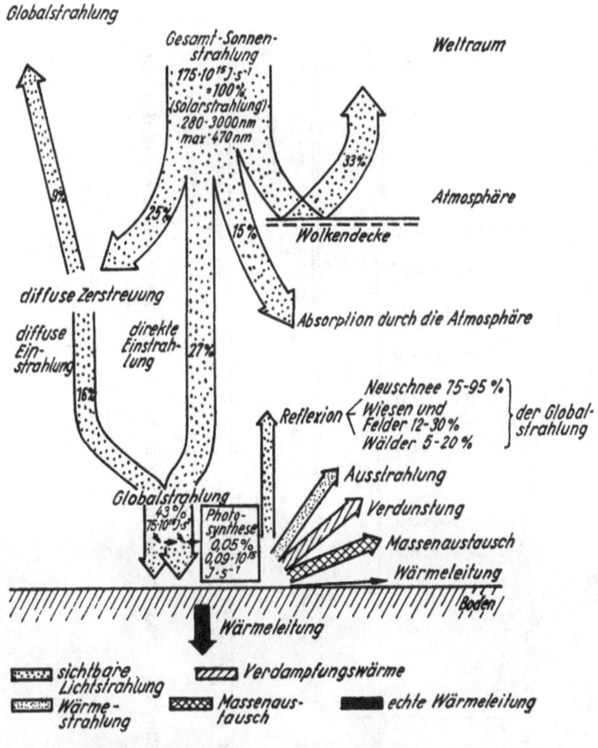

Abb. 67. Schematische Darstellung des aus der Gesamteinstrahlung für die Photosynthese verfügbaren Energieanteils. Von den 2,6 · 10^{21} kJ pro Jahr entfallen 9,3% auf Ödland, 20% auf Wald, Kulturland und Steppe und 70% auf das Meer (nach Lerch 1980).

7 Monate, so daß eine günstigere Ausnutzungsquote erreicht wird. Für die relativ hohen Trockenmasseerträge unserer Sommergetreide (> 10 t Trockenmasse/ha) mit ihren relativ kurzen Vegetationszeiten ergibt sich eine Bruttoausnutzung von 3% bei einer Nettoausbeute von etwa 2% der FAR. In einem Maisbestand beträgt die maximale tägliche Lichtausnutzung 5%, im Tagesmittel 3%; Algen erreichen unter Laborbedingungen 12—15%, unter Schwachlichtbedingungen vermögen sie sogar 20—24% der Strahlung in chemische Energie zu überführen. Allerdings stehen uns von der gesamten gespeicherten Energie wiederum nur etwa 25% in den Ernteprodukten zur Verfügung (Abb. 69).

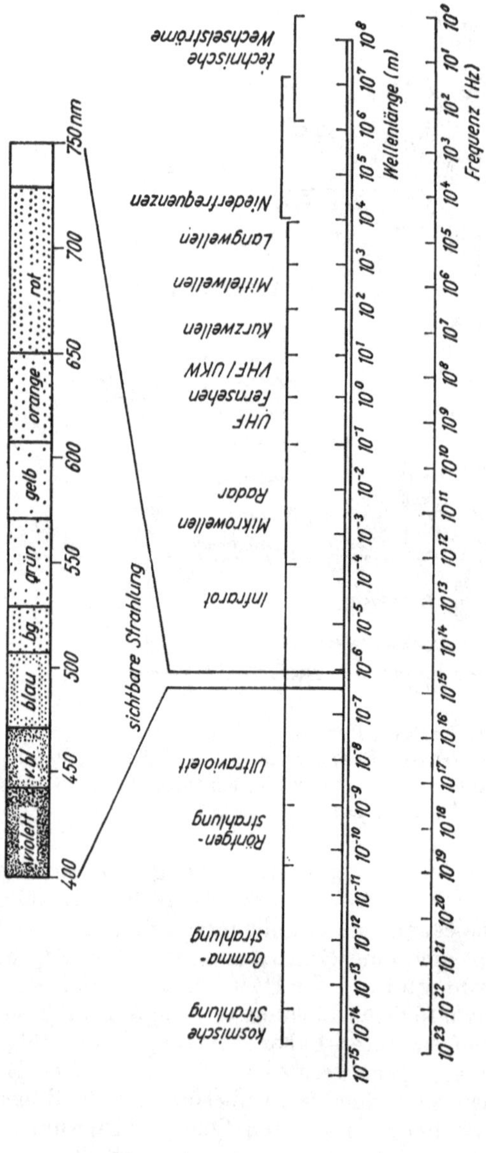

Abb. 68. Das Spektrum der elektromagnetischen Strahlung unter besonderer Berücksichtigung des von den Pflanzen absorbierbaren Anteils.

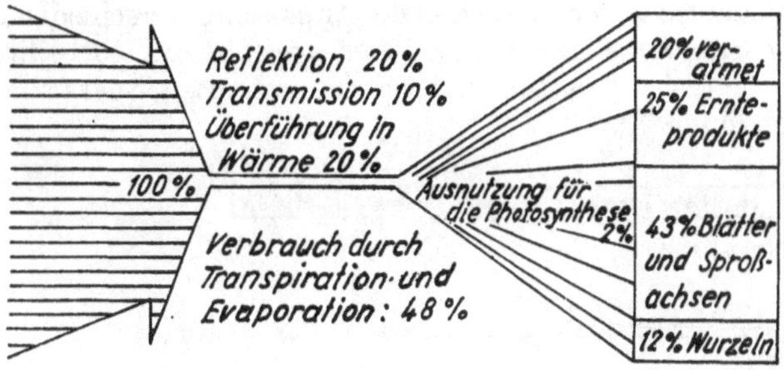

Abb. 69. Schema der prozentualen Aufgliederung der auf die Blätter treffenden Gesamtstrahlung sowie die Verteilung des über die Photosynthese gebildeten Materials in der Pflanze (nach Mc Hale 1971 verändert).

In Laboruntersuchungen an Einzelpflanzen bzw. isolierten Organen ist durch eine Steigerung der Beleuchtungsstärke noch eine Zunahme der photosynthetischen CO_2-Aufnahme zu erreichen; diese hängt ihrerseits jedoch wieder von einer Vielzahl anderer Faktoren ab, die dann begrenzend wirken. Es ist in diesem Rahmen unmöglich, die Gesamtheit der komplexen Beziehungen zu erörtern. So muß auf die Analyse der Wirkung der einzelnen Spektralbereiche ebenso verzichtet werden wie auf die Diskussion der Lichtwirkung über das Phytochromsystem. Während über den Einfluß farbigen Lichtes sowohl auf die Chlorophyllbildung als auch auf die Photosynthese eine Vielzahl von Arbeiten Auskunft geben, bedarf die Frage einer möglichen Wechselwirkung zwischen Phytochromsystem und Photosyntheseapparat durchaus noch weiterer Klärung (insbesondere im Zusammenhang mit der Induktion spezifischer Morphogenesen und Enzymsynthesen, Tab. 24).

Tabelle 24
Phytochromabhängige photomorphogenetische Reaktionen in Plastiden

Chlorophyllakkumulationsrate
Bildung von Chlorophyll b
Shibata-Shift von Chlorophyll a
Akkumulation des LHC—a/b—Proteins
Protochlorophyllid-Akkumulation
5-Aminolävulinat-Synthese
Aktivität einiger Enzyme des Calvin-Zyklus
Induktion der translaterierbaren m-RNA-Aktivität für die kleine Untereinheit der RubPCO
Akkumulation der plastidären m-RNA und der RNA

Auf die Bedeutung der ökologischen Anpassung verschiedener Pflanzen an Standorte unterschiedlicher spektraler Lichtbedingungen zur weitgehenden Ausnutzung des gesamten Spektrums verweist Abbildung 70.

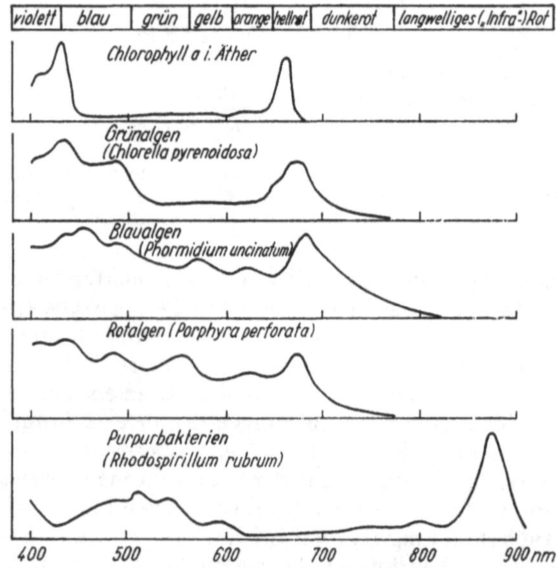

Abb. 70. Vergleich der Strahlungsabsorption durch Chl a in Äther und durch verschiedene photosynthetisch aktive Organismen (nach RICHTER 1971).

Die umfangreichen Daten über die Wirkung des „weißen" Lichtes auf die photosynthetische CO_2-Aufnahme zeigen, daß die Photosyntheseintensität mit steigender Beleuchtungsstärke zunächst rasch zunimmt. Bei Konstanz der übrigen Faktoren wird ein Optimum erreicht (bei den Mesophyten unserer Breiten etwa 20000 Lux; „Sonnenpflanzen" benötigen wesentlich höhere Beleuchtungsstärken, während Schattenpflanzen oft schon bei 2000–4000 Lux Lichtsättigung erreichen), welches aufrechterhalten bleibt, bis sich bei hohen Beleuchtungsstärken eine zunächst reversible Schädigung des Assimilationsapparates und somit ein Abfall der CO_2-Assimilation einstellt. Abbildung 71 enthält Beispiele derartiger „Licht-Photosynthese-Kurven", wobei auch die Spektralabhängigkeit beim gleichen Objekt berücksichtigt ist. Abbildung 72 verdeutlicht die Tagesgänge der Photosynthese für einige

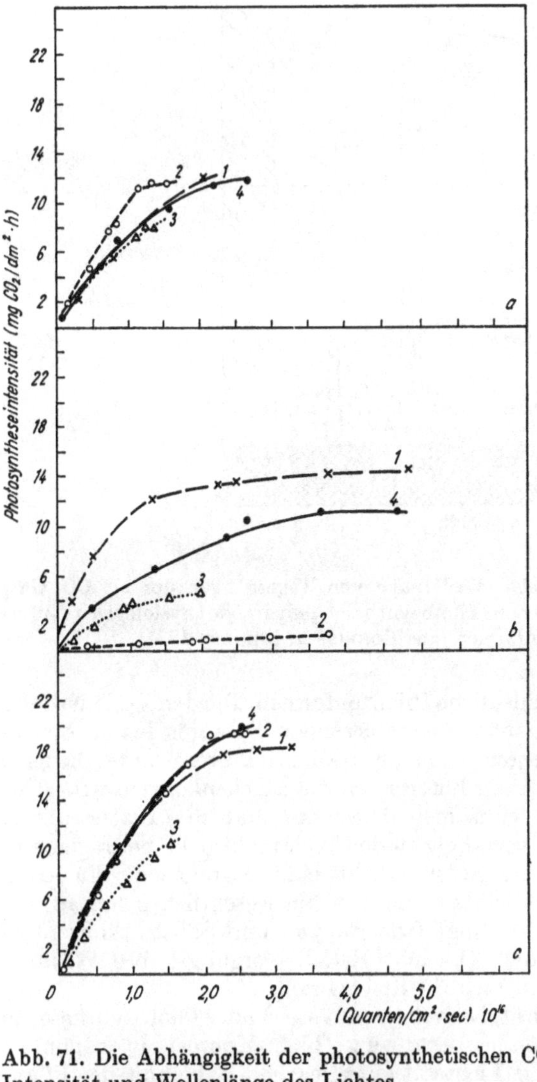

Abb. 71. Die Abhängigkeit der photosynthetischen CO_2-Assimilation von Intensität und Wellenlänge des Lichtes
a — *Phaseolus vulgaris*; b — *Beta vulgaris*; c — *Zea mays*;
1: rot; 2: grün; 3: blau; 4: weiß (nach AEROV 1972).

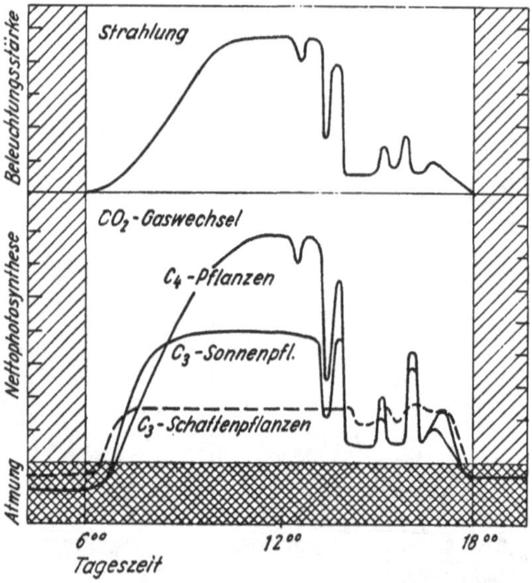

Abb. 72. Schematische Wiedergabe von Tagesgängen der als CO_2-Gaswechselrate gemessenen Photosynthese einiger ökophysiologisch unterschiedlicher Pflanzenformen (aus BORRISS u. LIBBERT 1984).

ökologisch unterschiedliche Pflanzenformen. Die den Verlauf dieser Lichtkurven maßgeblich beeinflussenden Faktoren lassen sich in „Schwachlichtfaktoren" und „Starklichtfaktoren" untergliedern. Zur ersten Kategorie gehören z. B. die Flächenkonzentration der photosynthetisch wirksamen Pigmente und die Blattstruktur, also Faktoren, die vorrangig zu den Lichtreaktionen beitragen und damit besonders im Schwachlicht eine begrenzende Funktion ausüben. Die Starklichtfaktoren sind im wesentlichen nur an den Dunkelreaktionen beteiligt (wie Enzym- und Substratkonzentrationen, Temperatur, CO_2- und H_2O-Versorgung); ihre Wirkung tritt nur in starkem Licht in Erscheinung.

Die Lichtintensität, bei welcher mit steigender Photosynthese die Dunkelatmung kompensiert wird (Licht-Kompensationspunkt), sowie die Größe der Lichtsättigung, variiert dabei mit der Pflanzenart, insbesondere mit dem ökologischen Typ, den jeweiligen Entwicklungsstadien und Umweltbedingungen. Der Lichtkompensationspunkt von Schattenpflanzen liegt niedriger als bei Sonnenpflanzen. Für Schattenblätter von *Fagus sylvatica* wurden Werte von 150–200 Lux, für Sonnenblätter 500–700 Lux festgestellt (bei 20 °C und 300 ppm CO_2). Die Lichtsättigung älterer Blätter wird erst bei höheren Intensitäten erreicht, im Gegensatz zu jungen Blättern, die außerdem einen „höheren" Kompensations-

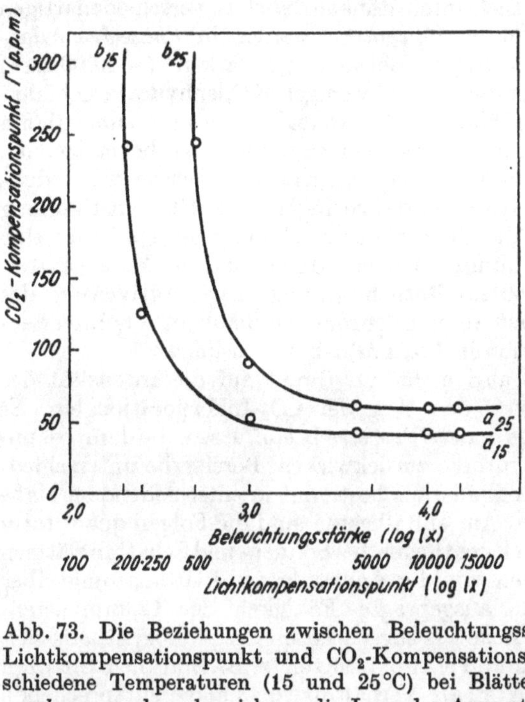

Abb. 73. Die Beziehungen zwischen Beleuchtungsstärke (log lx) sowie Lichtkompensationspunkt und CO_2-Kompensationspunkt für zwei verschiedene Temperaturen (15 und 25 °C) bei Blättern von *Pelargonium zonale.* a_{15} und a_{25} bezeichnen die Lage des Asymptoten, an die sich der CO_2-Kompensationspunkt bei den jeweiligen Bedingungen annähert. Entsprechend stellen b_{15} und b_{25} die Asymptoten für die Beleuchtungsstärke dar. Bei CO_2-Konzentrationen unterhalb der Kurven und Lichtintensitäten links der Asymptoten erfolgt eine Netto-CO_2-Abgabe. Bei Konzentrationen oberhalb und Intensitäten rechts von den Kurven erfolgt eine Netto-CO_2-Aufnahme. Die Kurven trennen also die Bereiche, in denen ein Zuwachs auftritt von denjenigen, in denen ein Verlust an Trockengewicht erfolgt. Die Asymptoten stellen aber auch ein inverses Maß für die Wirksamkeit der apparenten Photosynthese bei verschiedenen Temperaturen bzw. der Effektivität der Strahlungsabsorption dar, indem sie die Grenzbedingungen angeben, bei denen die Steigerung eines Faktors keine Erhöhung der Photosynthese bewirkt, wenn nicht gleichzeitig der andere entsprechend verändert wird (nach Heath 1972, verändert).

punkt besitzen. Die Lage der Kompensationspunkte ist für die Produktivität der Photosynthese von besonderer Bedeutung. Mit steigender Temperatur verschiebt sich der Lichtkompensationspunkt zu höheren Beleuchtungsstärken. Entsprechendes gilt bei zunehmenden CO_2-Konzentrationen (Abb. 73).

Unterschiedliche Lichtintensität kann auch zu verschiedenartigen Photosyntheseprodukten führen. So werden in *Phaseolus vulgaris*-Blättern bei niedrigen Beleuchtungsstärken ($\sim$ 2000 Lux) z. B. vorwiegend Aminosäuren, weniger Kohlenhydrate gebildet. Für den Übergang von der Phosphoglycerinsäure zum Alanin wird keine Reduktionsenergie benötigt, und erst bei steigenden Lichtintensitäten ($>$ 4000 Lux) ist genügend Energie zur Reduktion der Phosphoglycerinsäure verfügbar. In Übereinstimmung hiermit zeigt auch die Photophosphorylierung bis 1000 Lux eine lag phase, danach nimmt sie bis 20000 Lux zu. Eine „extra" ATP-Produktion soll im Rotlicht (infolge einer Aktivierung des Photosystems I) auch zu einer gegenüber Blaulicht erhöhten Saccharose-Akkumulation in *Vicia faba*-Blättern führen.

Das Licht wirkt also nicht nur direkt auf die Intensität des Elektronenflusses und den Weg der CO_2-Inkorporation ein. Es kann auch vielfältige andere Prozesse beeinflussen, die dann sekundär auf die Photosynthese zurückwirken. Bereits die unterschiedliche Gestaltung der Epidermis bestimmt in entscheidendem Maße die Lichtabsorption. Am auffälligsten sind die Folgen quantitativ unterschiedlicher Beleuchtungen bei Sonnen- und Schattenblättern (Tab. 25). Sie reichen von der Änderung der Blattanatomie über die unterschiedlich ausgeprägte Fähigkeit der Chloroplastenverlagerung in der Zelle bis zur Variation der photosynthetischen Einheit (Tafel 10 und 11). So besitzen z. B. Starklichtpflanzen von *Sinapis alba* ein Chl a/b-Verhältnis von 3,6; der entsprechende Quotient Chl/Car beträgt 3,7. Die unter Starklicht zu beobachtende höhere Photosyntheseleistung korrespondiert mit einer erhöhten Anzahl kleinerer photosynthetischer Einheiten. Vergleichsweise im Schwachlicht gezogene *Sinapis*-Pflanzen hatten ein Chl a/b-Verhältnis von 3,0; Chl/Car = 4,8. Die photosynthetischen Einheiten waren zahlenmäßig erniedrigt.

Im natürlichen Pflanzenbestand führen die Bestrahlungsverhältnisse zur Herausbildung eines spezifischen Mikroklimas. Die am höchsten inserierten Blätter einer Pflanze haben Sonnenblattcharakter, während die an der Basis inserierten in ihrer Blattanatomie mehr Schattenblättern entsprechen. Oft bewirkt eine zu starke Beschattung der unteren Blätter ihr Vergilben. Davon

Tabelle 25
Unterschiede zwischen Sonnen- und Schattenblättern

Merkmal	Sonnenblatt	Schattenblatt
Strukturelle Merkmale		
Blattspreite	kleiner	größer
Mesophyll-Durchmesser	größer	kleiner
Interzellularsystem	größer	kleiner
Cuticula	dicker	dünner
Zellzahl pro Fläche	größer	kleiner
Stomatadichte	größer	kleiner
Leitbündeldichte	größer	kleiner
Dicke der Zellwände	größer	kleiner
Chloroplastenzahl pro Fläche	größer	kleiner
Thylakoidpackung	dichter	geringer
Chemische Merkmale		
Trockenmasse	mehr	weniger
Wassergehalt	ca. 85%	ca. 90%
Zellsaftkonzentration	höher	niedriger
Energiegehalt der TM	höher	niedriger
Stärkegehalt	höher	niedriger
Pigmentgehalt	höher	niedriger
Zellulosegehalt	niedriger	höher
Lipide	mehr	weniger
Säuren	mehr	weniger
Anthocyanidine, Flavonoide	mehr	weniger
Lösliche Proteine	mehr	weniger
Aminosäuren u. Rohprotein	weniger	mehr
Prolin	mehr	weniger
Ascheanteil	höher	niedriger
Ca/K-Verhältnis	höher	niedriger
Chl a/b-Verhältnis	höher	niedriger
Chl a (P_{700})	mehr	weniger
PS II	weniger	mehr
Chlorophyll-Xanthophyll-Verh.	niedriger	höher
Lutein-Violaxanthin-Verh.	höher	niedriger
Physiologische Merkmale		
Photosynthese Kapazität	höher	niedriger
Lichtkompensationspunkt	$>$ 1000 Lux	ca. 350 Lux
Lichtsättigung	höher	niedriger
RuBPCO-Aktivität	höher	niedriger
Atmungsintensität	höher	niedriger
Transpiration	höher	niedriger

werden die älteren Blätter besonders betroffen, während die jungen Organe zunächst unbeeinflußt bleiben. Allerdings vermag diesem Vergilbungsprozeß die im Bodenbereich bis zu 1% ansteigende CO_2-Konzentration entgegenzuwirken. Das Verhältnis der Lichtintensität in der Nähe solcher aus Bestrahlungsmangel absterbenden Blätter zu derjenigen außerhalb des Bestandes, der „minimale Lichtbedarf", charakterisiert den Kompensationspunkt in Bezug

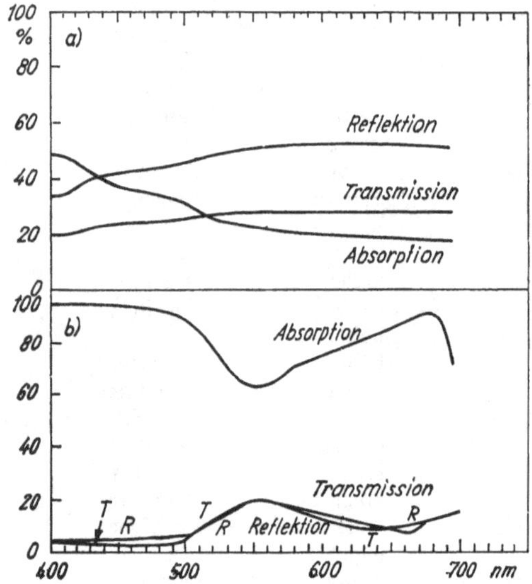

Abb. 74. Die Absorptions-, Reflexions- und Transmissionsspektren von Blättern; a: ein Chlorophyllfreies weißes Blatt von *Pelargonium zonale*, b: ein charakteristisches grünes Laubblatt von *Phaseolus vulgaris* (nach FRENCH und YOUNG 1956, verändert).

auf die Intensität des normalen Tageslichtes. Bei Beständen von *Buxus sempervirens* beträgt dieser Quotient im Raum von Wien 1:108, bei *Acer platanoides* 1:55, für *Betula alba* 1:9 und *Fraxinus exelsior* 1:5. Mit höherer geographischer Breite nehmen diese Werte ab. Daß das Lichtklima im Bestand ferner auch vom Farbstoffgehalt der Blätter abhängige qualitative Veränderungen erfährt, unterstreicht Abbildung 74.

Aus der Pflanzenökologie ist eine Vielzahl von Beispielen bekannt, wonach Blattanordnung und Blattstellung zu einer optimalen Ausnutzung der Assimilationsflächen führen. Daraus ergibt sich, daß der Blattflächenindex (m^2 Gesamtblattflächen pro m^2 Bodenfläche; bisweilen auch als g TG/m^2 Bodenfläche angegeben) von besonderer Bedeutung für die Photosynthese des Bestandes ist. Die Werte dieses Quotienten liegen bei kontinuierlicher Bodenbedeckung zwischen 1:1 (an schattigen Standorten) und 8:1 (bei einigen europäischen Buchenwäldern). Für *Gossypium hirsutum*-Kulturen erwies sich eine Bodenbedeckung durch eine etwa 3–4fache Blattfläche als optimal (Tab. 26).

Tabelle 26

Optimale Blattflächenindices, bei denen eine möglichst hohe, bodenflächenbezogene Energiekonvertierung erfolgt (= leaf area index. LAI; m^2 Blattfläche/m^2 Bodenfläche)

Birke	2,0	Luzerne	5,3
Hafer	2,3	Klee	5,4
Eiche	3,0	Buche	5,5
Kartoffel	3,4	Reis	5–8
Gerste	3,7	Wiesen	7–11
Kohl	2–5	Tropische Regenwälder	12,0
Zuckerrübe	5		

In zu dichten Beständen erreichen die unteren Blätter selten den Kompensationspunkt. Der Transmissionsgrad bei Blättern von Grünkohl (*Brassica oleracea*) liegt bei 1%, bei Gerstenblättern bei 12% des eingestrahlten Lichtes (zwischen 400–700 nm). Unter einem dichten Bestand von *Vicia faba* beträgt die Lichtintensität während der Blütezeit nur 3% des vollen Tageslichtes, so daß sich 38% der Blattfläche jeder Pflanze im bzw. unter dem Bereich des Kompensationspunktes befinden.

7.1.2. Temperatur

Eine Temperaturerhöhung um 10 °C führt im Bereich zwischen 20 °C und 35 °C nahezu zu einer Verdoppelung der Dunkelatmung. Da die Temperatur in gleicher Weise auf alle enzymatischen Reaktionen und die Stomatabewegung wirkt, beeinflußt sie auch die Photosynthese. Viele Pflanzenarten, wie Weizen, Tabak und Zuckerrüben, zeigen allerdings bei hohen Beleuchtungsstärken zwischen 10 und 35 °C kein bzw. nur ein schwach ausgeprägtes Temperaturoptimum; das Photosynthesemaximum überwiegt das Minimum in diesem Bereich nur um 20%. Da diese Arten hohe Photorespirationsraten besitzen, könnte jedoch deren temperaturbedingte Erhöhung die entsprechende Photosynthesesteigerung maskieren. Denn bei Pflanzen ohne Photorespiration ist die Verdoppelung der photosynthetischen CO_2-Fixierung bei einer t-Erhöhung um 10 °C zwischen 15 und 25 °C zu beobachten.

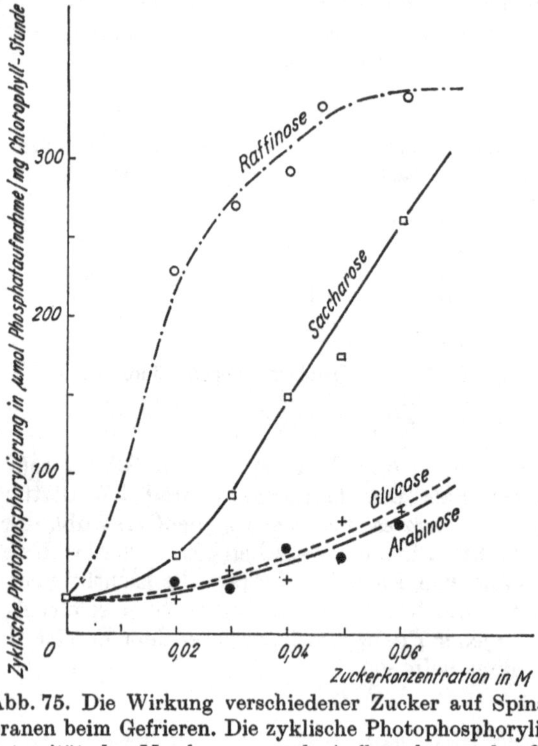

Abb. 75. Die Wirkung verschiedener Zucker auf Spinat-Thylakoidmembranen beim Gefrieren. Die zyklische Photophosphorylierung als Maß der Integrität der Membranen nach Aufbewahrung der Suspension für 3 h bei −25 °C und Wiederauftauen (nach HEBER und SANTARIUS 1971).

Das Temperaturoptimum liegt bei diesen Pflanzen bei 35 °C und die CO_2-Fixierung fällt darüber stark ab. Die Ursache wird im Spaltöffnungsschluß sowie im Verlust der Turgeszenz gesehen.

Die Temperaturabhängigkeit kommt vorrangig über die Dunkelreaktion (mit Q_{10}-Werten zwischen 2—4) zustande. Für die Lichtreaktionen werden Q_{10}-Werte um 1,0—1,2 diskutiert. Die oberen Temperaturgrenzen für einen photosynthetischen Stoffgewinn von Laubbäumen bewegen sich um +40 °C. Die höchsten Tem-

Tabelle 27

Temperaturabhängigkeit (°C) der Nettophotosynthese bei atmosphärischer CO_2-Konzentration und Lichtsättigung (in Anlehnung an LARCHER 1980)

Pflanzengruppen	Untere Temperaturgrenze d. CO_2-Aufnahme	Temperatur-Optimum	Obere Temperaturgrenze der CO_2-Aufnahme
Krautige Blütenpflanzen			
C_4-Pflanzen warmer Standorte	+5 bis +7	35 bis 45 (50)	50 bis 60
C_3-Kulturpflanzen	−2 bis ca. 0	20 bis 30 (40)	40 bis 50
Heliophyten	−2 bis ca. 0	20 bis 30	40 bis 50
Sciophyten	−2 bis ca. 0	10 bis 20	ca. 40
Wüstenpflanzen	−5 bis +5	20 bis 35 (45)	45 bis 50 (56)
CAM-Pflanzen	−2 bis 0	5 bis 15	25 bis 30
Winter-Annuelle, Frühlingsblüher u. alpine Pflanzen	−7 bis −2	10 bis 20	30 bis 40
Holzpflanzen			
Immergrüne Bäume der Tropen u. Subtropen	0 bis +5	25 bis 30	45 bis 50
Sklerophylle Bäume u. Sträucher trockener Regionen	−5 bis −1	15 bis 35	42 bis 55
Laubwerfende Bäume der temperierten Zone	−3 bis −1	15 bis 25	40 bis 45
Immergrüne Coniferen	−5 bis −3	10 bis 25	35 bis 42
Zwergsträucher der Heiden u. Tundren	ca. −3	15 bis 25	40 bis 45
Mangrove-Bäume		25 bis 30	ca. 40
Thallophyten			
Arktische u. subarktische Moose	ca. −8	ca. 5	ca. 30
Flechten kalter Regionen	−25 bis −10	5 bis 15	20 bis 30
Wüsten-Flechten	ca. −10	18 bis 20	38 bis 40
Tropische Flechten	−2 bis 0	ca. 20	30
Schnee-Algen	ca. −5	0 bis 10	30
Thermophile Algen	20 bis 30	45 bis 55	65 bis 70

peraturmaxima besitzen thermophile Blaualgen mit 70—80 °C (Tab. 27).

Das Minimum der Nettoassimilation liegt bei sommergrünen Pflanzen um 0 °C, bei winterannuellen Formen zwischen —2 bis —7 °C und zeigt gewisse Beziehungen zum Gefrierpunkt der Assimilationsorgane. Auch für die Überwinterungsfähigkeit und Kälteresistenz ist der Ablauf der Photosynthese bedeutungsvoll. Dabei bilden Schutzmechanismen an den Thylakoiden (Erhöhung der Konzentration nichttoxischer und Erniedrigung toxischer Substanzen sowie Einlagerung effektiver Schutzstoffe wie Zucker, Aminosäuren und Salze) die Voraussetzung der effektiven Frostadaptation wie der Trockenresistenz (Abb. 75).

Die CO_2-Fixierung wird früher beeinflußt als die Elektronentransportkette (5.4.). Diese Hemmung der CO_2-Aufnahme ist unabhängig von der Thylakoidinaktivierung.

Bei kurzzeitiger Temperaturbeeinflussung zeigen photosynthetisierende Gewebe rasche Reaktion, die auf zellulärer Ebene im Verlust der PS II-Aktivität zugunsten des PS I-getriebenen Elektronentransports meßbar sind. Parallel dazu ist ein Destacking (Zerfall der Grana) in den Chloroplasten zu beobachten sowie eine Absonderung von nicht bilayer-bildenden Lipiden in Form von Inclusionen. Dieses unterstreicht noch einmal die generelle Bedeutung der Lipide (4.4.) auch als wesentlichen Faktor der Temperaturtoleranz der Chloroplasten. So reagiert der Photosyntheseapparat u. a. mit einer zunehmenden Sättigung von Membranlipiden, der Bildung neuer molekularer Spezies von Digalaktosyldiglyceriden und der Synthese von Hitzeschockproteinen, so daß die Viskosität der Thylakoidmembran und ihrer Umgebung verändert wird. Das wiederum beeinflußt die laterale Diffusion integraler Proteine und die an diese Membran gebunden Funktionen.

Zum anderen können auch parallel erfolgende Verschiebungen im Eiweiß- oder Lipidgehalt bzw. in den Anteilen der verschiedenen Fettsäuren zueinander diese Abhängigkeiten in weiten Grenzen verändern.

Die Temperatur beeinflußt ferner die Qualität der Photosyntheseprodukte. So nimmt z. B. mit der Temperaturerhöhung der Einbau von $^{14}CO_2$ in Glycolat stark ab, bedingt durch den steigenden Glycolatverbrauch im temperatur-intensivierten Glycolatweg. Allerdings wird das Ausmaß dieser Abhängigkeiten wiederum bestimmt durch die anderen Systembedingungen.

Die oberen und unteren Temperaturgrenzen, noch stärker das Temperaturoptimum der Photosynthese, stellen jedoch keine festliegenden Größen dar. Sie variieren mit der Pflanzenart, dem Entwicklungsstadium und dem jeweiligen Komplex der äußeren Faktoren. So liegt z. B. die optimale Temperatur um so niedriger, je geringer die Beleuchtungsstärke und die CO_2-Konzentration sind und sie liegt um so höher, je größer die maximale Photosyntheseintensität der Blätter ist. Nach der Einwirkung von „Übertemperaturen“ verlagert sich das Optimum in Richtung niedriger Temperaturen (Zeitfaktorwirkung). Neben derartigen kurzfristigen Verschiebungen des Optimums werden auch langsamere Anpassungen an die jahreszeitlich sich ändernden klimatischen Faktoren und an Standortverhältnisse beobachtet. Generell wird das Temperaturoptimum der Photosynthese im hohen Maße durch die ökologischen Standortsbedingungen geprägt. So erreichen z. B. Pflanzen aus kälteren Regionen dieses Optimum bereits bei geringeren Temperaturen.

Hinsichtlich der Altersabhängigkeit der Temperaturwirkungen liegen noch keine übereinstimmenden Daten vor.

Der Energiehaushalt eines Blattes resultiert aus der Summe von Einstrahlung und Verlust durch Konvektion und Transpiration. Er wird mitbestimmt von der Lufttemperatur, Windgeschwindigkeit, Blattfläche und Spaltöffnungsapertur. Über physikalische Beziehungen zwischen Wärmeübergangszahl, Strahlungsaustausch, Temperatur und Transpiration bei Blättern höherer Pflanzen ist wiederholt berichtet worden.

Die Photosynthese ist um so höher, je kleiner der Temperaturgradient zwischen Blatt und umgebender Luft und je größer der Gradient zwischen der oberen und der unteren Blattseite ist. Dabei bestimmt die pro Zeiteinheit auftretende Temperaturdifferenz in besonderer Weise den Verlauf der Photosynthesekurve. Neben einer direkten Wirkung auf die Intensität der Photosynthese hat die Temperatur jedoch auch als ökologischer Faktor indirekte Bedeutung. So gibt es z. B. für verschiedene Pflanzen charakteristische Nachttemperaturen, bei denen die Translokation der Assimilationsprodukte und die Blattexpansion optimal erfolgen.

Unter praktischen Aspekten gewinnt der Temperaturfaktor vor allem im Gartenbau eine ständig wachsende Bedeutung. So ist durch eine den physiologischen Ansprüchen der jeweiligen Kulturen angepaßte Temperaturführung in Gewächshäusern eine gezielte Erhöhung der Ernteprodukte zu erreichen.

7.1.3. CO_2-Versorgung

Unter ökologischen Aspekten wird immer wieder betont, daß die CO_2-Konzentration der Außenluft (330 vpm $\approx$ 10 μMol) einen begrenzenden Faktor der Photosynthese darstellt. (Der berechnete CO_2-Anstieg in der Atmosphäre von 1,5‰ pro Jahr durch Verbrennungen führt in 100 Jahren theoretisch zu einer Assimilationssteigerung um 10—20%). Mit zunehmendem CO_2-Gehalt erreicht man auch unter hohen Beleuchtungsstärken erhebliche Assimila-

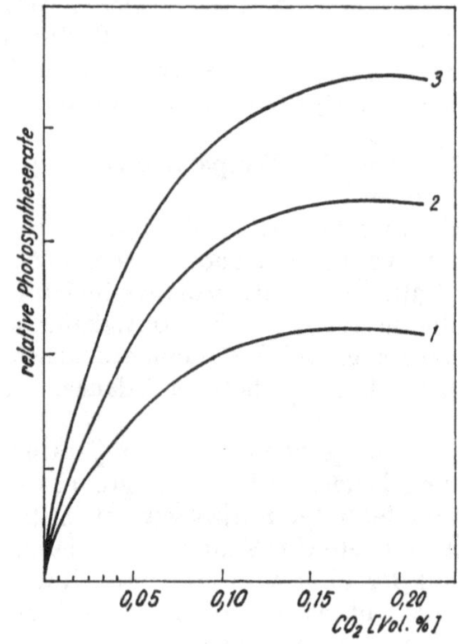

Abb. 76. Schematische Darstellung der Abhängigkeit der photosynthetischen CO_2-Assimilation von der CO_2-Konzentration bei niedriger (1), mittlerer (2) und hoher (3) Beleuchtungsstärke.

tionszunahmen. So fixieren z. B. Tabakblätter bei einer CO_2-Konzentration von 150 ppm nur 10 mg CO_2 $dm^{-2} \cdot h^{-1}$, bei einem CO_2-Gehalt der Außenluft von 1000 ppm jedoch 69 mg CO_2 $dm^{-2} \cdot h^{-1}$ (vgl. Abb. 76). Bezogen auf die generelle CO_2-Zunahme in der Atmosphäre ist folgendes möglich: Zunahme der reduktiven CO_2-Assimilation, besonders bei C_3-Pflanzen; Hemmung der Photorespiration (bei 600 ppm CO_2 beträgt sie nur noch 50% derjenigen bei 300 ppm, und bei 2000—3000 ppm ist sie völlig blockiert); Verschiebung des Gleichgewichts von Zucker- zu Stärkebildung; bessere Wasserausnutzung durch die Pflanzen; höheres Temperaturoptimum (aber bei geringerer Temperaturtoleranz); höhere photosynthetische Effizienz (mit sinkendem CO_2-Kompensationspunkt) und höhere N_2-Fixierungsrate der Symbionten.

Vieles spricht für die damit gekoppelte Zunahme der jährlichen Durchschnittstemperatur auf unserem Planeten und ihre auch über Weltmodell-Rechnungen noch kaum vorhersehbare Konsequenzen. Die sichersten Maßnahmen zur Eindämmung der CO_2-Zunahme in der Atmosphäre liegen in der wirksamen Reduktion der die Wärmerückstrahlung beeinträchtigenden Immissionen, also die Einschränkung der Verbrennungsprozesse, der Überdüngung in der Landwirtschaft (die zur Bildung von Stickoxiden führt) und der Beendigung der großflächigen Waldrodungen.

Es nimmt nicht wunder, daß auch Versuche zur CO_2-Düngung angestellt wurden. Schon 1904 erhielt DEMOUSSY durch eine CO_2-Anreicherung der Gewächshausluft auf 1500 ppm bei verschiedenen Blütenpflanzen erhebliche Zunahmen der Trockengewichte. Inzwischen haben derartige Verfahren auch Eingang in die gärtnerische Praxis gefunden. Die erzielten Steigerungen der Trockensubstanzproduktion bewegen sich, allerdings in Abhängigkeit von den übrigen leistungsbestimmenden Faktoren, zwischen 40 und 120%.

Auch in Feldbeständen vermag die Erhöhung der CO_2-Konzentration die Photosynthese erheblich zu steigern. Jedoch gehen 60–80% des zur Düngung eingesetzten CO_2 an die Atmosphäre verloren.

Die CO_2-Versorgung unter natürlichen Standortbedingungen ist im Freiland zusätzlich einer Vielzahl von Faktoren unterworfen, von der Blattstruktur über die Architektur und Dichte des Bestandes bis zur Windgeschwindigkeit und der vertikalen Konvektion der Luftschichten (der Anteil des CO_2 aus dem Boden beträgt nur 5% des photosynthetisch gebundenen). Dabei ergeben sich ganz charakteristische CO_2-Konzentrationsprofile im Bestand, die sich während des Tages stark verändern, insgesamt aber auch bewirken, daß die verschieden hoch an der Pflanze inserierten Blätter im Tagesverlauf in unterschiedlicher Weise zur Gesamtphotosynthese der Pflanze beitragen.

Die CO_2-Ausnutzung hängt entscheidend ab von der Größe der verschiedenen Widerstände, die auf der Diffusionsstrecke zwischen der Außenluft und dem Orte der CO_2-Fixierung liegen (Abb. 77). Davon ausgehend lassen sich unter Anwendung des Ohmschen Gesetzes Widerstandsgrößen (besser Transportkoeffizienten) für den CO_2-Fluß auf den einzelnen Strecken und somit die begrenzenden Abschnitte errechnen.

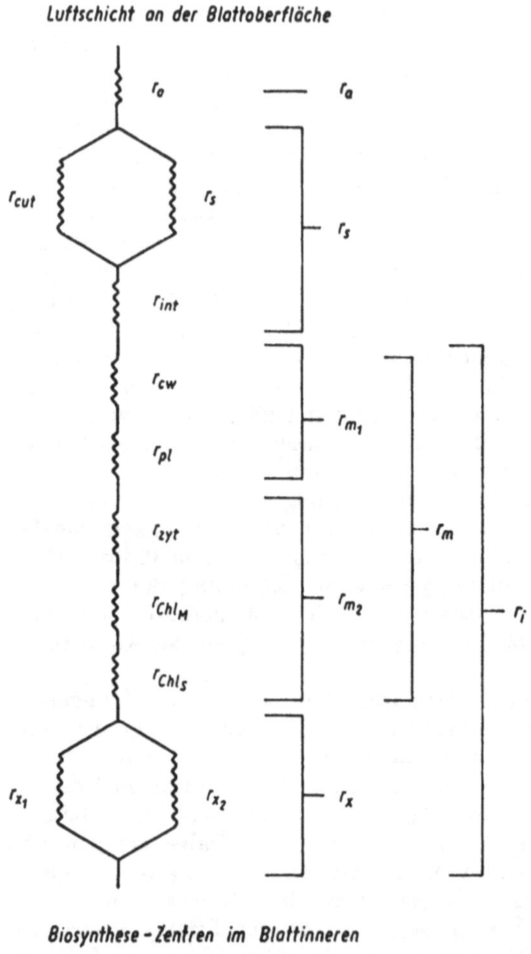

Abb. 77. Schematische Darstellung der Widerstände (W bzw. R) auf dem Diffusionsweg zwischen Außenluft und Carboxylierungswiderstand im Stroma der Thalakoide. r_a — Außen- oder Grenzflächenw.; r_c — stomatärer und kutikulärer W.; r_{int} — Interzellular W. (zusammengefaßt zum r_s — Stomata W.); r_i — innerer W.; er umfaßt verschiedene Komponenten des Mesophyll W. ($r_m = r_{m1} + r_{m2}$) und den Karboxylierungs W. (r_x) · r_m untergliedert sich weiter in die Widerstände beim Durchtritt des CO_2 durch die Zellwand (r_{cw}), das Plasmalemma (r_{pl}), das Zytoplasma (r_{zyt}), die Chloroplastenmembran (r_{Chl_m}) und das Stroma (r_{Chl_s}). Der Karboxy-

7.1.3.1. Der Grenzflächen-Widerstand r_a

Wenn ein Gas über eine Blattfläche strömt, so verbleibt an der Oberfläche immer eine nichtturbulente (ruhende) Luftschicht, deren Dicke von der Windgeschwindigkeit, der Oberflächenbeschaffenheit und deren Ausmaß abhängt. Mit zunehmender Schichtdicke erhöht sich dabei der Diffusionswiderstand für CO_2 und Wasserdampf. Die Größe dieses äußeren Widerstandes r_a (cm^{-1}; Abb. 77) läßt sich quantitativ aus Beziehungen zwischen Blattbreite und Windgeschwindigkeiten ableiten. Die bisher ermittelten Werte für r_a bewegen sich zwischen 20 und 200 $s \cdot m^{-1}$. Im Vergleich zu den übrigen Diffusionswiderständen ist der Grenzflächenwiderstand gering. Daraus resultiert auch eine untergeordnete Rolle des Faktors Wind. Während z. B. bei einer Windgeschwindigkeit von 100 $cm \cdot sec^{-1}$ der Grenzflächenwiderstand 9% betrug, erhöhte sich die Photosynthese bei einer Steigerung der Luftbewegung auf das 10fache (1000 $cm \cdot sec^{-1}$) nur um 8%.

7.1.3.2. Der Stomata-Widerstand r_s

Die wachsartige Kutikula macht die Blätter nahezu impermeabel für CO_2 und Wasserdampf. Sie vermögen bei geschlossenen Stomata nur 0–0,1 mg $CO_2 \cdot dm^{-2} \cdot h^{-1}$ aufzunehmen. Dagegen beträgt die Netto-Photosynthese bei Pflanzen, deren Stomata geöffnet sind, in Abhängigkeit von der jeweiligen Art, 4–14 mg $CO_2 \cdot dm^{-2}\, h^{-1}$ bei normaler CO_2-Konzentration. Damit regulieren alle Faktoren, äußere wie endogene, welche die Spaltöffnungsbewegungen steuern, gleichzeitig auch den Gaswechsel (Abb. 78). Der Stomata-Widerstand r_s ist etwa um das zehnfache größer als r_a. Eine experimentell erzeugte Abnahme der Öffnungsweite von 8 auf 1 erhöht r_s von 0,6 auf 2,7 $s \cdot cm^{-1}$ und bewirkt damit eine Hemmung der Photosynthese um etwa 40%. Die niedrigsten Stomata-CO_2-Diffusionswiderstände werden mit 0,6–2,6 $s \cdot cm^{-1}$ für krautige Pflanzen sonniger Standorte angegeben. Für Gräser liegen diese Werte zwischen 0,9–5,5 $s \cdot cm^{-1}$. Die höchsten Widerstände

lierungswiderstand beinhaltet die karboxylierende und oxidierende Komponente der RuBPCO ($r_{x1} + r_{x2}$). Diese Größen verändern sich im Verlauf der Ontogenese; sie tragen auch zur Regulation der CO_2-Flüsse im Blatt bei. In verschiedenen Modellansätzen werden unterschiedliche Teilsysteme zusammengefaßt.

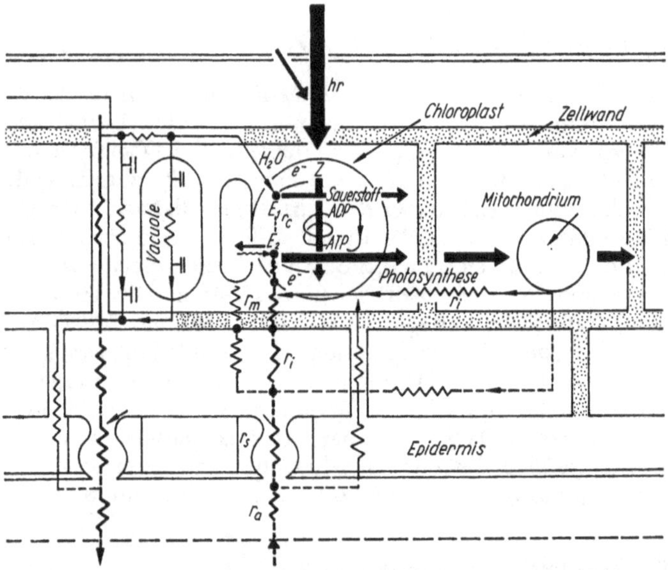

Abb. 78. Modelldarstellung zur Charakteristik der einzelnen, den CO_2-Fluß bestimmenden Widerstände, r_a — Oberflächen-W.; r_s — Stomata-W.; r_i — und r_c — die Komponenten des Mesophyll-W. (nach ČATSKY 1974).

besitzen Coniferen (2,0—6,5 s · cm^{-1}) und Sukkulenten (3,1 bis 6,5 s · cm^{-1}). Diese Zahlen korrelieren nicht mit der Stomata-Flächendichte.

In diesem Bezug sei jedoch darauf verwiesen, daß auch der interne Gastransport eine nicht zu unterschätzende Rolle spielt. So sind neben Befunden über die Sauerstoffversorgung der Wurzel über das Interzellularsystem des Sprosses auch solche bekanntgeworden, wonach CO_2 aus dem Boden bzw. aus der Wurzelatmung intern zum Photosyntheseapparat des Sprosses gelangt. Ein extremes Beispiel hierfür stellt die stammbildende *Stylites andicola* (Isoetaceae) dar. Sie besitzt keinerlei Stomata und deckt nahezu ihren gesamten Gasaustausch über die Wurzeln.

7.1.3.3. *Der Mesophyll-Widerstand* r_m

Nach dem Passieren der Stomata muß CO_2 an die sich im wäßrigen Milieu befindlichen Reaktionsorte, die Chloroplasten, gelangen (Abb. 77). Dabei stellt der Weg im Interzellularsystem (bei

Weizenprimärblättern etwa 25% des Blattvolumens) zwischen den Atemhöhlen und den jeweiligen Zellwänden bzw. Plasmamembranen eine weitere als r_{int} bezeichnete Widerstandsgröße dar. Der an Grenzen zwischen den beiden CO_2-umsetzenden Systemen, dem CO_2-Strom aus der Atmung und dessen Überlagerung mit der CO_2-Bewegung aus der Außenluft zu den Chloroplasten (also auch der Einstellung des Gleichgewichtes zwischen CO_2 und HCO_3-) auftretende Widerstand wird als Ri bezeichnet. Schließlich ist noch ein wesentlicher, durch die Carboxylierungskapazität der Chloroplasten gegebener Carboxylierungswiderstand r_x abzugliedern. In Modellbetrachtungen an einem Tabakblatt wurden von ZELITCH 1971 für 30 °C, 300 ppm CO_2 und Lichtsättigung folgende Größen zugrunde gelegt: $r_a = 0{,}3$ sec · cm^{-1}; $R_s = 3{,}2$ sec · cm^{-1}; $r_{int} = 2{,}0$ sec · cm^{-1}; $r_i = 2{,}0$ sec · cm^{-1}; $R_c = 1{,}4$ sec · cm^{-1} (Gesamtdiffusionswiderstand 8,9 sec · cm^{-1}; Photorespiration = 11 mg CO_2 · dm^{-2} · h^{-1}, Dunkelatmung = 4 mg CO_2 dm^{-2} · h^{-1}; maximale Photosynthese 24 mg CO_2 dm^{-2} · h^{-1}).

Obwohl also der Mesophyllwiderstand nicht nur Diffusionsvorgänge einschließt, sondern auch die Lösung von CO_2 in Wasser, Komponenten der Massenströmung, die Protoplasmaströmung, verschiedene Zellorganellen und Carboxylierungswiderstände interferieren, wird er trotzdem als solcher behandelt, um den Vergleich mit den anderen Widerständen des CO_2-Flusses zu ermöglichen.

Der CO_2-Transfer zum aktiven Zentrum der RuBPCO wird durch die Carboanhydrase beschleunigt. Bei *Trifolium pratense* beobachtete PASSOUREK eine charakteristische Häufung von Chloroplasten an den Stellen der Zellwand, die an die Interzellularen angrenzen (Tafel 12) und diskutierte diese Ausrichtung auf Grund eines CO_2-Gradienten.

Es ist eine interessante Tatsache, daß die meisten Pflanzen das im Interzellular- und Zellbereich sowie in der Atmosphäre verfügbare Kohlendioxid nicht restlos in den Photosyntheseprozeß einbeziehen können. Bei Begasung von Blättern mit CO_2-freier Luft z. B. kann man im abgeleiteten Luftstrom eine „Restkohlensäure“ feststellen. Dieses CO_2 entstammt dem Atmungsstoffwechsel und wird nicht vollständig reassimiliert. Dieser Kohlensäurewert spiegelt das Gleichgewicht zwischen Atmung und Photosynthese wider, bei welchem die apparente Assimilation gleich Null ist (CO_2-Kompensationspunkt; Abb. 73). Dieser Wert liegt bei C_3-Pflanzen bei etwa 50 $\mu l \cdot l^{-1}$, sinkt mit zunehmender Lichtintensität und steigt mit Erhöhung der Temperatur. Darüber hin-

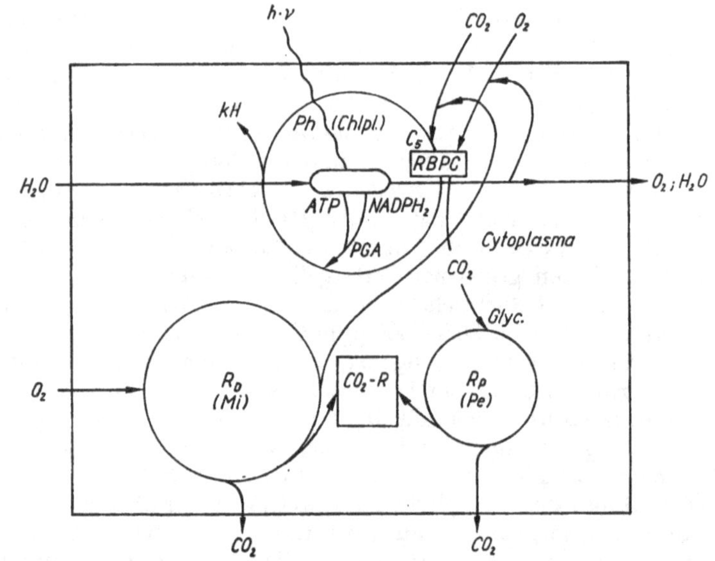

Abb. 79. Schematische Darstellung der Integration der verschiedenen CO_2-umsetzenden Prozesse der Zelle einer höheren Pflanze: die photosynthetische (Ph) CO_2-Fixierung in den Chloroblasten (Chlpl.), die zur Bildung von Kohlenhydraten führt (KH); die Dunkelatmung (R_D) in den Mitochondrien (Mi); die Photorespiration (R_p) unter Einbeziehung der Peroxisomen (Pe) und der oft nicht unbeträchtliche Anteil cytoplasmatischer CO_2-Refixierungen (CO_2-R).

aus haben u. a. die jeweiligen Versuchsbedingungen sowie der Anteil des nicht photosynthetisch aktiven Gewebes einen wesentlichen Einfluß auf diese artspezifische Größe. Jüngere Blätter vermögen höhere CO_2-Konzentrationen photosynthetisch besser zu verwerten als alte Blätter der gleichen Pflanze. Die Abhängigkeit der CO_2-Ausnutzung von den Temperatur- und Lichtbedingungen zeigt Abbildung 76. Die Abbildung 79 verdeutlicht die Komplexität des zellulären CO_2-Gaswechsels noch einmal in einem zusammenfassenden Schema. Die gegenwärtigen Vorstellungen zum Regulationsmechanismus der Spaltöffnungsbewegungen faßt Abbildung 80 zusammen.

Die Folgen einer veränderten CO_2-Spannung können außerdem in einer Umsteuerung der Synthesewege bestehen, also die Bildung recht unterschiedlicher Photosyntheseprodukte bewirken. So wird z. B. bei hoher CO_2-Konzentration markierter Kohlenstoff vorrangig in Rohrzucker und Alanin eingebaut, geringer CO_2-Gehalt führt bevorzugt zur Bildung von Serin, Glycin und Glycerinsäure. Die Wirkung verschiedener CO_2-Konzentrationen zeigt somit gewisse Beziehungen zu den Befunden bei unterschiedlichen Beleuchtungsstärken (7.1.1.). In beiden Fällen entstehen unter den Bedingungen einer geringen CO_2-Assimilation vorwiegend Aminosäuren als Photosyntheseprodukte.

Generell begrenzen bei geringen CO_2-Konzentrationen die durch die RuBPCO katalysierten Reaktionen die Photosyntheserate. Bei hohen CO_2-Konzentrationen dagegen limitieren andere Reaktionen des Kohlenstoffkreislaufs, bevor die Kapazität der Elektronentransportkette eine endgültige Grenze der photosynthetischen Energiekonvertierung des Blattes setzt.

Das CO_2 stellt aber nicht nur das Substrat für die reversible Wasserstoffspeicherung; ihm wird auch direkt (oder in Form von Bikarbonat) eine essentielle Funktion in der photosynthetischen Elektronentransportkette zugeschrieben (5.3. u. 5.4.).

7.1.4. *Wasserhaushalt*

Die Literatur über die Beziehungen zwischen Photosynthese und Wasserhaushalt ist beinahe noch umfangreicher als diejenige, die sich mit den bisher diskutierten Faktoren befaßt, ganz abgesehen von den Arbeiten zur Dürreresistenz und von entsprechenden ökologischen Untersuchungen.

In physiologischen Grenzen wird die Photosyntheseintensität durch Wassergehaltsschwankungen nicht beeinflußt, solange die Stomata optimal geöffnet bleiben (Abb. 80).

Die Spaltöffnungen reagieren empfindlich genug, so daß ein direkter hemmender Einfluß von Wassermangel auf die photosynthetische CO_2-Assimilation in den Hintergrund tritt. Dies schließt jedoch ökologische Besonderheiten, etwa bei den Flechten, nicht aus.

Der Wassergehalt ist also in erster Linie über die mit Hydraturänderungen des Blattes verbundenen Stomatabewegungen mit der Photosynthese korreliert. Die Hydratur des Blattes (Wasserzustand, Wasserpotential) ist definiert als ein Maß der mechanischen Aktivität des Gewebewassers, verglichen mit derjenigen des freien Wassers. Letzteres hat eine Aktivität von 1,0; sie wird in Atmosphären oder Bar ausgedrückt. Die Spaltöffnungen von

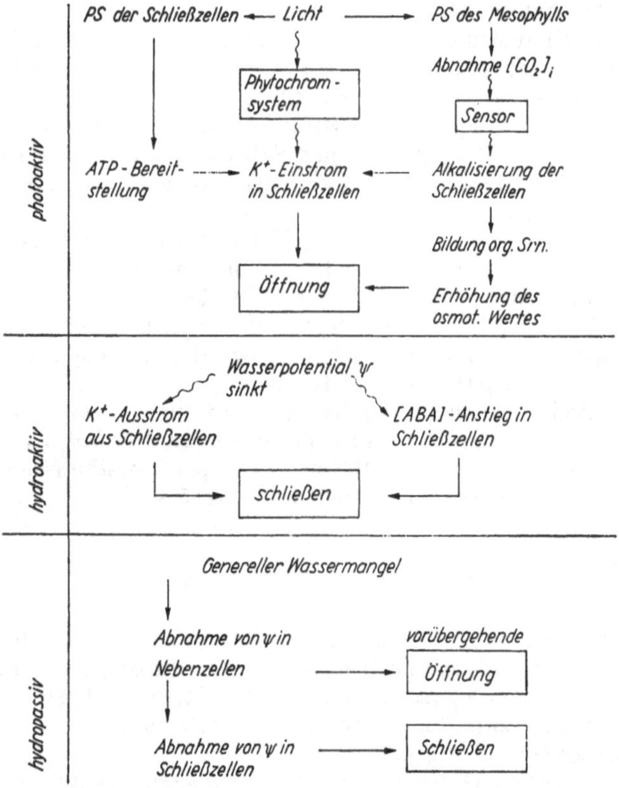

Abb. 80. Schema zur Veranschaulichung der komplizierten und im Detail noch nicht aufgeklärten Regulationsmechanismen der Spaltöffnungsbewegungen (nach WIEDENROTH 1986).

Tabakpflanzen z. B., welche unter Laborbedingungen kultiviert werden, beginnen sich bei —4 Atmosphären zu schließen, entsprechende Freilandpflanzen dagegen zeigen erst bei einem Wasserpotential von —16 bis —17 Atmosphären Schließbewegungen (Abb. 81).

Bei Baumwollpflanzen geht eine Reduktion der Nettophotosynthese mit der Abnahme des relativen Wassergehaltes, verbunden mit einer Erhöhung des Spaltöffnungsschlusses einher. Bei Fliederblättern und *Arabidopsis*-Pflanzen fällt das Stadium der höchsten Assimilationsleistung in eine Zeit, in welcher der Was-

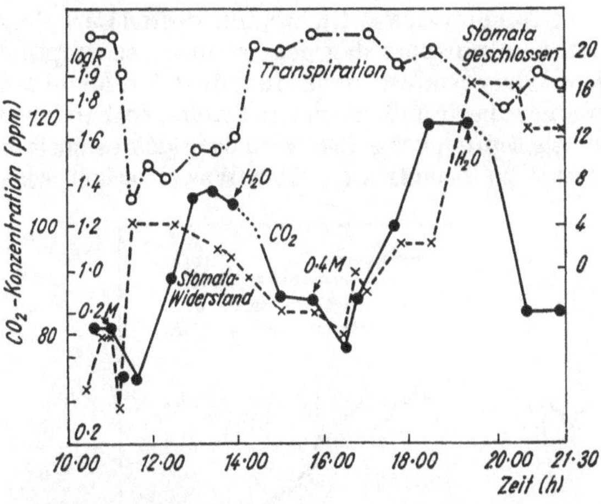

Abb. 81. Der Tagesverlauf der Transpiration (λδ), Stomata-Widerstand (log R.) und CO_2-Konzentration in einem geschlossenen Kreislauf mit isolierten Weizenblättern bei 25 °C und 6600 Lux. Die Pfeile geben Zeitpunkte an, zu denen durch 0,2 bzw. 0,4 Mol. Mannitol Wasserdefizite erzeugt bzw. durch Austausch mit Wasser wieder behoben wurden (nach HRATH 1972, verändert).

sergehalt um etwa 8% gegenüber dem Ausgangswert gesunken ist. Allgemein findet man eine maximale Photosynthese bei geringem Wasserdefizit (~ 15%). Es läßt sich jedoch regelmäßig beobachten, daß jüngere Blätter oder Pflanzen, die noch einen erhöhten Wassergehalt besitzen, eine viel größere Anpassungsfähigkeit an die jeweiligen Versuchsbedingungen aufweisen, unter denen sie dann längere Zeit konstante Photosyntheseraten haben. Die Atmungsintensität zeigt im Verlauf der Ontogenese eine engere Beziehung zum Wassergehalt.

Ausführliche vergleichende Untersuchungen an Blättern und isolierten Chloroplasten von Zucker- und Futterrüben sowie von Spinat bei künstlich verringertem Wassergehalt ergaben, daß auch eine Reihe grundlegender Teilvorgänge der Photosynthese, wie die Umwandlung der Lichtenergie in chemische Energie und Reduktion der PGS vom Wassergehalt der Zellen innerhalb eines weiten Bereichs nicht erheblich beeinflußt werden. Dabei erweist sich die $NADP^+$-Reduktion als resistenter gegenüber einer Entwässerung als die Photophosphorylierung.

Die Dehydrierung beeinträchtigt ferner vor allem die Regeneration des RuBP im Calvinzyklus (6.1.), weniger dessen Carbobxylierung. Der Elektronentransport dagegen ist nicht so empfindlich gegenüber dem Wasserverlust, denn die integralen Membranproteine werden weniger beeinflußt als die im Stroma vorhandenen. Auch die Photosyntheseprodukte selbst vermögen das osmotische Potential des Blattes zu beeinflussen. Der Wasserverlust wirkt

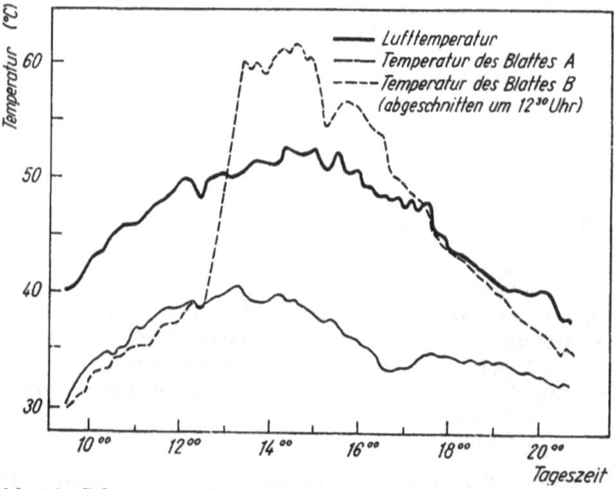

Abb. 82. Schema des Tagesganges der Temperatur eines Laubblattes A im Vergleich zur Lufttemperatur. Der rasche Temperaturanstieg des Blattes B nach seiner Trennung von der Pflanze verdeutlicht den großen Einfluß der Transpiration auf den Wärmehaushalt des Blattes.

somit letztlich recht unspezifisch über die Hemmung aller löslichen plastidalen und cytoplasmatischen Enzyme. Ein Vergleich der verringerten Photosyntheseleistung von Hydrophyten und Xerophyten bei Wasserbelastung ergab, daß sich die Werte der Vertreter beider Ökotypen gleich verhielten, wenn der Wasserverlust an der relativen Abnahme des Zellvolumens gemessen wurde.

Der Zusammenhang zwischen Wasserhaushalt und Stoffproduktion wird also in zweierlei Beziehungen realisiert, einmal durch die den Wasserverlust bestimmende Transpiration und zum anderen durch den Wasserzustand der Zellen. Für die rechnerische Ermittlung der Transpiration gelten mit gewissen Einschränkungen (hinsichtlich der Diffusionseigenschaften von Wasserdampf) die gleichen Gesetzmäßigkeiten wie für die CO_2-Versorgung.

In kurzfristiger Messungen charakterisiert das Verhältnis gebildeter Trockenmasse/Transpiration die Produktivität der Transpiration. Diese Größe wird in langfristigen Untersuchungen als Transpirationskoeffizient in l H_2O/kg TM angegeben. Sie liegt bei Frühjahrsgeophyten zwischen 87 (*Leucojum*) und 110 (*Galanthus*), bei unseren Kulturpflanzen zwischen 400 und 600.

Dauert der Wassermangel längere Zeit an, beeinträchtigt er die Photosyntheseleistung der Gesamtpflanze auch über die Reduktion der Blattgröße. Extreme Wasserverluste führen schließlich zur Störung der Chloroplastenfeinstruktur.

In die Diskussion um die Wechselbeziehungen zwischen Wasserhaushalt und Photosynthese sind auch die Auswirkungen der Transpiration auf die Temperatur der Assimilationsorgane einzubeziehen. Sie reguliert entscheidend die Blatt-Temperatur und so auch indirekt wieder den photosynthetischen Gaswechsel (Abb. 82).

7.1.5. Mineralstoffversorgung

Mittels der Photosynthese erzeugen die grünen Pflanzen 90—95% ihres Trockengewichtes; nur 5—10% entfallen auf Stickstoff und Aschebestandteile. Trotzdem bestimmt auch die Mineralstoffversorgung in weitem Ausmaß Struktur und Funktion des Photosyntheseapparates.

Die Diskussionen um die Bedeutung der Mineralstoffe für die Photosynthese erfordern neben einer detaillierten Berücksichtigung ihrer Konzentration in der Bodenlösung sowie am Wirkort Kenntnisse ihrer Aufnahmeprozesse mit möglichen Wechselwirkungen (positive sowie negative) zur Absorption anderer Ionen und des Transports innerhalb der Pflanze.

Eine ausführliche Behandlung der oft recht vielseitigen Folgeerscheinungen eines spezifischen Mineralstoffmangels kann in diesem Rahmen jedoch nicht erfolgen. In Tabelle 28 sei nur auf einige ausgewählte Beispiele zur Beeinflussung des Photosyntheseapparates durch Mineralstoffmangel verwiesen.

7.1.6. Wirkstoffe und Photosynthese

Die Bedeutung von Wirkstoffen für die Photosynthese wurde fast ausschließlich anhand von Untersuchungen mit exogen gebotenen Substanzen diskutiert. Die diesbezügliche umfangreiche Lite-

Tabelle 28

Beispiele zur Beeinflussung des Photosyntheseapparates durch Mineralstoffmangel

Mangel-elemente	Mangelerscheinungen:			
	Chl.-Bildung u.-Gehalt	Chloroplasten-struktur	Lichtreaktionen	Dunkelreaktionen
B		zuerst Zerfall von Stromathylakoiden, gefolgt von Granadegeneration		Zugabe zu Mangelpflanzen stimuliert Photosynthese; bedeutsam für Assimilattransport
Ca	In jungen Blättern Chlorosen	stabilisiert äußere Chloroplastenhülle, beeinflußt Granabildung	senkt Chl.-Fluoreszenz; Kofaktor der ATPase; steigert NADP-Reduktion	Mittels Calmodulin aktiviert es die NAD-Kinase sowie den Membran-assoziierten Ca^{2+}-Transporter und ist somit an der Regulation des NAD-NADP-Verhältnisses beteiligt
Cl			senkt Chl.-Fluoreszenz; Kofaktor der Wasserphotolyse; Gegenion zu H^+ bei lichtabhängigen Ionenverlagerungen in Thylakoiden	
Cu	Cu-Chlorosen besonders bei Getreide	70% des Blatt-Cu in Chloroplasten	Bestandteil des Plastocyanins und der Superoxiddismutase höherer Pflanzen	Photosynthesehemmung

Fe	Fe-Gehalt korreliert mit Chl-Gehalt, (→ Chlorosen) besonders in jungen Geweben, Molekulares Verh. von 1:4—1:10 zum Chl.	Irreversible Änderung der Chloroplastengröße u. der Lamellarstruktur, Verlust der Granabildung; 75—80% des Blatt-Fe in Chloroplasten	Bestandteil des Cytochroms, Ferredoxins u. der Superoxiddismutase von Blaualgen; Hillrate unbeeinflußt; nur bei Mangel aller Makro- u. Mikroelemente gehemmt	
K	Nimmt ab; Chlorosen beginnen in älteren Geweben; a/b unbeeinflußt	Granaauflösung in ausgewachsenen Chloroplasten	senkt Chl.-Fluoreszenz; lichtabhängiger Gradient an den Thylakoiden beeinflußt Photophosphorylierung	Kofaktor der Stärkesynthetase; CO_2-Aufnahme verringert u. a. über Stomataregulation; beteiligt am Assimilattransport
Mg	Chlorophyll-Bestandteil (15—30% des Blatt-Mg); Bildung beeinträchtigt; Chlorosen beginnen in älteren Geweben	Zerstörung der Chloroplastenstruktur; führt zu „star bodies“	reguliert Geschwindigkeit des e-Transports beider PS; steigert Chl.-Fluoreszenz durch Beeinflussung der Energieleitung zw. den Reaktionszentren u. a.	Baustein bzw. Chelatbildner wichtiger Enzyme des KH-Stoffwechsels; reduziert Photosynthese über Chl.-Mangel; Kofaktor der RubP-Carboxylase-Oxygenase u. der Fruktose-1,6-Diphosphatase
Mn	oft fleckenhafte Chlorosen	größere, aber zahlenmäßig reduzierte Grana. Abnahme des Lipidgehaltes	reduziert O_2-Bildung auf Grund gestörter Wasserspaltung (Bestandteil des Multienzym-Komplexes).	Aktiviert Calvin-Zyklus-Enzyme; dabei z. T. durch Mg ersetzbar

(Tabelle 28 (Fortsetzung)

Mangel-elemente	Mangelerscheinungen			
	Chl.-Bildung u. -Gehalt	Chloroplasten-struktur	Lichtreaktionen	Dunkelreaktionen
Mo	Zugabe fördert Chl-Bildung; sonst chlorotische Flecken		Hillrate stimuliert	Zugabe zu Mangelpflanzen stimuliert Photosynthese
N	korreliert mit N-Gehalt der Blätter Mangelchlorosen)	Vorrangige Reduktion des Stromaanteils, aber auch Störungen der Membranbildung; viele Lipid-Globuli; Chinone im Überschuß		CO_2-Assimilation bei N-Mangel unter hoher Beleuchtungsstärke reduziert; bei Bezug auf Chl. kaum Differenzen; RuBPCO bei C_3- u. C_4-Pflanzen reduziert; Erhöhung des Mesophyllwiderstandes; NH_4-Überschuß stört Ausnutzung der Glucose für Stärkesynthese; Atmung wiederholt erhöht
P	erhöht auf Grund reduzierten Wachstums, sonst erniedrigt	Störung der Granabildung und Granaauflösung in ausgewachsenen Chloroplasten.	Photophosphorylierung abhängig von P-Zufuhr; 1,6—2,3% des Blatt-P in ATP	Nettophotosynthese vorrangig über Wachstumsdepressionen reduziert; Stärkegehalt z. T. erhöht; Akkumulation organ. Säuren. In Blättern von Getreidepflanzen korreliert oft das spezifische Blattgewicht mit dem P-Gehalt

S	verringert	Bestandteil von Chloroplastenlipiden u. des Fd; Mangel verstärkt Granabildung	SO_4 hemmt Photophosphorylierung u. ATPase	Photosynthese ± unbeeinflußt; Stärkegehalt erhöht; durch höhere und länger andauernde SO_2-Wirkungen Schädigungen, beginnen mit induziertem Stomata-Schluß
Zn	korreliert mit Chl-Gehalt	hemmt Granabildung; Vakuolen		Bestandteil d. Superoxiddismutase höherer Pflanzen u. der Carboanhydrase

ratur erlaubt jedoch bei kritischer Durchsicht keine zusammenfassenden Schlußfolgerungen. Dies ist auch kaum zu erwarten. Denn einmal wirkt sich auf diesem Forschungsgebiet die mangelnde Standardisierung hinsichtlich Untersuchungsobjekt, Anzucht und Entwicklungsstadium sowie Konzentration und Modus der Wirkstoffapplikation besonders beeinträchtigend aus. Zum anderen stellt der Photosyntheseprozeß — in diesem Zusammenhang vorrangig als CO_2-Fixierung betrachtet — ein so komplexes Geschehen dar, daß kaum zwischen primären und sekundären, indirekten Wirkungen zu unterscheiden ist. Andererseits sind Chloroplasten nicht nur Biosyntheseorte für Phytohormone; ihre eigene Entwicklung sowie die Bildung essentieller Plastidenbestandteile wird auch maßgeblich durch die Hormone reguliert. Dabei schließt die Frage nach den Beziehungen zwischen Phytohormonen und Chloroplasten zwangsläufig die Interaktionen zwischen Licht und Pflanzenhormon ein. Da die Chloroplasten gleichzeitig Phytochrom enthalten, ist ein besonders enger Zusammenhang zwischen Licht- und Hormonsteuerung gegeben, wenn Phytochrom die Biosynthese, den Metabolismus oder den Transport von Hormonen ändert. Eine solche Mittlerrolle der Lichtwirkung kommt bei allen Hormongruppen vor. Andererseits weisen einige neuere Ergebnisse auf die Möglichkeit einer Rückwirkung von Phytohormonen (Gibberellinsäure GA_3) auf das Phytochrom hin.

Ausreichende Belege liegen für die Biosynthese von Gibberellinen in Chloroplasten vor. Die Fähigkeit der Plastiden zur Abscisinsäure-Biosynthese wird widersprüchlich diskutiert. Auch direkte Hinweise auf eine Auxinbildung in Chloroplasten gibt es nicht, obwohl Spinatmesophyllzellen z. B. bis zu 45% der gesamten freien β-Indolyl-Essigsäure des Blattes enthalten, deren Plastiden aber nur etwa 7% des Gewebevolumens ausmachen. Es besteht also keine zwingende Korrelation zwischen dem Vorkommen eines Phytohormons und seinem Biosyntheseort, da als wesentliche Faktoren auch Translokationen und Kompartimentierungen zu berücksichtigen sind. Obwohl Chloroplastenfraktionen als ethylenproduzierende Systeme beschrieben werden, ist die subzelluläre Lokalisation der Ethylen-Biosynthese bisher ebenfalls nicht sicher bekannt. Entsprechendes gilt für die Cytokinine. Es gibt keine direkten Beweise, daß Cytokinine in Chloroplasten gebildet bzw. metabolisiert werden; und selbst über das endogene Vorkommen von freien Cytokininen in Chloroplasten liegen keine aussagekräftigen Ergebnisse vor, die die Hormonidentität, -konzentration usw. berücksichtigen. Sicher ist aber, daß Cytokinine in starkem

Maße, wahrscheinlich mehr als die übrigen Phytohormone, an der Plastidenbiogenese beteiligt sind und auffallende physiologische Wirkungen im Zusammenhang mit typischen Chloroplastenfunktionen ausüben. Einige Beispiele von Hormonwirkungen auf den Photosyntheseapparat und seine Funktionen werden im folgenden vorgestellt.

7.1.6.1. Auxine

Physiologische Auxinkonzentrationen scheinen keine oder eine positive Wirkung auf die photosynthetische Leistung zu haben. Berichten über eine Stimulierung der photosynthetischen CO_2-Aufnahme bei Sonnenblumenblättern (durch 10 ppm IAA), Bohnen-, Zuckerrüben-, *Elodea*- und *Myriophyllum*-Pflanzen stehen allerdings auch solche über entsprechende Hemmungen der CO_2-Assimilation, z. T. bei den gleichen Objekten, gegenüber. Die Analyse wird ferner dadurch erschwert, daß Wuchsstoffe vom Auxintyp auch über den pH-Wert, über Stomataveränderungen und Atmungsbeeinflussungen in unspezifischer Weise auf den Photosyntheseprozeß einwirken. Auch unter Berücksichtigung unserer Kenntnisse über den Mechanismus der Photosynthese sind die Wirkungen des Auxins auf die photosynthetische CO_2-Assimilation als indirekt zu betrachten. Neben auxinbedingten Veränderungen von Transportprozessen sind ferner Beeinflussungen intrazellulärer Membranen und von Austauschvorgängen infolge Permeabilitätsänderungen möglich.

In langfristigen Versuchen verzögert 10^{-5} mol Naphthylessigsäure das altersbedingte Absinken der Photosyntheseintensität (Abb. 83). Weitere Einzelbefunde erstrecken sich u. a. auf eine IAA-bedingte Hemmung des Chlorophyllabbaus in Weizen- und Gerstenblättern, auf eine durch dieses Hormon (10^{-5} M IAA) hervorgerufene Volumenvergrößerung der Chloroplasten in Weizen-Koleoptilen sowie die Förderung der Chloroplastenbewegung durch niedrige (10^{-8}—10^{-6} M IAA) und Hemmung durch hohe Konzentrationen (10^{-4}—10^{-5} M IAA).

7.1.6.2. Cytokinine

Die Gruppe der Cytokinine wird verbreitet am Beispiel des Kinetins (6-Furfurylaminopurin) behandelt. Das Kinetin vermag nach Applikation auf isolierte vergilbende Blätter infolge seiner

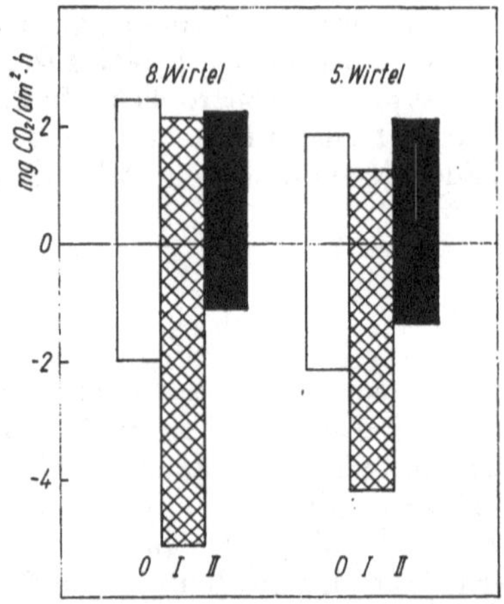

Abb. 83. Die Photosynthese (als CO_2-Verbrauch unterhalb der Abszisse) und die Atmungsintensität (oberhalb der Abszisse als CO_2-Abgabe aufgetragen) der Blätter des 5. und 8. Wirtels alternder *Monarda*-Pflanzen 4 Wochen nach der Behandlung mit 10^{-5} mol (I) und 10^{-3} mol (II) Naphtylessigsäure; 0 = H_2O-Kontrolle.

„Attraktionswirkung" nicht nur den altersbedingten Chlorophyllabbau zu verzögern, sondern auch zur Wiederbelebung der Eiweißsynthese und damit verknüpft zu einem Wiederergrünen sowie zur Erhöhung der Photosynthese der Blätter zu führen. Bei der Ergrünung etiolierter Blätter bewirkt Kinetinzufuhr eine gegenüber den im Cytoplasma lokalisierten Fermenten vermehrte Bildung wichtiger Chloroplastenproteine, der Struktureiweiße, der Schlüsselenzyme der CO_2-Fixierung und der Fermente der Chlorophyll-Biosynthesekette. In diesem Zusammenhang sind Förderungen der Thylakoidentwicklung und Granabildung sowie Größenzunahme der Chloroplasten zu beobachten.

Aber schon aus dem breiten Wirkungsspektrum des Kinetins ist wieder nicht auf eine direkte und spezifische Beeinflussung des Pigmentapparates bzw. des Photosynthesemechanismus zu schließen. Die beobachteten Effekte lassen sich zwanglos sekundär über die kinetinbedingte Veränderung des Proteinstoffwechsels erklären, insbesondere über eine gekoppelte Lichtstimulation der Plastidengene und derjenigen Kerngene, welche plastidenspezifische Eiweiße kodieren (vgl. 4.3.).

Bemerkenswert ist, daß im Verlaufe der pflanzlichen Ontogenese, vor allem in den Blättern, ein zunehmender Kinetinmangel aufzutreten scheint. Daraus erklären sich diejenigen Befunde, wonach die typischen Kinetineffekte nur an isolierten Blättern zu beobachten sind. Bei jungen Organen hat eine zusätzliche Kinetinapplikation oft sogar negative Folgen. Abbildung 84 gibt diese Altersabhängigkeit der Kinetinwirkung am Beispiel der Vergil-

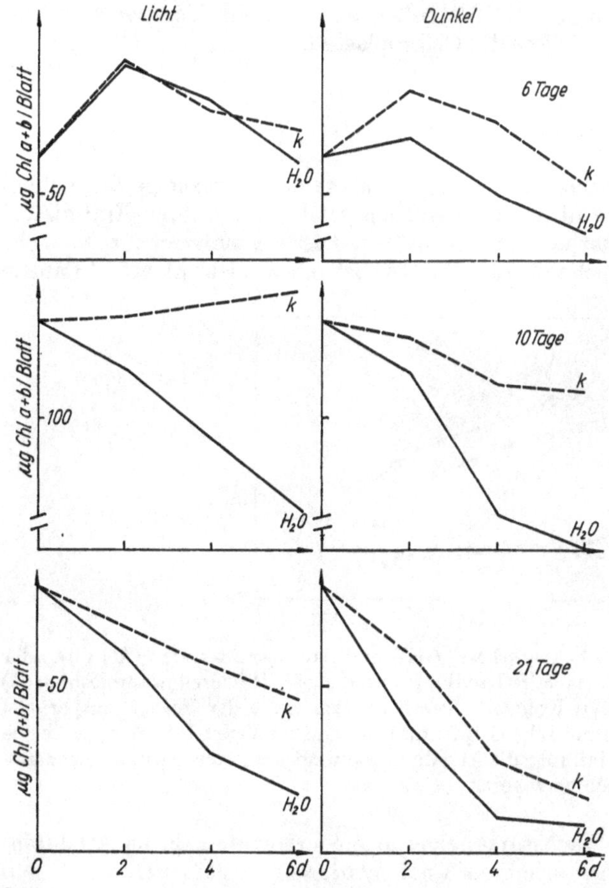

7158/84 3/10

Abb. 84. Der Chlorophyllabbau bei isolierten Weizenprimärblättern verschiedenen Alters (6, 10 und 21 Tage) im Dauerlicht (2000 Lux) sowie im Dunkeln unter dem Einfluß von Kinetin (k; 20 mg/l).

bungshemmung bei isolierten Weizenprimärblättern verschiedenen Alters unter Berücksichtigung des Lichtfaktors wieder. Während 6 Tage alte Blätter zunächst kaum einen Kinetineffekt zeigen, ist dieser bei 10 Tage alten Blättern besonders ausgeprägt, nimmt aber bei noch älteren Blättern wieder ab.

Eine besondere Bedeutung kommt der cytokininbedingten Aktivitätserhöhung der Plastiden-Leucyl-t-RNA-Synthetase zu. Cytokininhaltige t-RNA's gelten als mögliche Komponenten des Cytokininhaushaltes der Chloroplasten.

7.1.6.3. *Gibberelline*

Bei der intensiv betriebenen Analyse der Physiologie der Gibberelline hat es nicht an Versuchen gefehlt, auch ihren Einfluß auf die Photosynthese zu überprüfen. Diese erschienen um so mehr erfolgversprechend, als die GA bei einer Vielzahl von Pflanzen

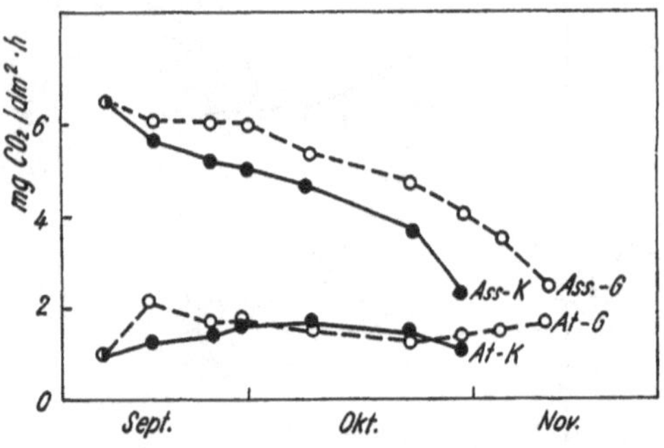

Abb. 85. Die Photosynthese- (Ass) und Atmungsintensität (At) alternder Fliederblätter nach Behandlung mit 0,005% Gibberellinsäurelösung (G) im Vergleich zu Kontrollblättern (K) am Ende der Vegetationsperiode. Die photosynthetische CO_2-Aufnahme wird zu Versuchsbeginn durch die GS nicht beeinflußt; die Abnahme während der Alterung und der Blattfall sind jedoch verzögert.

beachtliche Wachstumssteigerungen hervorrufen, die kausal durchaus mit einer erhöhten Photosyntheseintensität verknüpft sein könnten. Die diesbezüglichen Befunde sind jedoch wiederum recht uneinheitlich. Während vielfach Angaben über eine allerdings recht kurzfristige Erhöhung der Photosynthese gemacht werden, finden sich auch Mitteilungen über ein indifferentes Verhalten (Abb. 85) sowie über einen negativen Einfluß der GA. Dabei kommt es oft zu beträchtlichen Verschiebungen der Relation zwischen oberirdischer Pflanzenmasse und Wurzelwerk. Im allgemeinen wird die Ausbildung des Wurzelsystems durch die GA beeinträchtigt, so daß auch Ernährungsstörungen eine wesentliche Ursache für den Leistungsabfall sein könnten.

Neben der Beeinflussung der assimilierenden Oberfläche, des Assimilattransports sowie der Stomataapertur ist wiederholt über GA-bedingte Veränderungen des Chlorophyllgehaltes berichtet worden. Die experimentelle Überprüfung dieses Problems an Weizenkeimpflanzen ergab, daß die GA-Wirkungen auf einem Konzentrationseffekt beruhen: niedrige GA-Konzentrationen bedingen in erster Linie eine Förderung des Streckenwachstums, wodurch eine Verringerung des Chlorophyllgehaltes vorgetäuscht wird (Verdünnungseffekt); die Versuchspflanze bildet die gleiche Pigmentmenge wie die unbehandelte Pflanze. Höhere GA-Konzentrationen (100 mg/l) führen dagegen zu einer signifikanten Synthesehemmung.

Während also auch die meisten GA-Effekte auf die Photosynthese indirekter Art sind, weisen einige Untersuchungen auf die direkte Beteiligung der GA bei der Regulation der Biosynthese von Photosyntheseenzymen hin, zumal die Chloroplasten auch Syntheseorte endogener GA sind.

7.1.6.4. Abscisinsäure

Hierzu liegen nur z. T. widersprüchliche Einzelbefunde vor. Sie sprechen einmal für eine Erhöhung des Chlorophyllgehaltes durch 10^{-5} M ABA. Andererseits wird über eine Hemmung der Photosyntheserate sowie der CO_2-fixierenden Enzyme einer C_3-(Spinat)- und C_4-Pflanze (Mais) durch 10^{-6}—10^{-4} M ABA berichtet, obwohl isolierte Blattmesophyllzellen von *Phaseolus vulgaris, Nicotiana tabacum* und *Lycopersicon esculentum* durch ABA-Konzentrationen bis zu 135 μM keine Beeinflussung der Photosynthese zeigten. Allgemein gilt, daß die ABA antagonistisch zu den Cytokininen wirkt.

7.1.6.5. Ethylen

Wenige Einzelbefunde verweisen u. a. auf die ethylen-bedingte Induktion der Chlorophyllakkumulation in dormanten *Agrostemma*-Embryonen; in nachgereiften Embryonen vermindert es den

Chlorophyllgehalt. Die Feststellung einer generellen Steigerung der Chlorophyllsynthese durch Ethylen bedarf noch der allgemeingültigen Bestätigung.

7.2. Abhängigkeit von endogenen Faktoren

7.2.1. Chlorophyllbildung, Chloroplastenentwicklung und Photosynthese

Versuche an etiolierten Pflanzen mit Lichtblitzen erbrachten Einsichten in mögliche korrelative Beziehungen zwischen der Differenzierung des Photosyntheseapparates und der Fähigkeit zur lichtabhängigen O_2-Produktion in den frühesten Entwicklungsabschnitten. Erhalten z. B. etiolierte Bohnenblätter intermittierendes Licht in Serien von 1 ms-Lichtblitzen hoher Intensität, die durch 15 min Dunkelheit unterbrochen sind, so genügen 300—700 Blitze (entsprechend einer Gesamtbelichtungszeit von 0,3—0,7 s), um in den Etioplasten die Bildung von Chl-tragenden Primärthylakoiden zu induzieren. Diese Organelle vermögen dann die PMS-katalysierte zyklische Photophosphorylierung durchzuführen, besitzen also bereits ein funktionstüchtiges Photosystem I, aber noch keinen direkten Elektronentransport und keine PS II-Aktivität. Erst nach 6—8 Minuten Dauerlicht ist in solchen noch granafreien Chloroplasten die volle Aktivität des II. Photosystems meßbar. In gleicher Weise steigt die Lichtaktiverbarkeit der bereits im Etioplasten vorhandenen ATPase sowie die O_2-Freisetzung von Null bis auf einen durch die Kapazität des PS II gegebenen Wert. Bei kontinuierlicher Belichtung werden die Photosysteme nach durchschnittlich 2 Stunden (PS I) bzw. 6 h (System II) aktiv, wobei jedoch dem wasserspaltenden System im PS II die begrenzende Rolle zuzuschreiben ist. Das quantitative Verhältnis der Reaktionszentren von PS II zu denen von PS I kann in Abhängigkeit vom Entwicklungsstand variieren und liegt bei Cyanobakterien und Rotalgen zwischen 0,2 und 0,9 (RC II/RC I). Bei Chloroplasten höherer Pflanzen und Grünalgen schwankt dieses Verhältnis RC II/RC I zwischen 1,3 und 4,0.

In der frühen Entwicklungsphase korrelieren diese Aktivitäten noch mit der jeweiligen Chlorophyllmenge: mit steigender Chlorophyllakkumulation nimmt auch die O_2-Ausscheidung zu; in ausgewachsenen Blättern, aber auch bei Mutanten, sind diese Relationen nicht mehr gegeben.

Tabelle 29

Quantitative Veränderungen der Carotenoid-Komponenten während der Ergrünung 6 Tage alter etiolierter Weizenkeimpflanzen (nach WALTER 1972)

Pflanzenalter (d)	6		6		6		7		8		8	
Belichtungsdauer (h)	—		3		6		24		48		192	
Pigmentgehalt	μg/g FM	%	μg/g FM	%	μg/g FM	%	μg/g FM	%	μg/g FM	%	μg/g FM	%
β-Caroten	0,3	7	1,2	12	2,1	15	6,0	20	21,1	23	34,4	26
Violaxanthin	0,9	23	1,4	15	2,4	18	5,1	17	15,5	17	20,4	15
Lutein	2,3	56	5,0	52	6,0	45	13,9	47	41,3	45	61,5	47
Neoxanthin	0,3	7	1,3	14	1,8	13	3,6	12	13,2	15	15,8	12
Zeaxanthin	0,3	7	0,7	7	1,2	9	1,1	4	—	—	—	—
Gesamt-Carotenoide	4,0	100	9,6	100	13,5	100	29,7	100	91,1	100	132,1	100
β-Caroten/Lutein	0,13		0,24		0,35		0,43		0,51		0,56	
(Pchl) Chl/Car (μg/μg)	0,06		0,6		2,3		3,5		3,6		3,6	
(M/M)	0,04		0,4		1,5		2,2		2,3		2,3	

Ein Verhältnis zwischen Chl/Car von 2,3 läßt auf einen solchen strukturellen Entwicklungsgrad der Chloroplasten schließen, der die Funktionsfähigkeit beider Photosysteme ermöglicht. Die quantitativen Veränderungen der Car-Komponenten während der Ergrünung zeigt Tabelle 29 am Beispiel 6 Tage alter etiolierter Weizenkeimpflanzen.

Bei der weiteren Beurteilung der Zusammenhänge zwischen Chlorophyllbildung, Chloroplastenstruktur und Photosynthese sollen hier vor allem Regulationsprobleme im Vordergrund stehen. Sie werden in erster Linie bei der δ-ALS-Synthetase gesehen. Ihre Aktivität wird allosterisch durch große PCHl(id)-Mengen gehemmt und nach deren Abnahme wieder gefördert. Einige Autoren schreiben darüber hinaus auch dem PChl(id) Holochrom eine regulierende Funktion bei der Aktivierung der δ-ALS-Synthetase zu. Eine Applikation von δ-ALS führt bei Weizenkeimpflanzen zu einer beträchtlichen (18fachen) Erhöhung des inaktiven $PChl(id)_{635}$; die Synthese der Strukturproteine sowie die morphologische Entwicklung der Plastiden werden dadurch kaum beeinflußt. Demgegenüber bewirkt Kinetinzufuhr über eine nicht selektive Wirkung auf den gesamten Proteinstoffwechsel in gleicher Weise eine Zunahme der Strukturproteine sowie eine erhöhte Bildung von Enzymen der Chlorophyllsynthesekette. Die Veresterung und die Hydrolyse werden nach jüngeren Einsichten (entgegen früheren Vorstellungen eines Chl.-Synthetase-Komplexes) durch verschiedene Enzymsysteme realisiert. Die Bezeichnung Chlorophyllase gilt heute nur noch für das hydrolytische System.

Aber auch die jeweiligen Gewebe scheinen regulativ die Chlorophyllakkumulation zu beeinflussen. So beginnt die Pigmentsynthese in ergrünenden Maisblättern in den Zellen der Bündelscheiden früher als im Mesophyll. Im Mesophyll hält sie dagegen länger an und verläuft mit höherer Geschwindigkeit.

Mit der Pigmentakkumulation geht eine Aktivitätssteigerung der charakteristischen Photosyntheseenzyme und die Ausdifferenzierung der Thylakoide einher.

Der ausgewachsene Chloroplast besteht zu etwa 50% des Trockengewichtes (10^{-12} g) aus Proteinen (davon sind 55% wasserlöslich und 45% membrangebunden). Der Lipidanteil des Trockengewichtes schwankt um 40–50% (5% Chlorophylle, $\sim 10^9$ Moleküle; 0,7% Carotenoide); der Nukleinsäuregehalt liegt zwischen 1–8%. Der Kohlenhydratgehalt variiert, besonders stark bei den KH-speichernden Chloroplasten in Abhängigkeit von Alter, Pflanzenart und Umweltbedingungen (Abb. 86).

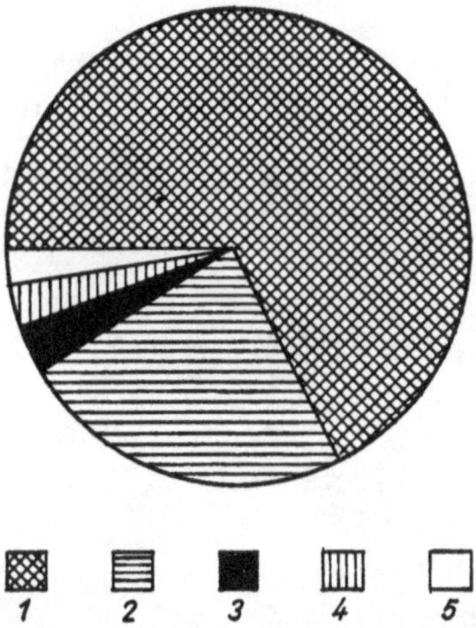

Abb. 86. Mikromorphologisches Modell der charakteristischen Verteilung der verschiedenen Chloroplastenkomponenten in *Arabidopsis thaliana*. 1 — Matrix; 2 — Membranen; 3 — Plastoglobuli; 4 — Stärke; 5 — Vakuolen (nach Abdullaev u. Mitarb. 1972). Bohnenchloroplasten enthalten folgende Anteile: 40—50% Stoma; 50—60% Thylakoide; 5—10% Plastoglobuli und 10% Stärke.

Pro Quadratzentimeter eines Blattes sind etwa 3×10^7 Chloroplasten vorhanden. Über die jeweilige Dichteverteilung des Chlorophylls in den Chloroplasten verschiedener Pflanzen informiert Tabelle 30.

Ein Chl a-Gehalt im Blatt von 3,1—5,7 mg $\cdot$ dm^{-2} wird verbreitet als für die Photosynthese optimal angesehen, unabhängig von Pflanzenart und Alter. Auch im Bestand soll der Chl-Gehalt potentiell nicht begrenzend sein. Bei Biomasseproduktionsbestimmungen wird oft der Chl-Gehalt als Bezugsgröße zugrunde gelegt. Pro Frischgewicht der Blätter schwankt der Chl-Gehalt um 0,1—0,3%. Bezogen auf die Trockenmassen der Chloroplasten betragen die Chl-Gehalte 7—10%. Die verfügbare Thylakoidoberfläche soll den Chlorophyllgehalt begrenzen.

Die Volumenregulationen zwischen Cytoplasma und Chloroplasten der Zellen liegen bei etwa 2:1. Am Gesamtvolumen der Palisadenzellen haben die Chloroplasten einen Anteil von ca. 10%. Der Chloroplastendurchmesser schwankt um 5 μm. Die Chloroplasten von *Arabidopsis thaliana* vergrößern im Palisadenparenchym

Tabelle 30

Literaturzusammenstellung über die Dichteverteilung des Chlorophylls in den Chlorplasten verschiedener Pflanzen (nach GAFFRON 1960, erweitert)

Objekt	Plastidentyp	Chl-Gehalt pro Chloroplast in 10^{-12} g	Anzahl der Membranen pro Chloroplast bzw. Zelle	Fläche einer Membran (in μ^2)	Anzahl der Chl-Moleküle pro Membran ($\mu^2 \cdot 10^5$)
Angiospermen-Landpflanzen:					
Spinacia oleracea	Grana-Typ	1,9	9	0,20	3,1
Hibiscus rosasinensis	Grana-Typ	1,0	15	0,10	2,7
Aspidistra elatior	Grana-Typ	14,0	26	0,36	11,0
Tulipa spec.	Grana-Typ	0,07	6	0,06	5,4
Angiospermen-Wasserpflanzen:					
Elodea densa	Grana-Typ	2,0	15	0,10	4,0
Grünalgen:					
Mougeotia spec.	Gran-freie	67,0	170	1105,00	2,6
Spirogyra spec.	Chloropl.	340,0	120	4800,00	4,0
Diatomeen:					
Nitzschia dissipata	Grana-freie	0,9	60	10,20	4,0
Blaualgen:					
Synechococcus cedrorum	Freie Thylakoide	0,26	32	4,30	12,0
Bakterien:					
Rhodospirillum rubum	Freie Grana	0,016	7	0,02	10,0

des Rosettenblattes ihr Volumen während des Blattwachstums von 75 μm^3 bis zum Blütenstadium auf 106 μm^3. Danach (zwischen Blüh- und Schotenstadium) ist mit Abschluß des Streckungswachstums auch die Chloroplastenvergrößerung abgeschlossen.

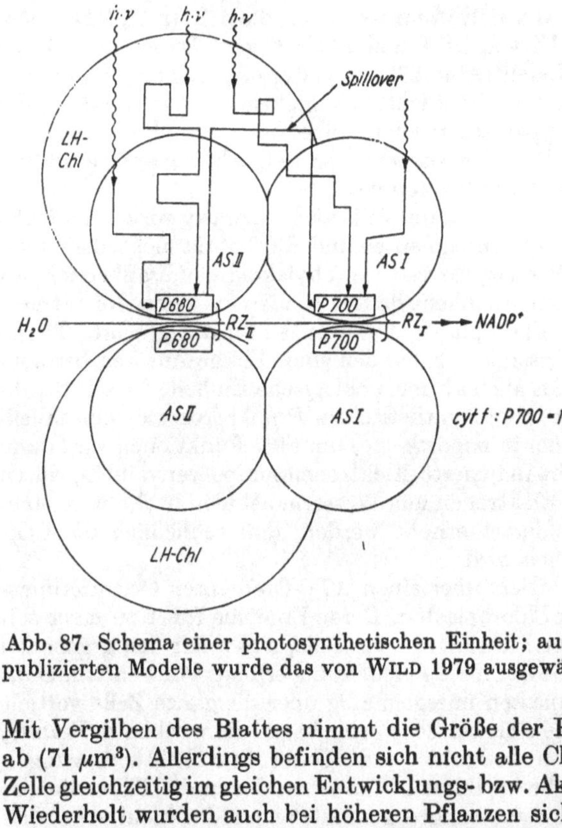

Abb. 87. Schema einer photosynthetischen Einheit; aus der Vielzahl der publizierten Modelle wurde das von WILD 1979 ausgewählt.

Mit Vergilben des Blattes nimmt die Größe der Plastiden wieder ab (71 μm^3). Allerdings befinden sich nicht alle Chloroplasten der Zelle gleichzeitig im gleichen Entwicklungs- bzw. Aktivitätszustand. Wiederholt wurden auch bei höheren Pflanzen sich teilende Chloroplasten in schon ausgewachsenen Zellen und Geweben beobachtet.

In Abhängigkeit von der Beleuchtungsstärke können sich sowohl die Größe und Anzahl der Grana als auch die photosynthetischen Einheiten reversibel verändern. Obwohl das Konzept der photosynthetischen Einheit (PSE) bereits vor 50 Jahren durch EMERSON und ARNOLD entwickelt wurde, gibt es heute noch keine allgemeingültige Definition. Nach verbreiteten Vorstellungen besteht die PSE aus dem lichtsammelnden System (LHC) mit

Chl a, Chl b und Car-Molekülen, dem System des Antennenchlorophylls, das im wesentlichen aus Chl a-Molekülen besteht und als Antennensystem (AS) I und (AS) II vorrangig die Reaktionszentren von PS I und PS II mit Energie versorgt, den Reaktionszentren der Photosysteme I und II und Teilen der Elektronentransportkette, die sich unmittelbar an die RZ anschließen bzw. zwischen den RZ von PS I und PS II liegen. Diesem von Wild entwickelten Modell (Abb. 87) einer vielteiligen PSE kommt im Zusammenhang mit der Lichtabhängigkeit der Entwicklung des Photosyntheseapparates insofern eine besondere Bedeutung zu, als danach die PSE bei variierender Beleuchtungsstärke additiv auf oder abgebaut werden könnte.

Diese Charakterisierung der PSE als kooperativ wirkendes Molekülgitter mit Antennenpigmenten und RZ umfaßt nicht alle photosynthetischen Primärprozesse im Thylakoidmembranbereich als universelle Funktionseinheit, da die Redoxreaktionen, Ionentransferprozesse und Photophosphorylierungen an das gesamte Thylakoid als Wirkungseinheit gebunden sind. Einige Autoren betrachten daher die PSE auch als morphologische Einheit, die alle Strukturelemente der photosynthetischen Primärprozesse, einschließlich der Elektronentransportkette, umfaßt. Funktionell wird dann die PSE als licht-induzierte Elektronenpumpe verstanden, durch deren Wirkung Elektronen aus Wassermolekülen in ihrem energetischen Niveau derart erhöht werden, daß schließlich die CO_2-Reduktion möglich wird.

Das Licht induziert über einen ATP-Gradienten Orientierungsbewegungen der Chloroplasten. Deren Ergebnis führt zu einer solchen Stellung der Plastiden in der Zelle, daß unter den gegebenen Bedingungen eine optimale Beleuchtung erfolgt. Während im Dunkeln die Chloroplasten unregelmäßig über die ganze Zelle verteilt sind, bewegen sie sich bei Schwachlicht an die periklinen Wände, die am stärksten bestrahlt sind. Unter Starklichtbedingungen wandern sie an die antiklinen Wände, an denen die Pigmente vor photooxidativen Zerstörungen geschützt sind, das Licht aber noch eine ausreichende Photosynthese gewährleistet. Dieser Mechanismus ermöglicht nicht nur eine ökologisch bedeutsame Regulation der Photosynthese; je besser dieses System funktioniert, um so rascher vermag sich eine Pflanze an wechselnde Lichtverhältnisse ohne Leistungseinbuße anzupassen (Tafeln 10 u. 11).

Ein Vergleich der Größe der Palisadenzellen mit der Chloroplastengröße zeigte bei *Arabidopsis*, daß die kleineren Palisadenzellen des Stengelblattes auch kleinere Chloroplasten enthielten als entsprechende größere Zellen des Rosettenblattes. Insgesamt scheint eine direkte Proportionalität zwischen der Summe der Oberflächen aller Chloroplasten einer Zelle und den jeweiligen Zellvolumina zu bestehen. Das Verhältnis der Palisadenoberfläche (pro mm^2) zum Chloroplastenvolumen pro mm^2 (f/m) schwankt zwischen 0,65 (bei Schattenblättern von *Oxalis acetosella*) und 3,5 (bei Sonnen-

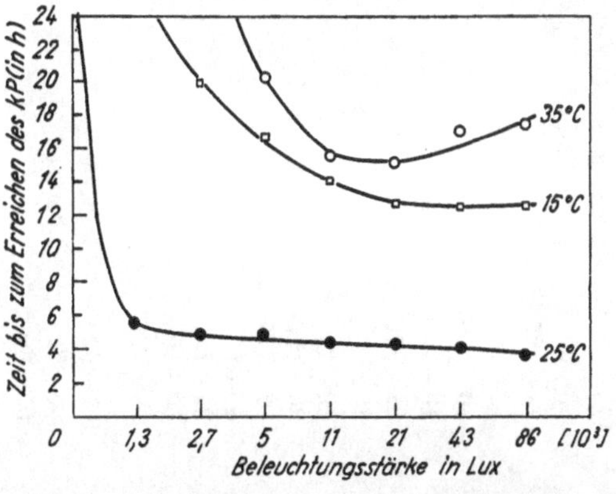

Abb. 88. Die Zeit zur Erreichung des Kompensationspunktes (KP) etiolierter Weizen-Keimpflanzen bei unterschiedlicher Temperatur und Beleuchtungsstärke (nach Wolf 1971, verändert).

blättern von *Nasturtium palustre*). Bei *Arabidopsis* liegt das Verhältnis zwischen 2,2 im Rosettenstadium und 3,2 im Blühstadium; bei Bohnenprimärblättern nimmt es im Verlaufe der Entwicklung von 1,2 auf 2,8 zu.

Die Anzahl der Chloroplasten ist art- und gewebespezifisch (Tab. 31). Sie wird vom genetischen System des Kernes bestimmt und steigt mit zunehmender Chromosomenzahl. Es enthalten Palisadenzellen von *Arabidopsis* 26, Schwammparenchymzellen dagegen nur 18 Plastiden. Die entsprechenden Zahlen für Bohnen-Pflanzen sind 23 bzw. 13 und Weizen-Mesophyllzellen besitzen etwa 25 Chloroplasten. Das Verhältnis der Chloroplastenzahlen in den Palisadenzellen zu denjenigen in Schwammparenchymzellen gilt ebenfalls als artspezifisch.

Sowohl Chloroplastenbildung als auch Chloroplastendifferenzierung sind in hohem Maße von den jeweiligen Bedingungen abhängig. In entsprechender Weise gilt dies auch für die Entwicklung der Funktionstüchtigkeit des Photosyntheseapparates. So errei-

Tabelle 31
Anzahl der Chloroplasten in Blattzellen von Pflanzen verschiedener Familien (aus Originalliteratur zusammengestellt)

niedrigste Werte		mittlere Werte		höchste Werte	
Dicotyledonae					
Aperaceae	2,5—15,0	Adoxaceae	22—170	Aizoaceae	200—400
Apocynaceae	3,5	Apiaceae	30—79	Asteraceae	70—220
Brassicaceae	3,2—9,9	Asteraceae	173	Chenopodiaceae	450—850
Capparidaceae	2,0—5,0	Brassicaceae	33—55	Ranunculaceae	250
Caryophyllaceae	8,9—14,4	Caryophyllaceae	14—105		
Chenopodiaceae	4,9—13,0	Chenopodiaceae	2—26,5		
Cichorioideae	7,5—10,6	Cichorioideae	30—150		
Cucurbitaceae	4,0—18,8	Crassulaceae	18—120		
Erythroxylaceae	1,0—6,0	Droseraceae	31—175		
Fabaceae	2,6—9,6	Fabaceae	35		
Hamamelidaceae	2,0—5,0	Gentianaceae	20—79		
Lamiaceae	4,0	Loranthaceae	80—120		
Moraceae	2,0—9,3	Protulacaceae	7—172		
Myrtaceae	1,0—6,0	Primulaceae	40—50		
Piperaceae	1,0—6,0	Ranunculaceae	31—187		
Urticaceae	2,0—8,0	Scrophulariaceae	30—70		
Monocotyledonae					
Dioscoreaceae	4,0	Poaceae	8,1—62	Poaceae	200
Musaceae	4,5	Liliaceae	7,0—74	Liliaceae	200—600
		Malvaceae	50—60		
		Pontederiaceae	9—30		

chen beispielsweise etiolierte Weizenkeimpflanzen bei 25 °C und einer Beleuchtungsstärke von 40000 Lux bereits nach 4 Stunden den Kompensationspunkt, während bei 15 °C und gleicher Beleuchtungsstärke mehr als 12 Stunden erforderlich sind (Abb. 88). Im Hinblick auf die Biochemie der CO_2-Fixierung ist zunächst eine Zunahme von β-Carboxylierungen zu beobachten; die Herausbildung des Calvinzyklus sowie des Glykolat-Weges erfolgt später.

7.2.2. CO_2-Gaswechsel im Verlauf der Ontogenese

Bei der Analyse des Gaswechsels während der Entwicklung ist die Ontogenese des Blattes von derjenigen der Gesamtpflanze streng zu unterscheiden. So entfalten sich z. B. die Blätter der sommergrünen Bäume und Sträucher im Frühjahr fast gleichzeitig. Sie sind daher etwa gleichaltrig; ihre Entwicklung erfolgt relativ unabhängig vom Alter der Gesamtpflanze.

Bei den Blättern krautiger Pflanzen dagegen ist eine Korrelation zwischen Blattalter und dem Alter der Gesamtpflanze deutlich ausgeprägt. Dies ist darauf zurückzuführen, daß diese Blätter nacheinander, d. h. aus Meristemen unterschiedlichen Alters, entstehen und der Entwicklungszyklus, zumindest der oberirdischen Teile, von der Entstehung bis zur Samenbildung innerhalb einer Vegetationsperiode abläuft. Für das Wachstum der einzelnen Organe eines Individuums gelten die gleichen Gesetzmäßigkeiten wie für die Entwicklung des Gesamtorganismus. Der korrelative Einfluß der Mutterpflanze wird vor allem dadurch erkennbar, daß die Altersveränderungen in den Blättern schon zu Zeiten einsetzen, wenn die klimatischen Faktoren noch einen optimalen Gaswechsel erlauben oder konstante Anzuchtbedingungen eingehalten werden. Entfernt man die Vegetationskegel und die jungen Samenanlagen, so verlängert sich die Lebensdauer der Blätter beträchtlich. Die durch die starke „Sogwirkung“ (sink) wachsender Organe bedingte weitgehende Umleitung der Stoffströme in der Pflanze entzieht den älteren Blättern die Grundlagen zu einem intensiven Stoffwechsel. Sie werden auf diese Weise zu funktionslosen Organen und unterliegen als solche stärker den Altersveränderungen. Dies zeigt, daß die Lebensdauer der Blätter keinen vollen Aufschluß über deren Potenzen gibt. Das genetisch fixierte Alterungsprogramm wird in Abhängigkeit von den während des Entwicklungsablaufs herrschenden Bedingungen realisiert.

Die Photosyntheseintensität nimmt zu Beginn der Blattentwicklung mit steigendem Chlorophyllgehalt zu, sie wächst jedoch von einer bestimmten Pigmentmenge ab unabhängig von dieser an. Auch in späteren Stadien der Ontogenese besteht kein quantitativer Zusammenhang zwischen beiden Größen, er fehlt also sowohl am Anfang als auch am Ende der Vegetationsperiode (Abb. 89).

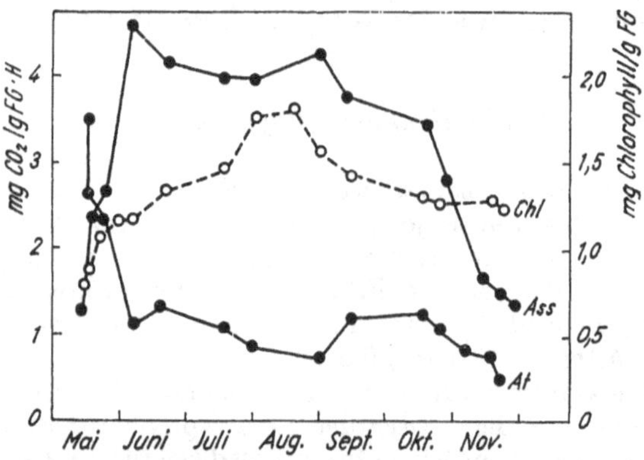

Abb. 89. Die Photosynthese- (Ass) und Atmungsintensität (At) sowie der Chlorophyllgehalt (Chl) endständiger Fliederblätter im Verlauf der Vegetationsperiode 1958.

Die höchste Brutto-Photosynthese besitzen die Blätter kurz vor bzw. während der Vollendung ihrer Wachstums- und Differenzierungsphase.

Die vergleichende Analyse von Gaswechselintensität, Blattwachstum und Differenzierung der Zellen und Chloroplasten bestätigt, daß zwischen dem Wachstum eines Organs, seiner Zellen und deren Organellen und ihren physiologischen Potenzen eine enge Korrelation besteht.

Nachdem die Blätter die durch Genotyp und Umwelt gegebene mögliche Organisationsform und Stoffwechselintensität erreicht haben, stellen sich die Photosynthese- und Atmungsintensität auf einen mittleren Wert ein, der in Abhängigkeit von der Pflanzenart unterschiedlich lange aufrechterhalten wird. Fliederblätter z. B. vermögen etwa 3 Monate hindurch mit nahezu gleicher Leistung zu assimilieren, während die Photosyntheserate der kurzlebigen Weizen- und Bohnenprimärblätter schon nach wenigen Tagen absinkt. Der Zeitabschnitt, in dem die Gaswechselintensität annähernd konstant bleibt, beträgt bei den Blättern krautiger Pflanzen maximal einige Wochen, bei den oberen, jüngsten Blättern ist er am größten. Die unteren, zuerst angelegten Blätter unterliegen dagegen zumeist bald im „Konkurrenzkampf" der einzelnen Organe des Organismus um die notwendigen Nähr- und Wirkstoffe, bevor

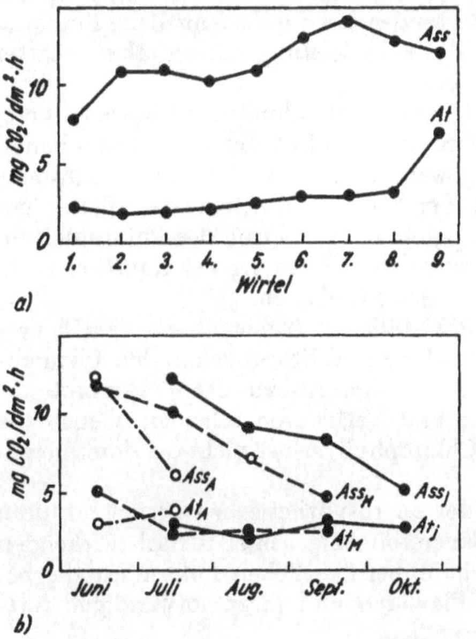

Abb. 90 a) Die Photosynthese- (Ass) und Atmungsintensität (At) der Blätter einzelner Wirtel von *Monarda*-Pflanzen (1. Wirtel- unterster, ältester Wirtel)
b) Die Photosynthese- (Ass) und Atmungsintensität (At) verschieden alter Blätter von *Monarda*-Pflanzen während der Vegetationsperiode 1958
A = alte Blätter des 3. Wirtels; M = mittlere Blätter des 6. Wirtels; J = junge Blätter des jeweils obersten Wirtels.

sie das für die jeweilige Art charakteristische Leistungsmaximum erreicht haben (Abb. 90). Faktoren bzw. Agentien (wie Licht, Cytokinin, Fusicoccin, Cycloheximin, aliphatische Alkohole), welche das Schließen der Stomata verzögern oder verhindern, hemmen die Alterung. Alles, was den Spaltöffnungsschluß fördert (Dunkelheit; Vaseline-Überzüge), beschleunigt das Altern.

Auf der Bestandesebene gestaltet sich die Altersabhängigkeit einerseits noch komplexer, da vor allem die Lichtverhältnisse das Altern der Blätter in tieferen Schichten maßgeblich mitbestimmen. Zum anderen gibt es aber auch Beispiele dafür, daß sich die Veränderung der Altersstruktur in der Bestandesentwicklung kaum auf die flächenbezogene Photosyntheseleistung auswirkt. So bleibt in *Trifolium repens*-Beständen z. B. durch die starke Ausbreitung der Blätter jüngerer Altersklassen und deren bevorzugte Anordnung im oberen Teil des Bestandes das durchschnittliche Potential trotz zunehmender Anzahl wenig leistungsfähiger alter Blätter etwa gleich.

Die primären Ursachen für die Abnahme der Photosyntheseintensität liegen in den Chloroplasten selbst. Im Verlaufe der Seneszenz erfolgt auf der Basis gewebespezifischer Seneszenzprogramme ein zunehmender Zerfall der Grana, abnehmende Dichte des Stromas, Anstieg der Plastoglobuli, Reduktion des Chloroplastenvolumens und somit insgesamt der Übergang der funktionstüchtigen Chloroplasten in einen Gerontoplasten.

Die Aktivität der RubPCO fällt oft früher ab als der Chlorophyllgehalt. Für dessen Abnahme sind Störungen in den Pigment-Eiweißkomplexen, meist durch den Abbau der Trägerproteine, verantwortlich. Die Lipide und Fettsäuren scheinen ebenso wie die Lipoxygenase für den Chlorophyllverlust nicht die dominierende Rolle zu spielen.

Die ständige Belastung der photosynthetischen Ultrastrukturen durch den entstehenden Sauerstoff bzw. seiner toxisch wirkenden Radikale dürfte einen nicht unbeträchtlichen Faktor für die begrenzte Lebensdauer der Plastiden und ihrer notwendigen fortwährenden Erneuerung darstellen.

Gewisse Analogien zur altersbedingten Abnahme der Gaswechselintensität zeigen bereits die Lichtreaktionen der Photosynthese. Die über die gesamte Kette verlaufenden Elektronentransportreaktionen weisen die größte Empfindlichkeit auf. Dem folgt eine Erhöhung der Membranpermeabilität und damit die Entkopplung des Elektronentransports von den ihn begleitenden Phosphorylierungsreaktionen. Im Vergleich beider Photosysteme erweist sich das PS II stets als das instabilere, wobei das wasserspaltende System die größte Empfindlichkeit besitzt und am frühesten beeinträchtigt wird. Die höhere Stabilität des PS I ergibt sich möglicherweise aus einer geschützteren Lage in der lipophilen Membranphase. In isolierten Chloroplasten ist die Abnahme der photochemischen Aktivität vorrangig durch die Destabilisierung des Q-Proteins (S. 114) bedingt, da seine Regeneration in Abwesenheit des speziellen (kernabhängigen) Protein-synthetisierenden Systems der Plastiden nicht möglich ist.

Die Hillaktivität weist weder während der Entwicklung von Bohnen- und Weizenkeimpflanzen noch im Verlauf der gesamten Ontogenese von Spinatpflanzen oder im Jahresablauf bei Efeublättern eine quantitative Beziehung zum Gaswechsel auf.

Neben quantitativen Veränderungen der Photosynthese im Zuge der Ontogenese sind auch qualitative Veränderungen der Photosyntheseprodukte beobachtet worden. Wesentlich aufschlußreicher und notwendiger erscheint jedoch die weitere Analyse der Frage, ob bzw. inwieweit die beiden Lichtreaktionen (S. 101) zu verschiedenen Zeiten der Entwicklung unterschiedlich intensiv ablaufen und in welchem Ausmaße sie „bedarfsmäßig" entweder mehr NADPH + H^+ oder ATP bereitzustellen vermögen.

Die Atmungsintensität zeigt ein der Photosyntheseintensität nahezu entgegengesetztes Verhalten: sie sinkt mit zunehmender Blattentwicklung ab, erreicht bei den ausgewachsenen Blättern (für unterschiedlich lange Zeit) ein Minimum und steigt am Ende der Blattontogenese nochmals an (klimakterischer Endanstieg).

Somit wird durch beide energetische Systeme insgesamt die „Energieversorgung" des Blattes wechselseitig gesichert (6.4.). Der Verlauf der Atmung beinhaltet jedoch ebenfalls qualitative Veränderungen. So variiert z. B. der Anteil der cyanid-resistenten Atmung während der Entwicklung: er umfaßt bei Fliederblättern während der Periode des Blattfalls nahezu die gesamte Atmungsrate.

Die vergleichende Auswertung der Literatur über die Seneszenz bei Pflanzen lehrt, daß generell der Chloroplast dasjenige Organell ist, in dem die Altersveränderungen zuerst deutlich werden. Das respiratorische System ist wesentlich stabiler und trägt bis zum Zelltod direkt oder, unter extremen Bedingungen über die energetische Absicherung der Bildung von Streßproteinen, zur Erhaltung der Kern-RNS und DNS bei.

7.2.3. *Intensität und Produktivität der Photosynthese bei Einzelpflanzen und im Bestand*

Die Intensität einzelner Prozesse vermag durchaus wertvolle Hinweise auf die potentielle Leistungsfähigkeit des Gesamtsystems zu liefern. Für die Belange der Praxis ist jedoch der realisierte Ertrag entscheidend. Wenn wir verschiedentlich feststellen, daß die Kapazität photosynthetischer Teilprozesse größer ist als sie sich in der Produktivität widerspiegelt, so geht es vorrangig

Tabelle 32

Durchschnittliche Höchstwerte der Nettophotosynthese bei normaler CO_2-Konzentration (0,03 Vol.%), Lichtsättigung, optimaler Temperatur und Wasserversorgung (bezogen auf die einfache Blattfläche bzw. auf die Trockenmasse, nach LARCHER 1980).

Pflanzengruppe	CO_2-Aufnahme	
	$mg \cdot dm^{-2} \cdot h^{-1}$	$mg \cdot g^{-1}$ TM $\cdot h^{-1}$
Landpflanzen		
Phanerogame		
Krautige Pflanzen		
C_4-Pflanzen	30–80	60–140
C_3-Pflanzen		
Kulturpflanzen	20–45	30–60
Pflanzen sonniger Standorte (Heliophyten)	20–40	30–60
Schattenpflanzen (Sciophyten)	4–20	10–30
Pflanzen trockener Standorte (Xerophyten)	20–45	15–33
Körner- u. Futtergräser	15–35	
Wild- und Riedgräser	8–20	8–35
CAM-Pflanzen		
im Licht	3–20	0,3–2
im Dunkeln	10–15	1–1,5
Holzpflanzen		
Tropische und subtropische Bäume		
Obstbäume	18–22	10–25
Waldbäume	12–24	
Unterholz	5–10	
Großblättrige Immergrüne d. Subtropen u. wärmeren Regionen		
Sonnenblätter	10–18	
Schattenblätter	3–6	
Laubabwerfende Bäume		
Sonnenblätter	15–25	
Schattenblätter	5–10	
Coniferen		
Sommergrüne		10–40
Immergrüne	5–18	4–18

Tabelle 32 (Fortsetzung)

Pflanzengruppe	CO_2-Aufnahme	
Mangrove-Bäume	6–12	
Sklerophylle in Regionen periodischer Trockenheit	5–15	3–10
Bambus	5–10	
Palmen	6–10	
Wüstensträucher	6–20	5–15
Zwergsträucher der Heide u. Tundra		
Sommergrün	10–25	15–30
Immergrün	5–10	2–10
Kryptogamen		
Farne	3–5	
Moose	bis 3	0,6–3,5
Flechten	0,5–2	0,3–2,5
Wasserpflanzen		
Sumpfpflanzen emerse Hydrophyten	20–40	
Submerse Kormophyten	2–6	5–25
Tange	3–10	1–20
Planktische Algen		2–3

darum, die Ursachen dieser Grenzen zu erfassen mit dem Ziel, Bedingungen zu schaffen, die eine optimale Ausschöpfung des pflanzlichen Leistungspotentials ermöglichen. Bei Kulturpflanzen wird das genetisch fixierte Ertragspotential definiert als der Ertrag einer Sorte, die sich unter optimalen Bedingungen entwickelt, also Belastungen durch Nährstoff- oder Wassermangel bzw. durch Unkräuter, Parasiten u. a. Stressoren nicht ausgesetzt ist bzw. durch entsprechende Maßnahmen diese ausgeschaltet sind. Die Angaben über die gegenwärtig mögliche Realisierung des vorhandenen Ertragspotentials hängen stark von der Entwicklung der Landwirtschaft ab. Aber auch unter unserer industriemäßig betriebenen Pflanzenproduktion werden sogar bei den im Anbau befindlichen Hochleistungsformen noch Reserven gesehen, deren Größe pflanzenartspezifisch zwischen 10 und 30% schwankt.

Die Vielfalt der Problemstellungen kann im gegebenen Rahmen jedoch wiederum nur an einigen ausgewählten Beispielen aufgezeigt werden. Die Probleme beginnen bereits mit der Frage nach einer spezifischen Photosyntheseleistung (Tab. 32). Bei Bezugnahme auf die Blattfläche beispielsweise beobachtet man durchaus unterschiedliche Werte der photosynthetischen CO_2-Fixierung, wobei sich generell Monocotyledonen und diejenigen Dicotyledonen durch hohe Werte auszeichnen, bei welchen man nur eine geringe Phorotorespiration mißt. Berücksichtigt man aber den komplexen Charakter der gesamten Reaktionsfolge, von der Aufrichtung photochemischer Potentialdifferenzen bis zur CO_2-Fixierung, sowie deren Abhängigkeit von den vielfältigen endogenen und exogenen Faktoren, so tritt die Problematik dieser Fragestellung klar zutage. Bereits ein Vergleich der Photosynthesewerte von Pflanzen, die sich unter „Normalbedingungen" unterscheiden, zeigt, daß sich mit zunehmendem CO_2-Gehalt der umgebenden Luft und hohen Beleuchtungsstärken diese Differenzen verwischen (Tab. 19).

7.2.3.1. Photosynthese anderer Organe

Wenn auch das Blatt normalerweise das wesentlichste Photosyntheseorgan der Pflanze ist, so darf bei Bilanz- und Produktivitätsbetrachtungen jedoch nicht übersehen werden, daß auch andere Teile der Pflanze oft nicht unbeträchtlich zur Produktivität der Gesamtpflanze beitragen. So schwankt z. B. der prozentuale Anteil der Photosynthese der Sproßachse an der Leistung der Gesamtpflanze von 3—5% bei Luzerne, bis zu 40% bei *Ceroidium flovidum* (einem lange Zeit blattlosen Wüstenbaum). Das sich entwickelnde Früchte auch erheblich assimilieren, ist ebenfalls seit langem bekannt. Bei Gerstenähren werden bis zu 50% der eingelagerten Assimilate in den Ähren selbst gebildet. Bei Weizen schwanken diese Werte, in Abhängigkeit vom Entwicklungsstadium, zwischen 10 und 44%. Bei Verlust der „natürlichen" Assimilationsorgane vermögen oftmals Sproßachsen durch eine stärkere Entwicklung von Assimilationsgeweben, aber auch durch Erhöhung der Photosyntheseleistung der verbleibenden Organe, in hohem Maße den Produktionsausfall der Blätter zu kompensieren. So sind z. B. *Arabidopsis*-Pflanzen in der Lage, sich allein mittels der Photosynthese entblätterter Sproßachsen bis zur Ausbildung keimfähiger Samen zu entwickeln. Aus der vergleichenden Morphologie sind genügend Beispiele für einen derartigen „Funktionstausch" von Organen bekannt, wie etwa die chloroplastenhaltigen Gewebe der Stammsukkulenten und der Phyllodien, Phyllocladien und Cladodien besitzenden Pflanzen bzw. der Assimilationswurzeln von *Taeniophyllum.*

7.2.3.2. Translokationen

Bereits 1868 zog BOISSINGAULT eine Reduktion der Nettophotosynthese eines Blattes durch Assimilatakkumulation in Betracht. Trotzdem ist die Diskussion um die Regulation der Photosynthese durch die sink-source-Beziehungen bis heute noch nicht abgeschlossen. Doch werden in steigendem Maße Beobachtungen publiziert, wonach eine Substratakkumulation am Assimilationsort (z. B. experimentell induziert durch Entfernung von sink-Orten, wie sich entwickelnde Samenanlagen, Früchte oder Meristeme) die Photosynthese beeinträchtigt, ein gesteigerter Verbrauch dagegen (hervorgerufen durch partielle Defoliation, zeitweilige Verdunklung u. a.) zu einer Erhöhung der photosynthetischen Effektivität führt. Unter diesen Aspekten erhalten auch alle jene Prozesse eine steigende Bedeutung, welche die Translokation der Photosyntheseprodukte zwischen den einzelnen Kompartimenten bedingen, wobei die zusätzliche Energiebereitstellung für die Be- und Entladung des Phloems sowie zur Synthese und Ablagerung der Speicherstoffe eine besondere Rolle spielt. Auf die diesbezüglichen Wechselbeziehungen auf zellulärer Ebene wurde bereits verwiesen (6.4.).

Im System der Gesamtpflanze erfolgt zunächst eine energieabhängige Kohlenhydratanhäufung in den kleinen Phloemelementen im Blatt. Von hier aus gelangen die Transportkohlenhydrate, am meisten verbreitet die Saccharose, in die größeren Leitungsbahnen. Im Verlauf der Ontogenese eines Blattes beginnt der Assimilattransport erst relativ spät. In den ersten Stadien der Blattentwicklung dienen die Photosyntheseprodukte dem eigenen Organaufbau. Erst nach Abschluß des Flächenwachstums ist ein stärkerer Export festzustellen; er nimmt mit einsetzender Blattalterung wieder ab.

Die Transportrichtung innerhalb der Pflanze wird durch die Position der Blätter bestimmt. So versorgen bei krautigen Pflanzen die oberen Blätter die sich entwickelnden Spitzenmeristeme bzw. Blütenanlagen, während die tiefer inserierten Blätter die Wurzeln beliefern. Ausgewachsene Blätter von *Lolium temulentum* transportieren 70—80% ihrer Assimilate in die Meristeme und Blütenanlagen, 15—20% in junge, wachsende Blätter und 5—10% in ältere Blätter. Die Transportgeschwindigkeit ist bei Pflanzen mit

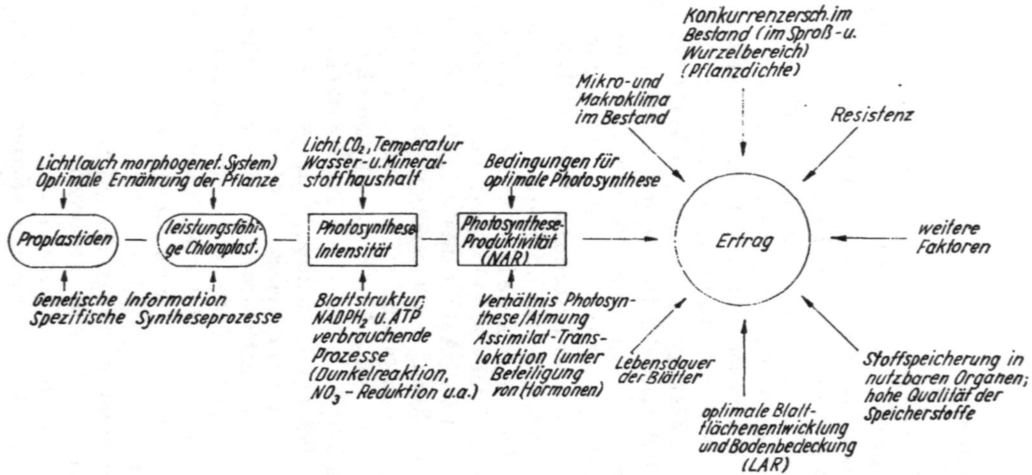

Abb. 91. Schematische Darstellung der bei der Ertragsbildung mitwirkenden Faktoren unter besonderer Berücksichtigung der Photosynthese.

Tabelle 33

Faktoren, welche in spezifischer Weise die photosynthetische Produktivität in Pflanzenbeständen bestimmen (nach NICHIPOROVICH 1963, erweitert)

Bestandesarchitektur:	– Blattbeschaffenheit (morphologische, anatomische, zytologische bis biochemische Aspekte) – Verteilung der Blätter an der Sproßachse (Plastochron; Blattstellung u. a.) – Blattflächenindex – Bestandesdichte – Verhältnis der heterotrophen zu den autotrophen Geweben – Funktionsdauer der photosynthetisch aktiven Organe – Optimale Sproß-Wurzel Relation
Leistungsparameter:	– Rate der Blattflächenentwicklung – Zuwachs an Biotrockenmasse pro Blattflächeneinheit und Tag – Photosyntheserate pro Blattflächeneinheit – Stoffproduktionskoeffizient $Y = \Delta Sw/\Delta s$ (Zuwachs an Trockensubstanz, bezogen auf das Substanzangebot aus dem Pool der Reservestoffe oder aus dem Photosyntheseprozeß) Effektivitätskoeffizient (pro Einheit der Trokkenmasse aufgenommenes CO_2) – Ökonomischer Effektivitätskoeffizient (Ernteindex) – Energetischer Effektivitätskoeffizient (Menge des aufgenommenen CO_2 pro Blattflächeneinheit, bezogen auf die Summe der photosynthetisch aktiven Strahlung (PhAR)) – Chemischer Effektivitätskoeffizient (chemische Energie in den Ernteprodukten, in Relation zur Gesamtlichtmenge, welche auf die Pflanzen einstrahlte)
Makro- und Mikroklima	
Ackerbauliche Maßnahmen, wie Pflanzendichte; Nährstoff- und Wasserverfügbarkeit u. a.	

hohen Photosyntheseraten größer als bei weniger effektiven Arten. So exportieren z. B. Maisblätter innerhalb von 30 Minuten bereits bis zu 50% der markierten Assimilate; nach 24 Stunden sind 80 bis 90% aus den Blattspreiten ausgelagert. Als Transportgeschwindigkeiten werden für Blattstiele von Zuckerrüben Werte zwischen 60–150 cm · h^{-1} angegeben. Der Substrattransport zwischen zwei Orten innerhalb der Pflanze wird durch die Differenz der Substratkonzentrationen sowie den zwischen diesen Orten zu überwindenden Transportwiderstand bestimmt. Die Frage, ob die wiederholt beschriebenen Korrelationen zwischen Leitbündeldichte und hoher, an der Biomassebildung gemessener Photosyntheseleistung Kausalbeziehungen widerspiegeln, ist noch nicht überzeugend beantwortet.

7.2.3.3. Die Photosynthese in Pflanzenbeständen

Die bisherigen Darstellungen bezogen sich auf die Einzelpflanze. Weiterreichende Produktivitätsuntersuchungen müssen jedoch auf ganze Pflanzenbestände ausgedehnt werden. Somit kommen zu der Vielzahl der bisher diskutierten Faktoren noch bestandesspezifische interferierend hinzu (Tab. 33; Abb. 91). Eine gegebene Photosyntheserate des Bestandes reflektiert ein multifaktorielles Produkt aus maximaler Blattflächenrate, effektiver Bestandesstruktur und optimalen Außenfaktoren, einschließlich der Ernährung und des ontogenetischen Entwicklungsstandes. Aus der Fülle der unterschiedlichen Organismen wurden vom Menschen die Kulturpflanzen für recht verschiedene Zwecke selektiert: für die menschliche Ernährung, Tierfutter, Pharmazeutika, Papier, Fasern, Bau- und Brennstoffe u. a. Schon aus der Unterschiedlichkeit der Pflanzenformen sowie ihrer Ernteprodukte ist abzuleiten, daß es nicht möglich ist, über einen Mechanismus Ertragssteigerungen gezielt zu induzieren. Die immer bessere Nutzung der vollen pflanzlichen Produktionskapazität setzt die wachsende integrale Kenntnis des Gesamtsystems voraus, von den biophysikalischen Primärprozessen über die chemischen Regulationsmechanismen und Biosynthesewege bis zur Physiologie der Photosynthese und Ertragsbildung. Es ist hier jedoch nicht möglich, auf diese Probleme im Detail einzugehen. Zusammenfassend ergibt sich, daß die Produktivität der krautigen Arten auch unter optimalen Wachstumsbedingungen differiert, wobei die photosynthetisch effektiven Arten (Mais, Zuckerrohr) mit nahezu kompensierter

Photorespiration mit 50 g Trockenmasse pro m^2 Bodenfläche und Tag die höchsten Produktionsraten besitzen. Die weniger intensiveren Arten produzieren 20—30 g TM $m^{-2} \cdot d^{-1}$.

Die Produktivität der Baumbestände scheint zunächst im gleichen Bereich zu liegen, wenn die Daten auf die Zeiteinheit eines Tages bezogen werden. Da die Bäume jedoch als Immergrüne bzw. auf Grund der raschen Laubentfaltung im Frühjahr eine wesentlich längere Periode im Jahr positive Stoffbilanz haben, liegt ihre Gesamtproduktivität im Jahreszeitraum höher. So werden z. B. für Bestände von *Pinus resinosa* unter Kontinentalbedingungen Werte von 22000 kg TM pro Hektar und Jahr angegeben (wobei 2000 kg/ha auf den Wurzelzuwachs entfallen). Für einen Eichenbestand errechnete man bei einer Ausnutzung von 0,65% der Gesamtstrahlung eine CO_2-Fixierungsrate von 108 kg CO_2/ha · d. Fichten konvertieren, je nach Entwicklungsstadium, 0,48—0,51% der Strahlung.

Extremwerte erreichten Zuckerrohrbestände auf Hawaii mit einer Jahresleistung von 83000 kg Trockenmasse/ha. Die jährlichen Produktionswerte für aride Gebiete liegen bei 1000 kg TM/ha, für Wälder bei 12000 kg/ha und für die Mehrzahl der landwirtschaftlichen Kulturen bei 30000 kg/ha (ozeanisches Phytoplankton produziert vergleichsweise etwa 2000 kg/ha/Jahr).

Bei der Beurteilung von Ertragsleistungen bleibt jedoch auch immer die Problematik des Ernteindex zu berücksichtigen, der den Anteil als Erntegut nutzbarer Masse an der oberirdischen Gesamtbiomasse angibt (Tab. 34). In vielen Fällen scheint über intensive Züchtungsarbeit, wie z. B. beim Getreide, nur eine Umverteilung der Biomasse in den Kornertrag auf Kosten der vegeta-

Tabelle 34
Gegenwärtig erreichte Ernteindices bei einigen Kulturpflanzen (d. h. Masse des Erntegutes in % der gesamten oberirdischen Pflanzenmasse):

Kulturpflanze	Ernteindex
Kartoffel	80—90
Reis	39—56
Mais	38—49
Weizen (Körner)	38—41
Gerste (Körner)	40
Kamille	35
Senf (Schoten)	25
Sonnenblume	14—40

tiven Biomasse erfolgt zu sein. Da hierbei bestimmte Grenzwerte nicht zu überschreiten sind — (für Weizen diskutiert man als oberen Ernteindex 0,55—0,60), ist größeres Bemühen darauf zu richten; Formen mit insgesamt höherer Biomasseproduktion zu finden.

Für die Weltverteilung der Primärproduktion (in g TM pro Quadratmeter und Tag) gelten folgende Richtwerte:

- Wüsten; Ozean; $< 0{,}5$
- Grasfluren; tiefe Seen, Gebirgswälder, spärlicher Ackerbau; Kontinentalschilf 0,5—3,0
- Feuchtwälder und Sekundärgesellschaften, Flachseen; Feuchtgrasfluren; vorwiegend Ackerbau 3—10
- Einige Gezeitenzonen; Quellen; Korallenriffe, Landgesellschaften auf Alluvialfläche, inklusive Ackerbau 10—25

7.2.3.4. Wachstumsanalysen

Für detaillierte Untersuchungen zur Produktivität der Photosynthese hat es sich als zweckmäßig erwiesen, in kürzeren Zeiteinheiten die Substanzzunahmen der Bestände zu ermitteln. Eine verbreitete Methode ist in diesem Zusammenhang die auf BLACKMANN (1919) zurückgehende Wachstumsanalyse. Dabei wird als relative Wachstumsrate R die pro bereits vorhandene Trockenmasse der Pflanze (w) erfolgende Substanzzunahme (dw) pro Tag (dt) erfaßt nach der Beziehung:

$$R = \left(\frac{1}{w}\right)\left(\frac{dw}{dt}\right).$$

In entsprechender Weise läßt sich die Wachstumsrate auch pro Blattfläche der Gesamtpflanze (L) angeben; sie wird dann allgemein als Nettoassimilationsrate NAR bezeichnet. Dabei gilt nach GREGORY:

$$NAR = \left(\frac{1}{L}\right)\left(\frac{dw}{dt}\right).$$

Beispiele für NAR-Werte in verschiedenen Pflanzenbeständen enthält Tabelle 35.

Die NAR-Raten sind in hohem Grade von den Strahlungsverhältnissen und dem jeweiligen, die Lichtausnutzung bedingenden Blattflächenindex (Tab. 26) abhängig. Unter Berücksichtigung

Tabelle 35
Beispiele von Nettoassimilationsraten (NAR), angegeben in g Trockensubstanz pro m^2 Blattfläche und Tag in verschiedenen Pflanzenbeständen (Zahlen nach ZELITCH 1971)

Pflanzenart	NAR-Werte	Pflanzenart	NAR-Werte
Hafer	4,0	Sojabohnen	18,0
Gerste	4,4	Sonnenblumen	20,5
Weizen	5,0–7,0	Mais	23,7
Kartoffeln	8,4	Reis	30,2
Zuckerrüben	12,6		

beider Größen läßt sich die crop-Wachstumsrate c ermitteln:

$$c = (\text{NAR}) \cdot (\text{LAI}).$$

Diese Daten werden als g TM pro m^2 Bodenfläche und Tag angegeben.

Um das Wechselspiel aller endogenen und exogenen Faktoren zu erfassen, sind die gegenwärtigen Forschungen darauf gerichtet, Modelle für die verschiedenen Systemebenen aufzustellen, die gegenseitigen Zusammenhänge bzw. Abhängigkeiten über Computer rechnerisch zu erfassen und zu simulieren.

7.2.3.5. Energieäquivalente der Biomasse und Produktivitätskoeffizienten

In die Diskussion um die pflanzliche Produktivität sind auch die jeweiligen Energieäquivalente der Biomasse mit einzubeziehen: sie erlauben nicht nur tiefere Einsichten in den Energiefluß und die Nahrungskette einer Biozoenose, sondern der Energiegehalt der Substanz stellt auch eine weit bessere Bezugsgröße dar als das Frisch- oder Trockengewicht. Kalorimetrische Messungen führen zur besseren Charakteristik der ökologischen Effektivität einer Art. Vergleichende Bestimmungen des Energiegehaltes der Trokkensubstanz ergaben für krautige Pflanzen, daß 1 g TM durchschnittlich etwa 4,5 kcal (entspr. $1{,}89-1{,}97 \cdot 10^4$ kJ/kg) enthält; bei Holzpflanzen liegt dieser Faktor bei 4,7. Allerdings ist die Anwendung derartiger Umrechnungsfaktoren oft zu grob, wie die variierenden Daten für verschiedene Objekte zeigen (Tab. 36).

Es ist verständlich, daß der Energiegehalt mit der Art der eingelagerten Stoffe in den einzelnen Organen variiert (Tab. 36). Entsprechendes gilt aber auch für jahreszeitliche Schwankungen sowie für ganze Ökotypen. So beinhaltet z. B. die TM im tropischen Regenwald nur 16,37 kJ/g, während in alpinen Zwergpflanzen 20,11 kJ/gTM gemessen werden.

Tabelle 36

Energieäquivalente einiger Naturstoffe sowie pflanzlicher und bakterieller Biomasse (kJ pro g Trockenmasse bzw. — mit [1]) bezeichnet — pro g aschefreier Trockenmasse)

Systematische Gruppe	Vertreter	Energieäquivalent
Schizomycetes	*Escherichia coli*	21,05
Cyanophyceae	(Mittelwert)	18,5
Chrysophyceae	Diatomeae	20,70
Chlorophyceae	*Chara* spec.	20,09[1])
Mycophyta	Basidiomycetes	16,14
Bryophyta	*Bryum cryophilum*	20,3[1])
Spermatophyta	Coniferae	20,5
	Poaceae	18,24
	Zea mays	
	Wurzel	13,36
	Stengel	17,40
	Blätter	16,94
	männl. Blüten	17,57
	Früchte	17,97
	Helianthus annuus	
	Wurzel	19,31
	Stengel	16,81
	Blätter	14,25
	Früchte	20,99
Glucose	—	15,5
Stärke/Zellulose	—	17,5
Lignin	—	26,3
Rohprotein	—	23,0
Fett	—	39,0

Unter Berücksichtigung der während des Untersuchungszeitraums eingestrahlten Energie erhält man Zahlen, welche die ökologische Effektivität der Energietransformation einer Pflanzenart widerspiegeln. Auf der Grundlage der in Tabelle 36 für Mais und *Helianthus* angegebenen Energiegehalte errechnet sich, daß *Helianthus*-Pflanzen mit Hilfe einer eingestrahlten Gesamtenergie von $1{,}3 \cdot 10^8\, J \cdot m^{-2}$ 3213 g TM, entsprechend $58{,}25 \cdot 10^6\, J \cdot m^{-2}$, speichern; sie verwerten also 2,13% der eingestrahlten Gesamtenergie beim Aufbau der TM. Die Effektivität von Maispflanzen ergab sich zu 1,23%. Allerdings ist hierbei in ganz besonderer Weise auf die Angabe der „Rand und Meßbedingungen" zu achten, die nach der speziellen Fragestellung auszurichten sind; so ist es z. B. möglich, bei der Strahlungsmessung nur die FAR oder aber die Gesamtstrahlung zu erfassen; sie kann auf die Versuchszeit, die Wachstumsperiode oder 1 Jahr bezogen werden. Entsprechendes gilt für die Ermittlung des Energiegehaltes: der gesamten Pflanzensubstanz, der jeweiligen Organe oder nur der Ernteprodukte.

Legt man einen Ertrag von 100 dt Getreideeinheiten $\cdot\, ha^{-1} \cdot a^{-1}$ zugrunde, dann entspricht dies in unserer Republik bei einer jährlichen Einstrahlung von 12000 GJ $\cdot\, ha^{-1}$ einer Strahlungsverwertung von 1,4%, bezogen auf den Kornertrag, bzw. 2,7% bei Bezugnahme auf die gesamte oberirdische Pflanzenmasse.

Im Verlauf der pflanzlichen Entwicklung überlagert der Stoff- und Energiebedarf, der zur Nettostoffproduktion führt, den zur Aufrechterhaltung der Lebensprozesse notwendigen Grundstoffwechsel. Aus diesem Wechselverhältnis läßt sich der Stoffproduktionskoeffizient ermitteln. Er gibt z. B. Auskunft darüber, aus welcher Menge an Reservestoffen eine bestimmte Masse Blattgewebe entsteht. Für Bohnenkeimpflanzen ermittelten wir, daß 10 mg Trockensubstanz zur Ausbildung von 7,1 mg Primärblatt-Trockenmasse führen. Die Differenz wird als Atmungsenergie zum Systemaufbau benötigt. Unter Verwendung von Umrechnungsfaktoren zwischen Glucoseabbau und ATP-Produktion läßt sich ferner der Energieaufwand für die Biosynthese bzw. Erhaltung der pflanzlichen Substanz ermitteln. So benötigen Bohnenkeimpflanzen etwa 1 Mol ATP zur Erhaltung von einer Pflanzenmasse, die 28 g Trockensubstanz äquivalent ist. Dies entspricht unter den gegebenen Versuchsbedingungen einer Erhaltungsatmung von 17%. Im Durchschnitt sind für die Erhaltung von jeweils 1 kg Blatt-, Sproß- oder Wurzelmasse pro Tag im Zuge der Erhaltungsatmung bei 25 °C etwa 0,03; 0,015 bzw. 0,01 kg Glucose aufzuwenden. Beispiele für Umrechnungsfaktoren enthält Tabelle 37.

Der durch den Photosyntheseapparat realisierte Stoffgewinn stellt für die landwirtschaftliche Produktion zwar die entschei-

Tabelle 37
Überschlägige Kalkulationen ergeben folgende Aufwandsbeträge bzw. Umrechnungsfaktoren für die Bildung von pflanzlicher Biomasse (in Anlehnung an LARCHER, 1980 und PENNING DE VRIES 1982).

a) Aufwandskosten in g Glukose für

1 g Lipide	= 2,94
1 g Proteine	= 2,35
1 g Polymere Kohlenhydrate	= 1,15
1 g Mineralstoff-Aufnahme	= 0,10

b) Umrechnungsfaktoren für verschiedene Gewebe, bezogen auf 1 g Assimilate

Blatt	0,72 g
Sproßachse	0,69 g
Wurzel	0,72 g
Weizenkaryopsen	0,73 g

dende, aber doch — auch aus pflanzenphysiologischer Sicht — nicht alleinige Voraussetzung dar. Denn in der Mehrzahl der Fälle wird nur ein Teil der Pflanze vom Menschen direkt oder indirekt als Ertrag genutzt. Er besteht häufig aus Organen, die nur Stoffe anderer Syntheseorte (nicht nur Kohlenhydrate) speichern, wie z. B. die Karyopsen der Getreidearten, die Wurzel der Zuckerrübe oder die Knolle der Kartoffel (Tab. 34). Bei der Beurteilung der Produktivität einer Pflanze ist also das Gesamtsystem zu berücksichtigen, die Trockenmasse bzw. Inhaltsstoffe in ihrer Genese auch energetisch zu verfolgen und die Wirkungsweise all derjenigen inneren und äußeren Faktoren zu analysieren, die an der Ertragsbildung maßgeblich beteiligt sind (Abb. 91). Bei der Lösung dieser für die Praxis so wichtigen Fragen begegnen sich die Photosyntheseforscher mit Wissenschaftlern der Land- und Forstwirtschaft sowie des Gartenbaus, aber auch der Physik und Chemie. Nur synergistisches Zusammenwirken ermöglicht die Erhöhung der Ertragsbildung, sowohl durch die Steigerung der pflanzlichen Primärproduktion als auch durch die gezielte Steuerung zur qualitativ und quantitativ bevorzugten Ausbildung der vom Menschen direkt oder indirekt genutzten Organe bzw. Pflanzenteile (vergl. 10.).

7.2.4. *Der CO_2-Gaswechsel bei Sukkulenten*

Die Pflanzen vermögen den Lebensraum auf unserem Planeten in vielfältiger Weise zu nutzen. Den durch die Photosynthese bedingten sprektralen Veränderungen des Lichtklimas (Überwiegen grüner Bereiche nach Absorption der photosynthetisch wirksamen Anteile) begegenen sie durch das Vorkommen von Formen, bei denen sich im Verlauf der Evolution accessorische Pigmente herausgebildet haben, mit denen die „Grünlücke" ausgefüllt werden kann (7.1.1.). Nicht weniger interessant sind jene Ökotypen, die über Symbiosen ihren C-Bedarf decken bzw. solche, die auch unter hoher Salz-, p_H-, Dürre- oder Trockenbelastung noch zu positivem Stoffgewinn fähig sind.

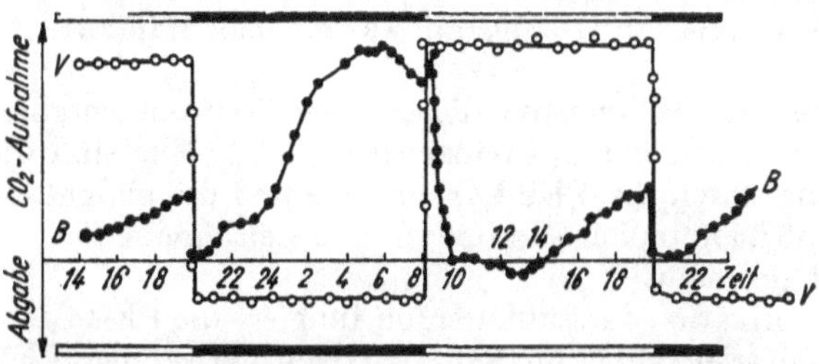

Abb. 92. Der Netto-CO_2-Umsatz einer sukkulenten Pflanze (*Bryophyllum tubiflorum*, B) und einer nichtsukkulenten Pflanze (*Vicia faba*, V) im Verlauf eines 12stündigen Licht/Dunkel/Wechsels bei konstanter Temperatur (20 °C) und optimaler Wasserversorgung (nach Kluge 1971).

Das wohl auffälligste ökologische Beispiel aber dafür, auf welch vielfältige Art durch die Evolution ein identisches biochemisches „Inventarium" unter Verwendung anatomischer Mittel und physiologisch-chemischer Kontrollmechanismen so anzuordnen ist, daß eine optimale Anpassung des lebensnotwendigen Photosyntheseprozesses an die verschiedenen Umweltbedingungen gewährleistet bleibt, liefern die Sukkulenten.

Während die Mesophyten die charakteristische CO_2-Aufnahme am Tage und eine nächtliche CO_2-Abgabe zeigen, vermag die überwiegende Anzahl der Sukkulenten nicht nur diese CO_2-Ausscheidung zu kompensieren, sondern darüber hinaus sogar soviel CO_2 aufzunehmen, daß sie im Dunkeln eine beträchtliche Netto-CO_2-Fixierung erreichen. Im Licht ist gegenüber den „Normalpflanzen" eine deutliche Depression der Netto-CO_2-Aufnahme feststellbar (Abb. 92). Diese Pflanzen zeichnen sich daher nicht durch hohe Stoffgewinne, sondern durch extreme Wasserökonomie aus. Da dieser Stoffwechselweg bei den Crassulaceen besonders ausgeprägt ist, wird er auch als „Crassulaceae acid metabolism (CAM)" bezeichnet.

Dieses abweichende Gaswechselverhalten der Sukkulenten spiegelt deren stoffwechselphysiologische Besonderheiten wider; es wird nicht durch einen anormalen Verlauf der Stomatabewegungen verursacht. Vielmehr bedingt die besondere Form des Gaswechsels ihr atypisches Verhalten: die Stomata bleiben tagsüber geschlossen und sind nachts geöffnet. Der ökologische Vorteil besteht darin, daß die Pflanzen befähigt sind, während der Nacht das notwendige CO_2 aufzunehmen und die Stomata am Tage geschlossen zu halten und so unphysiologisch hohen Wasserverlusten zu entgehen, also eine Anpassung an wasserarme Standorte zu erreichen.

Die Vorgänge bei den meisten dieser CAM-Pflanzen entsprechen weitgehend denen der C_4-Pflanzen (vgl. 6.2.). Nur sind die CO_2-Vorfixierung durch die PEP-Carboxylase und die endgültige CO_2-Fixierung nicht räumlich (Mesophyll- und Leitbündelscheide), sondern zeitlich getrennt.

Bei der Dunkelfixation der Sukkulenten fungiert die PEP-Carboxylase als Schlüsselenzym (Abb. 93). Das dazu notwendige PEP wird aus Kohlenhydraten gebildet und entstammt entsprechend den äußeren Bedingungen, auf verschiedenen Stoffwechselwegen, meist der Glykolyse. Es entsteht Oxalessigsäure, welche durch die Malatdehydrogenase zu Äpfelsäure reduziert wird (allerdings können bei manchen Arten auch Zitronensäure, Isozitronensäure, Malonsäure u. a. vorkommen). Diese in der Vakuole angereicherte Verbindung ist gleichzeitig der Speicher, in dem das atmosphärische CO_2 zwischenzeitlich festgelegt wird, bis das zum effektiven Stoffgewinn notwendige Licht zur Weiterverarbeitung eingreift. Dabei kann das Malat durch drei verschiedene Enzyme alternativ zu PEP bzw. zu Pyruvat decarboxyliert und teils zur Kohlenhydratsynthese verwendet oder über andere Stoffwechselwege umgesetzt werden. Das bei der Decarboxylierung freiwerdende CO_2 speist dann (bei weitgehend geschlossenen Stomata) den Calvinzyklus.

Eine derartige im Licht einsetzende CO_2-Bildung aus Malat führt am Tage zur Abnahme des in der Nacht angehäuften Malatspiegels, woraus erhebliche pH-Schwankungen resultieren (nächtliche Ansäuerung bis auf pH 3,8; Absäuerung am Tage bis zu etwa pH 5,6). Die Auffüllung des Speichers erfolgt erst nach seiner Entleerung, meist in der darauffolgenden Nacht. Dieser diurnale Säurerhythmus (der gleichzeitig mit Änderungen im Stärkegehalt einhergeht) macht die Sukkulenten weitgehend von der Zufuhr exogenen Kohlendioxids unabhängig, zumal das im Zuge von Atmungsvorgängen am Tage entstehende CO_2 ebenfalls in Malat

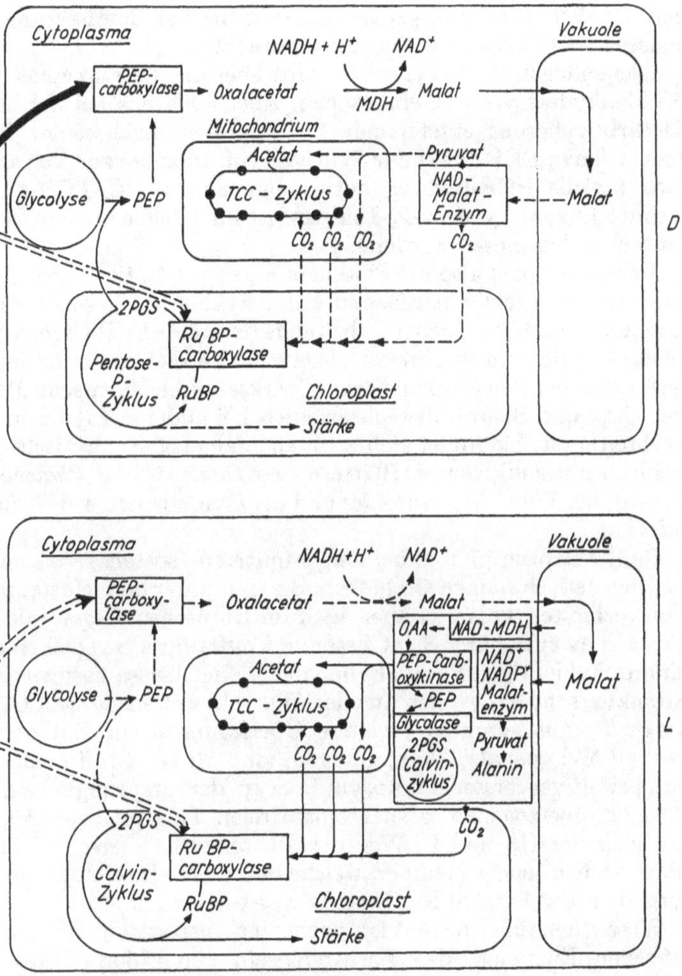

Abb. 93. Für den CAM charakteristische Reaktionen und ihre Kompartmentierung; Abläufe im Licht (unten) und im Dunklen (oben) (in Anlehnung an Buschmann u. Grumbach 1985).

festgelegt werden kann. Die Anpassungen an einen minimalen Wasserverbrauch überwiegen also diejenigen Charakteristika, die zur höheren Produktivität führen, wie es z. B. das geringe Wachstum der Sukkulenten anzeigt. Zu den produktivsten Pflanzen mit CAM-Stoffwechsel gehört Ananas, die bei Bewässerung Biomasseerträge bis zu 44 t/ha · Jahr erreicht.

Das endogen freigesetzte CO_2 wird über den Calvinzyklus in die Kohlenhydratsynthese einbezogen. Aber auch das bei der Malat-Decarboxylierung entstehende Pyruvat steht nach seiner Transformation in PEP direkt zur Synthese von Hexosen zur Verfügung. Das für die PEP-Bildung notwendige und aus C_4-Pflanzen bekannte Enzym Pyruvat-P_2-Dikinase ist inzwischen auch in Sukkulenten nachgewiesen worden.

Damit besitzen also die Sukkulenten zwei CO_2-fixierende Systeme: den im Licht ablaufenden Calvinzyklus (6.1.), sowie das im Dunkeln (und im Licht) arbeitende System PEP-Carboxylase/Malatdehydrogenase. Eine vergleichende Betrachtung zeigt jedoch, daß diese bei den Sukkulenten so wirksame biochemische Potenz des CO_2- und Säurestoffwechsels auch bei anderen Pflanzentypen verbreitet ist. Sie findet sich z. B. ebenfalls bei epiphytischen Orchideen mit sukkulenten Blättern (wie *Cattleya*- und *Phalenopsis*-Arten), bei *Tillandsia usneoides* und der Gymnosperme *Welwitschia mirabilis*.

CAM-Pflanzen gibt es bei den primitiven Isoetaceae bis zu den phylogenetisch jungen Orchideen. Sie sind unter den Wüstenpflanzen verbreitet, kommen aber auch im tropischen Regenwald vor. Ein aus evolutionärer Sicht besonders auffälliges Beispiel sind die chlorophyllhaltigen Sporophylle von *Stylites*. Diese besitzen keine Stomata, sondern werden aus den Wurzeln mit Atmungs-CO_2 versorgt. Daraus leiten sich weitere Überlegungen zur Entwicklung des CAM-Typs ab: Vorstellungen, daß dieser Stoffwechselweg ein primitiver erster Photosynthesetyp der ursprünglichen, mit Cuticula-überzogenen, aber stomatafreien Landpflanzen sei, aus der sich der C_3- und C_4-Weg der Photosynthese erst entwickelt habe, stehen jene gegenüber, welche den CAM als sehr spezialisierten, aber abgeleiteten Stoffwechselweg betrachten.

Wesentlich für den CAM ist, neben der Ausstattung mit den spezifischen Enzymen, das Vorhandensein von Chloroplasten und großen Vakuolen in derselben Zelle (also die „Sukkulenz auf Zellebene“). Sogar die C_3-Pflanzen (6.1.) vermögen einen zwar kleinen, doch möglichen Anteil an CO_2 in Äpfelsäure zu überführen, wenn auch die Weiterverarbeitung noch ungeklärt ist. Bei den C_4-Pflanzen dagegen gelangt fast der gesamte Kohlenstoff primär über dieses PEP-Carboxylase/MDH-System und erst sekundär in den Calvinzyklus.

Hinsichtlich der Isotopendiskriminierung verhalten sich die

CAM-Pflanzen bei der Dunkelfixierung wie die C_4-Pflanzen, im Licht dagegen wie C_3-Pflanzen. Die $\delta^{13}C$-Werte nehmen daher eine gewisse Mittelstellung zwischen denen der C_3- und C_4-Formen an (6.2.).

Die Wege des Kohlenstoffs in den C_4-Pflanzen und den Sukkulenten unterscheiden sich also nur in zwei Punkten:

1. Speicherkapazität der Vakuolen für Malat scheint bei den C_4-Pflanzen unzureichend, um größere CO_2-Mengen in Malat zwischenzuspeichern und so eine zeitliche Trennung zwischen Speicherung und Verwertung zu erreichen.
2. Während bei den Sukkulenten eine feed-back-Hemmung der PEP-Carboxylase eine Refixierung des aus der Äpfelsäure entstehenden CO_2 verhindert, erfolgt bei den C_4-Pflanzen über die besondere Blattanatomie die Steuerung des Kohlenstoff-Flusses und eine räumliche Trennung der für die primäre (Mesophyll) und sekundäre (Leitbündelscheide) CO_2-Fixierung notwendigen Enzymsysteme (6.2.).

Allgemein unterstreichen diese ökologischen Besonderheiten, daß für die eigentliche CO_2-Fixierung zum photosynthetischen Stoffgewinn dem Calvinzyklus die entscheidende Rolle zukommt (Abb. 94). Der PEP-Carboxylase/MDH-Weg hat sowohl bei den C_4-Pflanzen als auch bei den Sukkulenten vor allem die Aufgabe, dem Calvinzyklus den zu assimilierenden Kohlenstoff bereitzustellen.

7.2.5. *Genetische und regulatorische Aspekte der Photosynthese*

Aus theoretischen sowie in stärkerem Maße aus praxisbezogenen Aspekten erhebt sich immer wieder die Frage nach dem Ausmaß der genetischen Bedingtheit der Photosynthese. Aber trotz vielseitiger Untersuchungen ist es heute noch immer nicht möglich, die Frage eindeutig zu beantworten, ob Pflanzen verschiedener Arten oder Sorten eine genetisch unterschiedliche Photosyntheseintensität besitzen. Dabei spielt das Problem der Bezugsgröße eine wesentliche Rolle. Diskutiert man die Photosynthese auf der primären photochemischen Ebene, so ist in jedem RZ (5.3.) die gleiche Lichtenergie notwendig, um die Potentialdifferenz aufzubauen, welche dann zur Gewinnung chemischer Energie führt. Aber an dieser Stelle beginnen bereits die eigentlichen Probleme der Genetik und Regulation der Photosynthese. Denn die Chl a-

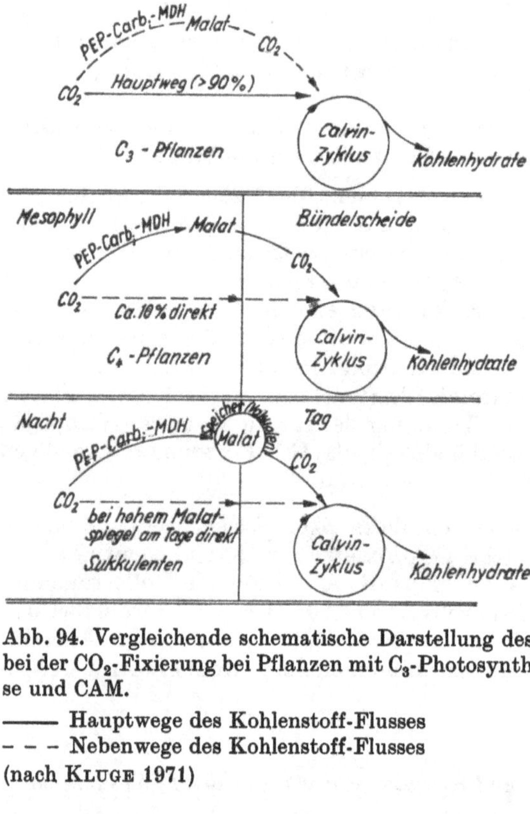

Abb. 94. Vergleichende schematische Darstellung des Kohlenstoff-Flusses bei der CO_2-Fixierung bei Pflanzen mit C_3-Photosynthese, C_4-Photosynthese und CAM.

—— Hauptwege des Kohlenstoff-Flusses
- - - Nebenwege des Kohlenstoff-Flusses
(nach KLUGE 1971)

Moleküle sind in spezielle Partikel bzw. Untereinheiten der Plastiden, die photosynthetischen Einheiten, eingeordnet. Je nach deren molekularer Organisation und Stabilität nehmen die Verlustterme durch Ladungsrekombinationen, weniger effektiven Ladungstransfer u. a. zu (7.2.3.).

Ferner „arbeitet" die photosynthetische Einheit in Abhängigkeit von den sie umgebenden Bedingungen. Es lassen sich also schon auf der suborganellen Ebene „innere" und „äußere" Faktoren unterscheiden, obwohl hier die Grenzen noch fließend sind (ebenso wie jene zwischen Struktur und Funktion).

Betrachten wir den eigentlichen Photosyntheseprozeß als die Einbeziehung von Lichtenergie in ein lebendes System zum Aufbau einer Potentialdifferenz, die chemische Arbeit zu leisten vermag, oder die Bildung von Energie- und Reduktionsäquivalenten (ATP, NADPH + H^+), so wird deren Rate bereits vielseitig determiniert bzw. reguliert: durch alle endogenen Faktoren, welche die Bildung und Erhaltung der photosynthetischen Einheit in biochemischer wie morphologischer Hinsicht bedingen ebenso wie durch jene, die als exogene Faktoren die äußeren Bedingungen schaffen (z. B. die Lichtverhältnisse oder den Transport des CO_2 an die Carboxylierungszentren).

Die gegenseitige Abhängigkeit und Bedingtheit dieses Faktorengefüges wird nicht durch die Feststellung vereinfacht, daß die Chloroplasten selbst Träger genetischer Informationen sind (4.3.). Kreuzungsexperimente zwischen normalen und mutierten Pflanzen brachten den Nachweis, daß ein nicht MENDELschen Regeln gehorchender, meist mütterlicher Erbgang, ein charakteristisches Merkmal der extranuklearen Genetik ist. Aber auch Beispiele für biparentale Vererbungsgänge sind bekanntgeworden. Die zytologische Basis dafür liegt in dem nicht vollständigen Ausschluß der Plastiden aus den generativen Zellen während der Pollenentwicklung. Die genetischen Grundlagen werden in besonderem Maße durch das Wechselverhältnis zwischen Plastom und Genom bestimmt, wobei die Chloroplasten als polyploide Organelle aufzufassen sind. In diesem Bezug gewinnen Sequenzanalysen von RNA-Molekülen eine wachsende Bedeutung. Da alle Organellen-RNAs Produkte der Organellengenome sind, versprechen solche Untersuchungen eindeutigere Aussagen als Sequenzanalysen von Organellenproteinen, die cytoplasmatischer Herkunft sein können oder unter nucleocytoplasmatischer Kontrolle stehen (4.3.).

Bemerkenswert ist, daß die Plastidengene auch auf andere Bereiche der Pflanzen wirken können, wie die Blattzähnung, die Blütenlänge oder das photoperiodische Verhalten.

Zum Ablauf des Photosyntheseprozesses gehören funktionstüchtige Pigmente und eine ganze Garnitur spezifischer Enzyme, deren Bildung von der Funktion der entsprechenden Gene abhängt. Eine Störung in der Proteinsynthesekette kann somit recht unterschiedliche Folgen haben, und in der Tat sind Mutanten bekannt, denen aufgrund derartiger Unregelmäßigkeiten entweder bestimmte Pigmentformen (z. B. Chlorophyll b- und Caroten-Mangelmutanten) oder an der CO_2-Fixierung beteiligte Enzyme fehlen.

Bei Maispflanzen z. B. sind über 100, bei *Arabidopsis* mehr als 50 Gene bekannt, welche hinsichtlich der Grünfärbung verschiedene Phänotypen bewirken, wobei sie auf den verschiedensten Stufen in die Synthesekette eingreifen und zu *viridis-*, *xantha-* oder *alba*-Formen führen können. Daraus erklärt sich wieder die relativ hohe Mutationsrate dieser Faktoren (10^{-3}—10^{-4}). Dies wirkt sich entscheidend auf die Intensität der Photosynthese, auch auf den Ablauf und die Qualität der Photosyntheseprodukte, aus. Andererseits vermögen genotypisch bedingte morphologische Differenzen den CO_2-Gaswechsel ebenso maßgeblich zu beeinflussen. Aber nicht alle Abweichungen vom Normaltyp sind als Störungen aufzufassen. Im Zuge der Evolution haben sich durchaus verschiedene Wege herausdifferenziert, über welche die photochemisch aufgenommene Energie zum Aufbau der Pflanzensubstanz genutzt wird, wie z. B. über den C_3- oder C_4-Weg (vgl. 6.1. u. 6.2.). Und mit der fortschreitenden Verfeinerung unserer Analysenmethodik werden wir immer neue Möglichkeiten zur Realisierung des gleichen Grundprinzips beobachten.

Definieren wir die Photosynthese als lichtabhängige O_2-Freisetzung und damit gekoppelte CO_2-Reduktion, setzt dies die Integration der Photosysteme in eine übergeordnete Einheit, den Chloroplasten, voraus. Damit bleiben die für die photosynthetischen Einheiten geltenden Bedingungen zwar erhalten, sie werden aber überlagert durch eine Vielzahl neuer Faktoren. Somit wird das System durch die Multiplikation der Steuerungsprozesse (zur raschen Ausbildung der effektiven Strukturen) sowie der Regulationsprinzipien (zur Sicherung des Funktionszustandes auch unter von der Norm abweichenden Bedingungen) nicht nur komplizierter und schwerer überschaubar; es wird dadurch generell in seiner Leistungsfähigkeit auch eingeschränkt. So liegen die Meßwerte für Teilreaktionen immer erheblich über denjenigen, die sich aus entsprechenden Untersuchungen an ganzen Organellen, Organen oder Objekten ergeben. Dieser Tatbestand (vergl. auch Tab. 37). liegt dem von LAMBERS entwickelten overflow-Konzept zu Grunde, das diese Verlustterme auf der Ebene des respiratorischen Energiestoffwechsels beschreibt. Insgesamt dürften sie als Systemstabilisatoren eine nicht unwesentliche Rolle spielen.

Jede Definition der Photosynthese, die über diejenige der Bildung von Energie- und Reduktionsäquivalenten hinausgeht, muß ferner insbesondere alle Systembeziehungen mit einkalkulieren, die sich daraus ergeben, daß die photosynthetische CO_2-Reduktion die wohl quantitativ überwiegende, aber doch nur eine der vielen Möglichkeiten zur Nutzung der primären Photosyntheseprodukte ist (6.4.). Bereits ein unterschiedlicher Entwicklungsgrad des Chloroplasten kann z. B. aufgrund seines erhöhten Energiebedarfs für die aufbauenden Syntheseleistungen im Anfangsstadium das

Verhältnis von zyklischer zu direkter PP beträchtlich verändern und somit Konsequenzen für die CO_2-Fixierungsrate haben. Generell scheint die spezifische Beeinträchtigung einer Phosphorylierungsart die Aktivität der anderen zu erhöhen, so daß ein konstanter ATP-Spiegel resultiert.

Der gekoppelte e-Fluß zwischen den beiden Photosystemen ist vom Angebot an P_a und ADP, den Substraten, abhängig. Analog zur „respiratorischen Kontrolle" durch die ADP-Konzentration in den Mitochondrien wird diese Beeinflußbarkeit des e-Transports in den Chloroplasten als „photosynthetische Kontrolle" bezeichnet. ATP-Überschuß führt gleichsam über eine feedback-Regulation zu einer Hemmung des gekoppelten e-Flusses (vergl. 6.4.).

Besonders kompliziert werden die Verhältnisse, wenn wir an die vielfältigen Wechselbeziehungen des Chloroplasten zu seiner „physiologischen Umwelt" im Blatt denken, zumal viele Intermediate identisch sind mit Metaboliten des übrigen Zellstoffwechsels. Messen wir also die Photosyntheseleistung an Hand der CO_2-Aufnahme bzw. der O_2-Freisetzung, so müssen wir uns bewußt sein, daß wir nur die austretenden Gaskomponenten in ihrer Gesamtheit als Gaswechsel erfassen, der uns schon wegen der kaum möglichen Differenzierung zwischen Photosynthese und Atmungsvorgängen im Gesamtblatt (7.1.3.) keine verbindlichen Informationen über die eigentliche Effektivität der Lichttransformation gibt. Diese Schwierigkeiten zeigen sich weiter sehr deutlich bei der Wahl der Bezugsgröße, die immer ein Problem bleiben wird, weil mit der steigenden Integration der Teilsysteme (Abb. 95) zusätzlich auch noch die Inkonstanz zunimmt. Daß auf der Ebene des Organs in der Tat eine Vervielfachung der regulativen Möglichkeiten eintritt, braucht nicht noch gesondert belegt zu werden; aus der Besprechung der endogenen und exogenen Faktoren lassen sich genügend Beispiele ableiten, wobei den Veränderungen der CO_2-Diffusionswiderstände in besonderer Weise regulative Bedeutung zukommt. Ein lange bekanntes physiologisches Beispiel der durch die Lichtqualität kontrollierten Genexpression im Hinblick auf die spezifische Struktur des Photosyntheseapparates verkörpern die Sonnen- und Schattenblätter.

Das gleiche gilt, wenn wir uns für die photosynthetische Leistung einer Gesamtpflanze interessieren. Haben wir beim Blatt z. B. noch auf die Diskussion um die Verteilung autotropher und heterotropher Zellen im Organ verzichtet, birgt allein dieser Faktor eine Fülle neuer Probleme, von der Sink-source-Problematik auf

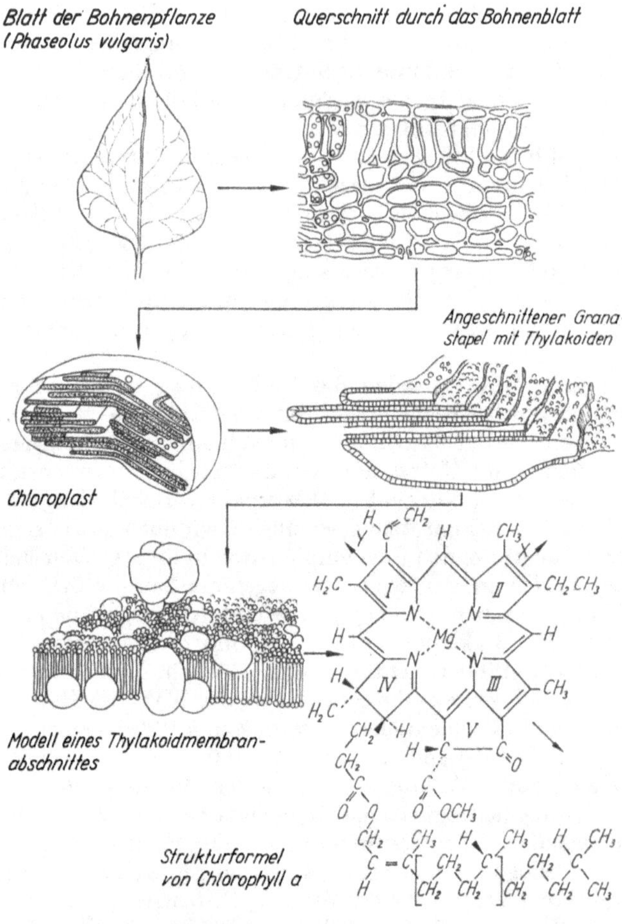

Abb. 95. Schema zum hierarchischen Aufbau des Photosyntheseapparates Die Funktion und Effizienz hängt ab vom integrativen Zusammenwirken der Steuerungsprozesse, welche die Ausbildung der Strukturen bedingen, und den Regulationssystemen, die den Funktionszustand der Teilsysteme — auch unter beslastenden Bedingungen — sichern.

dem endogenen Sektor bis zur Gasdiffusion und zum Nährstofftransport unter den exogenen Faktoren.

Inzwischen ist für eine Reihe von Chloroplastenenzymen gezeigt worden, daß ihre Bildung in spezifischer Weise von Phytochrom-

730 abhängt, wie die RuBPCO, Triosephosphat-Dehydrogenase, die Transketolase und die Ferredoxin-NADP-Reduktase. Neben dem Wechselspiel zwischen genetischer Information und äußeren Faktoren bei der Induktion von Fermentsynthesen spielen im voll ausgebildeten Photosyntheseapparat Veränderungen der Aktivität der charakteristischen „Schlüsselenzyme" eine besondere regulative Rolle. Derartige Aktivitätsschwankungen können durch allosterische Mechanismen sowie durch enzymatisch gesteuerte reversible Aktivierungs- und Inaktivierungsvorgänge erfolgen. An der lichtabhängigen Steigerung der Aktivitäten von RuBPCO, NADP-GAPDH, FDPase und RP-Kinase scheinen neben den im Zuge der Photosynthese gebildeten ATP- und NADPH + H^+-Molekülen noch besondere Enzym-Proteine wirksam zu sein. Die Lichtaktivierung des Schlüsselenzyms im Hatch-Slack-Zyklus (6.2.), die Pyruvat-Phosphat-Dikinase, ist mit der Reduktion einer Disulfidgruppe zur Sulfhydrilfunktion verbunden, während die im Dunkeln erfolgende Inaktivierung auf einer Oxidation beruht. In beiden Fällen sind ebenfalls zusätzlich Fermenteiweiße beteiligt. Unter diesen spielt das Thioredoxinsystem eine besondere Rolle, wobei gegenwärtig die Wechselbeziehung der lichtinduzierten Biosynthese entsprechender plastidaler Proteine und ihrer Bildung über die von Bogorad 1983 beschriebenen Photogene im Mittelpunkt des Interesses steht.

Ein weiteres Regulationsprinzip beruht auf der Funktionsteilung von Schlüsselenzymen in aktive und inaktive Formen. So sind z. B. in Spinatblättern nur 30—50%, in Blättern von Soja-Pflanzen aber 45—80% der RuBPCO- aktiv. Dabei erweisen sich die Absolutwerte der RuBPCO-Gehalte als stärker variabel als die relativen Anteile der aktiven Enzyme. Untersuchungen über regulative Beziehungen zwischen dem heterotrophen und autotrophen System im Verlauf der Keimpflanzenentwicklung zeigten, daß die Aktivitäten der für den Atmungsapparat charakteristischen Enzyme in dem Maß abnehmen, in welchem sich die Leistungsfähigkeit des Photosyntheseapparates entwickelt. Beeinträchtigungen der Ausdifferenzierung des Photosyntheseapparates verzögern in gewissen Grenzen die Depression der Atmung (bzw. erhöhen die Atmung sogar), so daß der jeweilige energetische Zustand des Systems gesichert bleibt. Bei der Regulation dieser Wechselbeziehungen kommt neben dem System der NAD- bzw. NADP-abhängigen Glycerinaldehydphosphat-Dehydrogenase dem enery charge (6.4.) eine große Bedeutung zu.

In der Pflanzenproduktion sowie in der Ökologie besteht besonderes Interesse an Informationen über die photosynthetische Effektivität von ganzen Pflanzenbeständen. Zu all den regulativen Größen, die auf der suborganellen Ebene, im Chloroplasten, im Blatt oder der ganzen Pflanze wirken, kommt hierbei in der Hierarchie der Teilsysteme jene Fülle von Steuerungs- und Regulationsmöglichkeiten, die sich vom Bereich der Bestandesarchitektur bis zu den mikro- und makroklimatischen Bedingungen im Boden sowie der Atmosphäre erstrecken. Allerdings dürften unter natürlichen Bedingungen die „inneren Kontrollgrößen" der Photosynthese von sekundärer Bedeutung sein, da die Lichtintensität und CO_2-Konzentration vorrangig den Prozeß limitieren.

Mit dem zunehmenden Ausmaß, das alle Eingriffe des Menschen sowohl in die natürlichen Ressourcen als auch auf die Gestaltung der Kulturfläche haben, ist nicht ernst genug auf die wissenschaftliche Analyse und Berücksichtigung aller Systembeziehungen hinzuweisen. Sicher ist es nicht möglich, an jeder konkreten Aufgabe diesen gesamten Fragenkomplex aufzuklären. Notwendig ist nur, unsere diesbezüglichen Kenntnisse in die Betrachtungen einzubeziehen, um das betreffende System so gut als möglich modellmäßig zu beschreiben. Derartige Modellvorstellungen geben rasch eine Übersicht über die zum jeweiligen Zeitpunkt regulierenden Faktoren und erlauben rechtzeitig Rückwirkungen beim Eingriff in Ökosysteme bzw. Kausalketten zu erkennen. Solche Modelle zeigen uns aber auch Kenntnislücken auf, die experimentell zu schließen sind, um die komplizierte Kette von Regulationsmöglichkeiten zwischen der Lichtabsorption und dem Ertrag übersichtlich zu machen und sie noch wirkungsvoller zu beherrschen.

8. Evolution der Photosynthese

Nach der bisher allgemein akzeptierten Vorstellung hat der Energiegewinn (in Form von ATP) über Gärungsprozesse am Beginn der Evolution zellulärer Systeme gestanden. Die Zunahme der Zahl dieser ersten Lebewesen sowie der damit verbundene rasche glykolytische Abbau der zum Energiegewinn erforderlichen organischen Moleküle führten zur ersten „Energiekrise". Einen wesentlichen Selektionsvorteil besaßen jene Organismen, die Tetrapyrrole in einer solchen Weise in Strukturen eingelagert hatten, die sie durch Strahlungsnutzung zur Erhöhung ihres Redoxpotentials als Voraussetzung einer lichtgetriebenen Ladungstrennung befähigten. Im Ergebnis der Tätigkeit dieser etwa vor 3,4–3,5

Milliarden Jahren aufgetretenen und ältesten bisher bekanntgewordenen blaualgenartigen Photosynthetiker blieb aber aus der Wasseroxidation gasförmiger Sauerstoff zurück, der aufgrund seiner Oxidationskraft eine zweite Krise für die Existenz der ersten Lebensformen bewirkte. Die Herausbildung von „Organismen", die den Sauerstoff für gesteuerte Oxidationsprozesse, also Urformen der Mitochondrien, einzusetzen vermochten, überwanden diese Krise (Abb. 96).

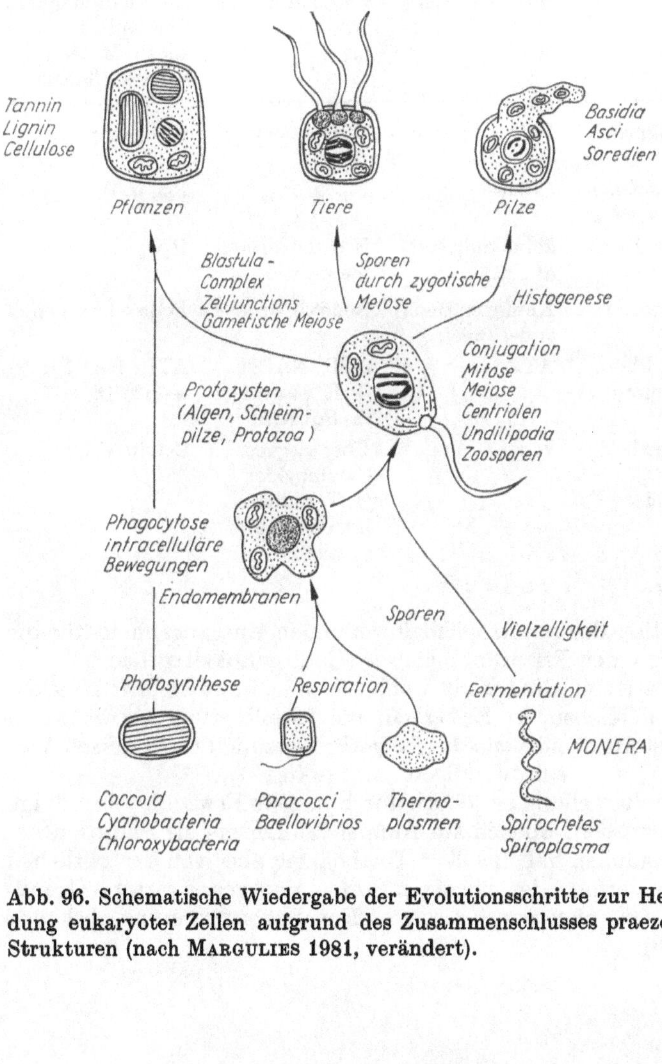

Abb. 96. Schematische Wiedergabe der Evolutionsschritte zur Herausbildung eukaryoter Zellen aufgrund des Zusammenschlusses praezellulärer Strukturen (nach MARGULIES 1981, verändert).

Der nächste Evolutionsschritt wird in der kooperativen Zusammenlagerung dieser drei Urformen gesehen: aus der Verbindung der „Anaerobier" mit den „Aerobiern" gingen jene, heute als heterotroph existierende Zellen hervor, während die zusätzliche

Tabelle 38
Photosynthesetypen

	Halobakterien	Photoautotrophe Bakterien	Photoautotrophe Cyanophyta, Algen, Moose u. höhere Pflanzen
Hauptpigment	Bakteriorhodopsin	Bakteriochlorophyll a	Chlorophyll a
Absorptionsmaxima in vivo	570 nm	P_{840} u. P_{870}	P_{680} u. P_{700}
Wasserstoffdonator	keine Substratoxidation	H_2S; Dikarbonsäuren u. a.	H_2O
Primärprozeß:	Konformationsänderungen	Redox-Prozesse	Redox-Prozesse
Primäre Photosyntheseprodukte	ATP	ATP; NADH + H^+; oxydiertes Substrat	ATP; NADPH + H^+; O_2
Photosynthetische CO_2-Fixierung	keine	Überwiegend Calvinzyklus (z. T. redukt. Zitronensäurezyklus)	Calvinzyklus

Integration der autotrophen Formen den Ausgangspunkt für die Evolution der Pflanzen bildeten (Endosymbiontentheorie), von deren Tätigkeit alle heterotrophen Formen in zweifacher Hinsicht abhängig blieben, in Bezug auf die Mobilisierung verwertbaren Wasserstoffs ebenso wie durch die Freisetzung des zu dessen Verbrennung wieder notwendigen Sauerstoffs.

Diese Vorstellung ist jedoch durch jüngste Erwägungen in Frage gestellt worden, wonach am Anfang des Lebens die Photosynthetiker gestanden haben sollen. Unabhängig aber von der zeitlichen Aufeinanderfolge der einzelnen Stufen sind gegenwärtig 3 Grundtypen der photosynthetischen Energiekonvertierung bekannt (Tab. 38).

Im Vergleich dieser Photosynthesetypen widerspiegeln sich folgende Beziehungen:

- Zunahme der Lebensdauer der Ladungstrennung
- Zunahme der Komplexität
- Abnahme der Pigmentstabilität
- Abnahme des prozentualen Anteils der fixierten Energie, bezogen auf die absorbierte Energiemenge
- Zunahme der Effizienz der Energieumwandlung

Die Entwicklung des Photosyntheseapparates erfolgte eingeordnet in die im Zuge stochastischer Prozesse sich vollziehende Evolution biologischer Makromoleküle (vgl. 10.). Auf zellulärer Ebene wird gegenwärtig der schon etwa seit 100 Jahren diskutierten Endosymbiontentheorie die größte Wahrscheinlichkeit beigemessen. In der Coevolution der prokaryotischen lichtkonvertierenden Vorläufer mit den phagozytierenden Proto- oder Ur-Eukaryoten sollen danach erstere zu Symbionten transformiert, d. h. irreversibel in den Stoffwechsel der Wirtszelle integriert worden sein. Funktionelle Spezialisierung lief parallel mit einer Verminderung der Genomgröße der Symbionten, deren Erbsubstanz teilweise durch Genübertragung in den Zellkern gelangte (vgl. 4.3.).

Die beiden Plastiden-Hüllmembranen (envelope) sind dementsprechend unterschiedlich aufgebaut. Die innere Membran entspricht in ihrer Zusammensetzung den Zellmembranen von Prokaryoten und besitzt Bestandteile, die in Membranen eukaryoter Zellen nicht vorkommen. Die äußere Membran leitet sich von der Plasmamembran der Wirtszelle ab, die den Endosymbionten während seines (phagozytose-ähnlichen) Eindringens umhüllte.

Ganz andere Hinweise für die Endosymbiontentheorie leiten sich aus vergleichenden enzymologischen Studien ab. Danach unterscheiden sich z. B. die in höheren Pflanzen im Cytosol bzw. in den Chloroplasten vorkommenden Aldolasen deutlich voneinander. Die jeweiligen cytosolischen bzw. plastidischen Aldolasen phylogenetisch verschieden alter Pflanzen stimmen demgegenüber nahezu überein, so daß beiden Isoenzymen eine unterschiedliche genetische Herkunft zugeschrieben wird.

In diesem Bezug der Plastidenableitung werden wiederholt auch die Cyanellen diskutiert. Dies sind in manchen apoplastidalen Algen vorkommende cyanophyceenartige Systeme, welche endosymbiontisch die Chloroplastenfunktion übernehmen. In phylogenetischer Hinsicht besonders bemerkenswert ist die Algengruppe Glaucophyta. Deren Cyanellen weichen von echten Plastiden durch das Vorkommen von Resten einer Zellwand ab (wie sie bei freilebenden Prokaryoten vorkommt). Sie sind aber auch nicht mit endosymbiontisch lebenden Blaualgen identisch. So wird ihnen ein intermediärer Status zwischen endosymbiontischen Cyanobakterien und Chloroplasten zugewiesen. Dies ist vor allem dadurch begründet, daß die Cyanellen die komplexe RuBPCO noch eigenständig, also kernunabhängig, zu kodieren vermögen (4.3.). Möglicherweise verkörpern sie auch einen Seitenweg der Evolution zu den Rotalgen.

Eine der Endosymbiontentheorie alternative Vorstellung zur Evolution der Chloroplasten stellt die Cluster-Clon-Plasmid-Hypothese dar. Sie geht davon aus, daß die Plastiden- und Mitochondrien-DNA aus Plasmiden entstanden sind, die sich während der Entstehung der Eukaryoten durch Abfaltung von Membrankompartimenten entwickelten.

Die systematische Trennung der Halobakterien (6.5.; in ihrer Zuordnung zu den Archebacteriales) von den photoautotrophen Eubakteriales, verbunden mit dem Vorkommen von Bakteriorhodopsin als primären Energiekonverter, führte zu der Vorstellung, daß sich die Photosynthese über zwei verschiedene Wege herausgebildet habe. Vergleichende Untersuchungen der dreidimensionalen Ribosomenstruktur als Kriterium evolutionärer Divergenz ergaben jedoch, daß die Halobakterien den Eubakterien wesentlich näher stehen als irgend einer anderen bekannten Organismengruppe. Daraus folgt, daß die zur Photosynthese befähigten Zellen sich von einer gemeinsamen Urform (monophyletisch) ableiten, die einen einfachen Mechanismus der photosynthetischen Lichtausnutzung besaß. Dafür sprechen auch eine Reihe weiterer stoffwechselphysiologischer Gemeinsamkeiten sowie das Vorkommen der für die Photosynthese charakteristischen Carotenoide in beiden Gruppen. Die gemeinsame Urform wird als „Photozyte“ bezeichnet. Im Bereich der Eubakteriales findet sich bereits eine größere Differenzierung des Photosyntheseapparates. So weisen die grünen Bakterien (6.5.) mit ihrem offenkettigen Elektronentransportsystem und der Fähigkeit zur direkten NAD^+-Reduktion eine enge Beziehung zur Photosynthese der Cyanobakterien und höheren Pflanzen auf. Chlorosomen (S. 44) und Phycobilisomen (S. 49) haben gewisse Ähnlichkeiten mit den Antennensystemen der Eukaryoten. So könnten die grünen Bakterien ein phylogenetisches Bindeglied zwischen den Purpurbakterien und den Blaualgen darstellen. Manches spricht dafür, daß sich die beiden Photosysteme I und II der höheren Pflanzen aus einem gemeinsamen Photosystem der Bakterien entwickelt haben. So hat bei den Purpurbakterien die Elektronenakzeptorseite des Photosystems große Ähnlichkeiten mit der Akzeptorseite des PS II höherer Pflanzen. Die Donorseite des bakteriellen Photosystems weist dagegen enge Beziehungen zur Donorseite des PS I der höheren Pflanzen auf.

Die entscheidende Besonderheit in der Evolution der Photosynthese der Eukaryoten besteht in der Herausbildung eines an das PS II gekoppelten Systems der Wasserspaltung. Die Energiespanne zwischen Donor und Akzeptor ist bei allen Photosystemen etwa gleich; sie arbeiten aber auf verschiedenen Energieniveaus. Der Energiehub beginnt im PS II bei einem sehr niedrigen Potential (vgl. 5.3.). Das wasserspaltende System konnte sich demnach erst nach der Herausbildung eines Chl-Proteinkomplexes und von Redoxsystemen mit sehr niedrigen Redoxpotentialen (also mit starker Oxidationskraft) entwickeln.

Unter den beiden Grundtypen der photosynthetischen CO_2-Assimilation (vgl. 6.1. u. 6.2.) gilt der C_3-Weg als der photosynthetisch ältere Typ, aus dem sich der C_4-Weg noch vor dem Mesozoikum als Anpassung an aride Bedingungen sowie hohe Temperaturen und Lichtintensitäten zur Sicherung einer hohen positiven CO_2-Bilanz entwickelt hat. Pflanzen mit intermediären anatomischen, physiologischen und biochemischen Merkmalen stellen Zwischenglieder in der Evolution des C_4-Weges dar. Bei den bisher untersuchten Intermediärformen liegen die den entsprechenden Photosynthesetyp charakterisierenen $\delta^{13}C$-Werte (vgl. 6.2.) zwischen -24 und $-31‰$. Die Evolution des C_4-pathways begann mit der Ausbildung der Kranzanatomie; sie befindet sich aber erst in einem relativ frühen Stadium. Verringerung der RuBPCO-Aktivität sowohl in den Leitbündelscheidenzellen als auch in den Mesophyllzellen ist keine notwendige Voraussetzung für die Entwicklung des C_4-Weges. Aber die Verringerung des Energieaufwandes für die Biosynthese des Fraktion I-Proteins (RuBPCO) und die damit verbundene höhere Effektivität der C_4-Pflanzen bei der Nutzung des Bodenstickstoffs kann einen ebenso wichtigen Selektionsvorteil bedeuten wie deren höhere Wassernutzungs-Ökonomie.

9. Photosynthese als photonengetriebener Wasserstoffgenerator im kosmischen Entropiefluß

Der mit dem raschen methodischen und technischen Fortschritt einhergehende Erkenntnisgewinn hat uns auf den verschiedensten Ebenen der Daseinsweise der Materie Einsichten ermöglicht, die die überwältigende Einheit in der Mannigfaltigkeit der Natur transparent machen. Die gegenwärtigen Kenntnisse über die Biophysik der photosynthetischen Energiekonvertierung, die Biochemie der Verwertung der Photosyntheseprodukte in Pflanze, Tier und Mensch sowie das wachsende Verständnis der biologischen Evolution und ihre Spezifik in der Entwicklung des Kosmos begründen die partielle Abkopplung der bisher vordergründig diskutierten CO_2-Assimilation vom eigentlichen energetischen Prinzip der Photosynthese und deren Einordnung in die Evolution des Wasserstoffs.

Wie Abbildung 97 nochmals verdeutlicht, führen die zwei

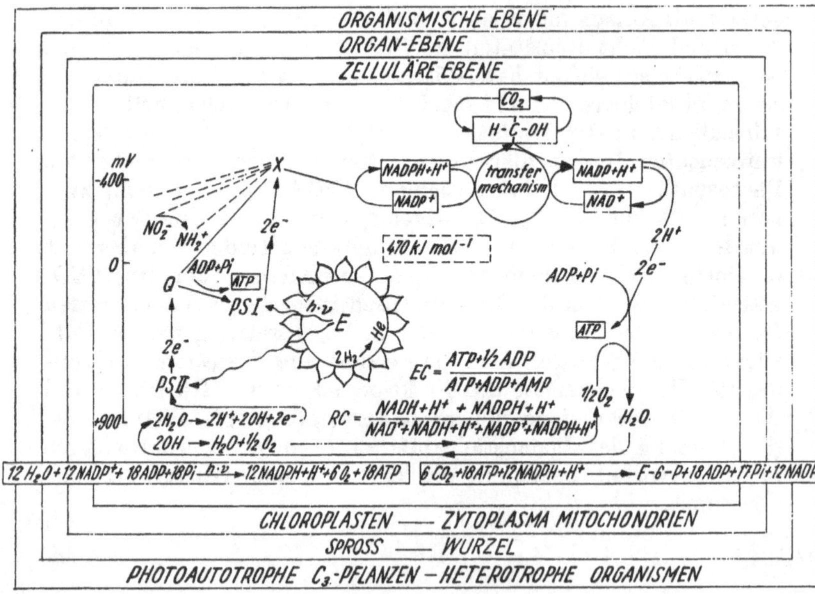

Abb. 97. Die Photosynthese als photonengetriebener Wasserstoffkreislauf auf den verschiedenen Systemebenen der belebten Natur.

hintereinandergeschalteten Lichtreaktionen zur Photooxidation des Wassers und zur Auslösung eines Elektronen- und Photonenstroms. Die damit in das biologische System überführte Strahlungsenergie steht auf unterschiedlichen Systemebenen für verschiedenste Leistungen zur Verfügung.

Von Systemebene zu Systemebene wächst die Verweildauer der Energie. Während z. B. die Lichtabsorption im Chlorophyllmolekül im Bereich von 10^{-15} s geschieht, vollziehen sich die Elektronentransportvorgänge im μs- bis ms-Bereich; die ersten Kohlenhydrate treten nach etwa 1 s auf und die Biomasseproduktion ist pflanzenartspezifisch mit unterschiedlicher Intensität im Stundenbereich und später meßbar. Mit diesen Integrationsebenen korreliert andererseits ein beträchtlicher Energieverlust. Von dem Gesamtbetrag der auf der Erde eingestrahlten Sonnenenergie finden sich, bezogen auf den Jahresdurchschnitt, in der pflanzlichen Biomasse nur noch etwa 0,12% wieder. Formen, die zur Erhaltung, zum Wachstum und zur Reproduktion den geringeren Energiebedarf haben als weniger ökonomisch arbeitende Konkurrenten, dürften einen nicht unwesentlichen Selektionsvorteil besitzen. Auch die Evolution der sekundären Pflanzenstoffe ist stark durch das Prinzip der Optimierung der Energie- und Stoffbilanzen geprägt.

In jedem Falle aber sind es letztlich die photosynthetisch errichteten Differenzen im elektrochemischen Potential zwischen dem Wasserstoff (in den verschiedenen Kohlenstoffverbindungen) und dem Luftsauerstoff, die bei seinem stufenweisen Abbau in der Glykolyse und der anschließenden mitochondrialen Atmung das Leben auf seinen verschiedenen Systemebenen erhalten, auf denen sich die O_2- und CO_2-Kreisläufe schließen, wie es Abbildung 98 verdeutlicht, unter gleichzeitiger Widerspiegelung des Systemimmanenten Raum-Zeit-Gefüges.

Die energetisch hochwertigen, aus der Kernfusion des Wasserstoffs zu Helium in der Sonne stammenden 5800 K-Photonen schaffen über ihre photosynthetische Verwertung durch die Aufrichtung von Biopotentialen die Voraussetzung der Evolution und Erhaltung (über Wachstum und Reproduktion) aller Lebewesen, wobei die zeitliche Begrenztheit des Individuums auch aus energetischen Konsequenzen der Preis ist für die Kontinuität des Lebens. Es realisiert sich auf unterschiedlichen Systemebenen, wobei das Wasser als Molekül des Lebens erneut entsteht und die Energie als Wärme bei den ebenfalls hierarchisch gestaffelten Degradationsprozessen wieder frei wird und in Form der 380 K-

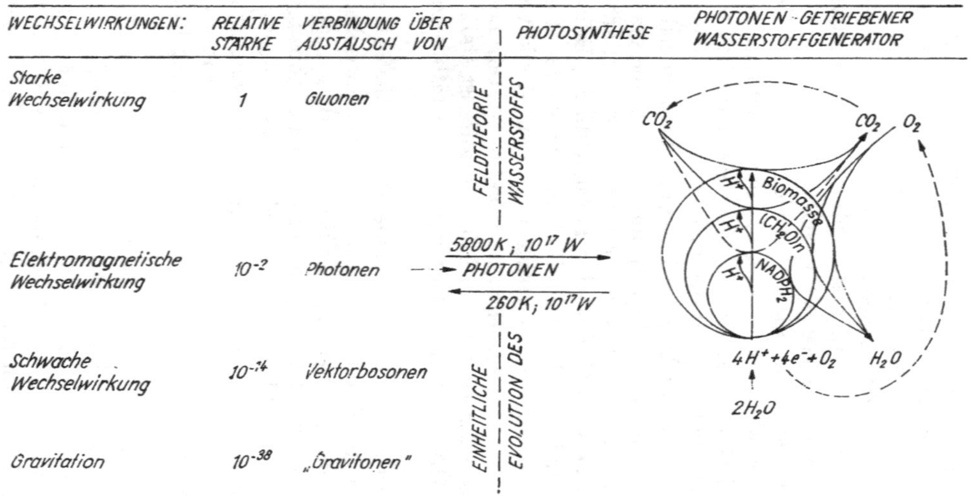

Abb. 98. Die Einordnung der Photosynthese als photonengetriebener Wasserstoffgenerator in den kosmischen Entropiefluß unter Berücksichtigung der übrigen Wechselwirkungen in der Natur.

Photonen in den Kosmos zurückfließt. Durch die fortwährende Expansion des Weltalls vermag das sich damit auch „abkühlende" Meer der 3-K-Photonen Hintergrundstrahlung den „Entropiemüll" aufzunehmen. Sollte sich die Hypothese von dem oscillierenden Wechsel zwischen Expansion und Kontraktion des Kosmos bestätigen, so blieben diese Aussagen doch für unsere gegenwärtig überschaubare Evolutionsphase des Weltalls gültig.

Nach dieser Vorstellung ständen sowohl das Leben im Allgemeinen als auch der Photosyntheseapparat in seinen strukturellen und funktionellen Bezügen noch am Anfang der Entwicklung. Denn nach überschlägigen Kalkulationen ist der Kosmos relativ jung; noch etwa 84% aller Teilchen sind Wasserstoffatome; erst ein Anteil von 16% sind zu Helium umgewandelt und die im Zuge der weiteren Evolution bisher entstandenen Mengen an weiteren Elementen stellen in diesen Dimensionen nicht viel mehr als eine „Verunreinigung" dar. Dennoch hat sich der Mensch als höchstentwickeltes Lebewesen unseres Planeten einen Einflußbereich geschaffen, der als Neosphäre einen immer stärker werdenden wechselwirkenden Einfluß auf die Biosphäre ausübt.

Die wachsende Möglichkeit des Menschen, diese Entwicklungsgesetze der Natur zu verstehen, ihr prinzipielles Fortwirken auch in der menschlichen Gesellschaft zu begreifen und im steigenden Maße zur Lebenserhaltung und Sicherung für die Zukunft zu nutzen, offenbart ebenso die große Einheit in der Mannigfaltigkeit der Natur wie es die hohe Verantwortung der Wissenschaftler für die gesunde Entwicklung in Natur und Gesellschaft begründet.

10. Biotechnologische Ansätze zur Optimierung der photosynthetischen Energieumwandlung und zum künstlichen Nachvollzug der Photosynthese

10.1. Optimierung und bessere Nutzung der Photosynthese und ihrer Produkte

Der wachsende Energieverbrauch der Menschheit, verbunden mit der zunehmenden Erschöpfung der natürlichen Ressourcen, zwingt weltweit zur Suche nach neuen Lösungswegen. Dabei bleibt nach wie vor die Nutzung der Sonnenenergie die ökologisch günstigste Variante. Gegenwärtig wird über die Photosynthese ein Energiebetrag in Biomasse fixiert, der noch immer den Weltenergieumsatz um etwa das 10fache übertrifft (der jährlich in Biomasse fixierten

Tabelle 39

Jährliche Welterzeugung bzw. -gewinnung ($\times 10^6$ Tonnen; Bezugsjahr 1980; nach HOPPE 1983):

Stoff	Menge
Erdöl	3066
Steinkohle	2770
Erdgas	1667
Getreide mit Mais	1664
Zement	760
Rohstahl	702
Kartoffel	252
Papier	174
Fleisch	142
Schwefelsäure (100%)	142
Rohphophosphat	135
Bauxit	91
Zucker, roh	85
Stickstoffdünger (als N)	60
Hülsenfrüchte	40
Kalidünger (als K_2O)	26
Aluminium	16
Chemiefasern	14,2
Baumwollfasern	13,8
Synthesekautschuk	9,0
Naturkautschuk	3,7

Energie von $2{,}9 \cdot 10^{21}$ J steht ein Weltenergieverbrauch im gleichen Zeitraum von etwa $3{,}0 \cdot 10^{20}$ J gegenüber). Auch massenmäßig überwiegen die Pflanzenerträge die anorganischen Produkte bei weitem (Tab. 39). An erster Stelle der Bemühungen um die Deckung des steigenden Bedarfs an Energieträgern, Rohstoffen und Nahrungsmitteln stehen daher Arbeiten zur Optimierung und besseren Nutzung der Photosyntheseleistung.

Alle diesbezüglichen Untersuchungen setzen die Kenntnis der limitierenden Faktoren voraus, die art- und ontogenesespezifisch durchaus recht unterschiedlich sein können. Ausgehend von den Ausführungen in Kapitel 7.2.3. und Tabelle 33 fördern alle Maßnahmen, welche diese Faktoren optimieren, die pflanzliche Produktivität. Aus Tabelle 33 geht hervor, daß nicht wenige Reserven in der Praxis selbst liegen, wobei sie im Gartenbau wiederum größer sind als im Feldbau, da in Gewächshäusern die Steuerung umfangreicher möglich ist. So ergeben sich z. B. bereits aus der

Kenntnis des Lichtkompensationspunktes und seiner Abhängigkeit von anderen Faktoren (7.1.1.) wichtige Schlußfolgerungen: zu Zeiten mit geringen Einstrahlungswerten ist die Temperatur niedrig zu halten, um die stark temperaturabhängigen Atmungsverluste einzuschränken. Temperatursteigerungen und CO_2-Düngung sind nur bei ausreichender Belichtung sinnvoll. Dabei bestätigt sich immer wieder eine alte Gärtnerregel, wonach 1% mehr Licht einer Ertragssteigerung von etwa 1% entspricht. In Gewächshauskulturen gewinnt auch die Frage nach dem Einsatz intermittierender Zusatzbelichtung an Bedeutung. Da die Lichtabsorption aus dem Kontinuum im 10^{-15} s-Bereich erfolgt, die Synthesekette bis zur Biomasse sich aber in den Sekundenbereich hinein erstreckt, wäre eine intermittierende Belichtung als energiesparendes Verfahren durchaus denkbar. Für die breite Anwendung derartiger Verfahren ist es aber erforderlich, die geeigneten Zeitintervalle für die jeweiligen Kulturarten zu ermitteln, die sie bei ausreichender Photonenflußdichte (die oft nicht gegeben ist) ohne Produktionseinschränkung zu tolerieren vermögen. Ferner bleibt neben dem energetischen Aspekt zu belegen, daß die intermittierende Belichtung den Ontogeneseverlauf nicht stört.

Als anzustrebende Eigenschaften hochleistungsfähiger Nutzpflanzen gelten ferner eine rasche Frühentwicklung (schnelles Erreichen des optimalen Blattflächenindex) und eine ausgedehnte aktive Vegetationszeit, um die pro Fläche auftreffende Sonnenenergie möglichst lange zu nutzen. Wirkstoff-bedingte Umsteuerung der Assimilatströme und deren bevorzugte Anreicherung mit hoher Qualität in dem als Ernteprodukt genutzten Pflanzenteil sind ein weiteres Gebiet biotechnologischer Arbeiten. Dazu gehören nicht zuletzt die Aufgaben, die hohen Ernteverluste (auf dem Feld, bei der Einbringung und Lagerung) einzuschränken.

In physiologisch-biochemischer Hinsicht sind jene Formen favorisiert, die auch unter belastenden Bedingungen auf Grund effektiver Regelsysteme des EC und RC, geringer Erhaltungsatmung und „Aufwandskosten" sowie ausreichender stabilisierender endogener Reserven (auf den hierarchischen Ebenen der overflow-Mechanismen) noch in möglichst weiten Grenzen einen positiven Stoffgewinn realisieren (6.4. u. 7.2.3.). Das Spektrum der Adaptationsphänomene erstreckt sich dabei von Kurzzeiteffekten im Bereich der Enzymregulationen über mittelfristige Veränderungen der Organellanzahl bis zu langfristigen Abwandlungen der Blatt- oder Gesamtstruktur der Pflanze.

Auf der Bestandesebene stehen diejenigen Faktoren im Mittelpunkt, die einen möglichst optimalen Blattflächenindex (Tab. 26) bei geringer Beschattung sichern. Dabei ist unter Kenntnis der Produktionsleistungen der einzelnen Organe zu optimieren. So gilt z. B. für Weizen und *Triticale* das Blattmodell; für Gerste und Hafer das Blatt- und Ährenmodell sowie für Roggen das Sproßachsenmodell. In jüngster Zeit sind interessante Erbsen- und Lupinenformen beschrieben worden, denen die Blätter fehlen und die Blattfunktion antennenartige Sproßsysteme übernehmen. Derartige erzeugte Metamorphosen in Richtung eines Funktionstausches widerspiegeln jene im Zuge der Evolution besonders unter Trockenbedingungen entstandenen Veränderungen zu Phyllodien, Phyllokladien oder Kladodien. In praxisbezogener Hinsicht werden solchen Leguminosen große Perspektiven für die Produktion von Pflanzeneiweiß eingeräumt, da sie sich besonders durch hohe Produktionsleistungen unter relativ geringem Wasserdurchsatz und bessere flächenbezogene Lichtausnutzung wegen reduzierter wechselseitiger Beschattung der Photosyntheseorgane auszeichnen.

Für die Optimierung der Produktionsleistungen bleibt jedoch festzustellen, daß die Ausrichtung auf den Photosyntheseapparat allein nicht ausreicht. Einmal wird er sowohl in seiner Genese als auch in seiner Funktion multifaktoriell gesteuert bzw. reguliert. Zum anderen gibt es auch keine allgemeingültigen quantitativen Beziehungen zwischen Photosyntheseleistung, Wachstumsrate und Ertrag. Die Biomassebildung ist nur einer unter vielen anderen Prozessen und Faktoren, welche, entsprechend dem durch die Evolution geprägten Prinzip, Systemerhaltung und Reproduktion sichern und damit gegebenenfalls eine Überlegenheit gegenüber konkurrierenden Arten begründen.

Bisher werden nur wenige Arten als Kulturpflanzen angebaut. Es ist durchaus zu erwarten, daß in den nicht auf ihre diesbezügliche Eignung geprüften Arten noch potentielle Nutzpflanzen zu finden sind. Die Suche nach neuen Nutzpflanzen richtet sich einmal auf Formen mit wertvollen Inhaltsstoffen. Unter diesem Aspekt scheint die einzellige zellwandfreie photoautothrophe Alge *Dunaliella* ein geeigneter Organismus zu sein. Diese Alge toleriert Salzwasser bis nahezu zur Sättigung durch die Einstellung eines entsprechend hohen endogenen Glycerol-Gehaltes, wodurch sie sich zur Kultur im Meer eignet. In ersten derartigen Anlagen produzierten 10 g *Dunaliella*-Algen pro m^2 und Tag 4 g Glycerol, 0,4 g Caroten und 5,6 g weitere Biomasse, die 60% Eiweiß für die Tierernährung enthielt. Aussichtsreich erweist sich auch die in Indien in Nutzung genommene *Casuarina*, ein luftstickstoff-fixierender Baum, der die Holz- (= Energie)-quelle für ein 100 MW-Kraftwerk werden soll.

Zum anderen gelten vielfältige Bemühungen dem Auffinden von Pflanzen, die mit hoher Produktivität solche Biomasse produzieren, die sich biotechnologisch mit vertretbarem Aufwand in gasförmige oder flüssige, technisch nutzbare Energieträger überführen lassen. Hier setzen bereits gentechnische Arbeiten zur gezielten Veränderung der metabolischen Muster in Richtung auf die Bildung von Kohlenwasserstoffverbindungen oder molekularem Wasserstoff ein (vgl. 10.2.). Auf die umfangreichen Untersuchungen zur biotechnologischen Verwertung kann in diesem Rahmen nicht eingegangen werden. Abbildung 99 vermittelt nur einen Überblick über das breite Spektrum von Ansätzen der angestrebten Ganzpflanzenverwertung am Beispiel des Zuckerrohrs.

Die Anzahl der zur Gewinnung fermentierbarer Biomasse geeigneten Pflanzenarten erweitert sich ständig. Neben Zuckerrohr, Mais, Wasserhyazinthen und schnellwüchsigen Bäumen spielen Euphorbiaceen eine wachsende Rolle. So produziert z. B. *Euphorbia lathyris* bis zu 5% der TM Triterpenoide und 20% Hexosen, die beide relativ leicht in brennbares Gas bzw. in Alkohol überführt werden können. *Copifera Langsdorfii*, ein Baum in Brasilien, liefert in 2 Stunden 10—20 l Sesquiterpene, die direkt zum Betreiben von Kraftfahrzeugen geeignet sind. Im Abstand von 6 Monaten kann ein Baum erneut angezapft werden.

Im Rahmen dieses Problemkreises erwächst aber mit aller Schärfe die Verantwortung des Wissenschaftlers durchzusetzen, daß derartige Energie-Plantagen nur dann vertretbar sein können, wenn weltweit solche sozial-ökonomischen Bedingungen geschaffen wurden, unter denen die Ernährung der gesamten Bevölkerung gesichert ist.

Verstärkte Versuche gelten der umfassenderen Nutzung der Algen-Biomasse. Sie reichen von der Kultur von Mikro- und Makroalgen für die Ernährung von Mensch und Tier über die Bereitstellung der Algenbiomasse als Rohstoff- und Energiequelle bis zur Verwendung von Algen als Monitororganismen und Testsysteme.

Ebenso bedeutsam ist die bessere Verwertung von Abfallbiomasse zur Gewinnung von Biogas. Auf diesem Gebiet haben besonders die Volksrepublik China und Indien einen wesentlichen Fortschritt und somit eine merkliche Entlastung ihrer Energiewirtschaft erreicht. Unter umweltökologischen Aspekten finden dafür verbreitet Algen- und Bakterien-Mischkulturen Anwendung, wobei

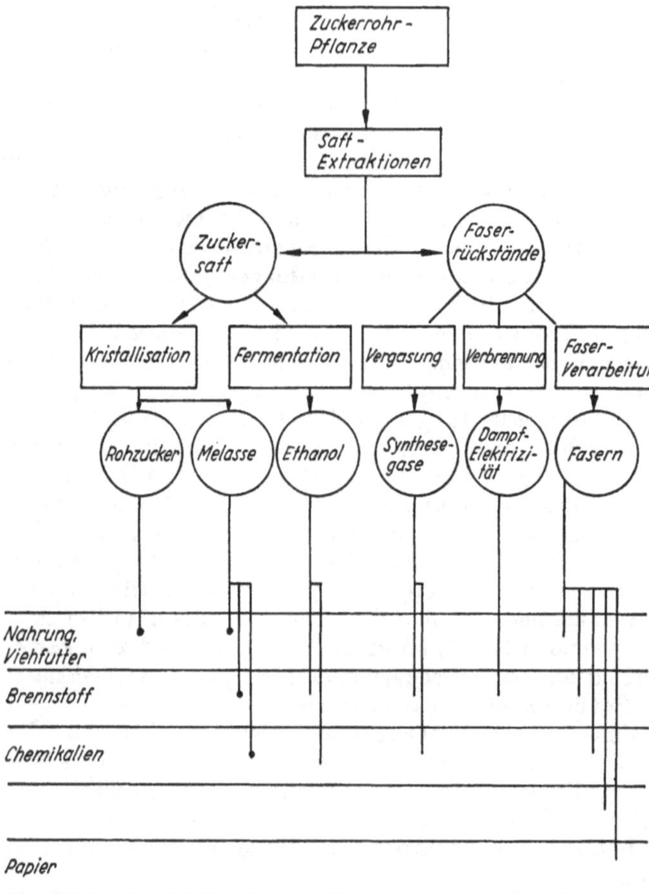

Abb. 99. Biotechnologische Verfahren zur Ganzpflanzenverwertung des Zuckerrohrs (in Anlehnung an LIPINSKY u. KRESOVICH 1982).

die Algen den stoffab- bzw. umbauenden anaeroben Bakterien den Sauerstoff liefern. Durch die Zufuhr industrieller Abwärme lassen sich die Temperaturverhältnisse dem Produktionsoptimum anpassen. Die entstehende Algen- und Bakterienbiomasse kann, je nach angelegter Kultur, als Viehfutter verwertet werden oder zur Verbrennung bzw. Fermentation zur Energiegewinnung dienen.

10.2. Neue Wege zur Nutzung des Photosyntheseapparates und seiner Produkte

Die Einsichten in den Ablauf der photosynthetischen Energiekonvertierung verdeutlichen immer wieder, daß die Effizienz der Energieumwandlung von Systemebene zu Systemebene abnimmt. Weiterführende neue Ansätze berücksichtigen dies und sind daher darauf gerichtet, aus der Gesamtkette möglichst frühzeitig verwertbare Energieträger oder Biosyntheseprodukte abzuziehen, die nachfolgenden Verlustterme also zu vermeiden. Dabei spielen auch in der Photosyntheseforschung gentechnische Verfahren eine immer größere Rolle. Sie setzen die Kenntnis der Kausalkette zwischen Gen und expremiertem Eiweiß bzw. Merkmal voraus. Der komplexe durch die photosynthetische Lichtkonversion bewirkte Stoffbildungsprozeß der Pflanzen ist jedoch bei weitem nicht nur an die Funktion eines Gens gebunden. In die Biogenese des hierarchisch aufgebauten Photosyntheseapparates ist, von der Biosynthese der stofflichen Komponenten bis zur Ausprägung der spezifischen Struktur im Chloroplasten, Blatt, der Gesamtpflanze bzw. der Architektur des Bestandes (7.2.3. u. 7.2.5.) eine gegenwärtig nicht überschaubare Vielfalt wechselwirkender Gene einbezogen.

Ein vielfach diskutiertes Anliegen auf der molekularen Ebene stellt das Bemühen dar, die RuBPCO (S. 65) gentechnisch so zu verändern, daß deren oxigenierende, hohen Assimilatverlust bewirkende Komponente möglichst unterdrückt wird. Aber bereits an der Bildung der RuBPCO sind 2 Gene beteiligt (vgl. 4.3.). Das katalytische Zentrum ist an die im Plastiden kodierte große Untereinheit gebunden (und möglicherweise für die Carboxylierung und Oxigenierung identisch). Für Organell-kodierte DNA gibt es bisher aber noch keine gentechnischen Verfahren. Kompliziert wird diese spezielle Problematik noch dadurch, daß wir bisher keine begründeten Befunde dafür haben, daß die Ausschaltung der an die Oxigenase-Funktion der RuBPCO gebundenen Lichtatmung wirklich zu einer Steigerung der Biomassebildung führt, zumal der Lichtatmung durchaus auch positive Wirkungen zugeschrieben werden (6.3.). Ob der züchterische oder gentechnische Nachvollzug der Evolution von C_3- zu C_4-Pflanzen, etwa durch die Einführung des C_4-Syndroms in Getreidepflanzen, erfolgreich sein wird, bleibt weiteren Untersuchungen vorbehalten.

Eine wesentliche Ertragssteigerung unserer Kulturpflanzen

brachte die gesteuerte Umverteilung der Photosyntheseprodukte in die jeweils als Ernteprodukt genutzten Pflanzenteile über die Erhöhung des Ernteindex. Die gezielte Einfügung der dwarf-Gene hat diese Entwicklung nachhaltig unterstützt.

Wesentlich aussichtsreicher erscheinen Ansätze, über eine gezielte Erhöhung der Resistenz von Kulturpflanzen gegenüber Herbiziden über die Ausschaltung der Konkurrenz durch die Unkräuter eine Steigerung der Biomasseproduktion zu erreichen. Ein gentechnischer Ansatz hierfür findet sich im 32 kD-Protein des PS II (S. 107). Bereits die Veränderung einer Aminosäuresequenz des den Wirkstoff bindenden Proteins könnte herbizidempfindliche Kulturpflanzen resistent machen. Andere Möglichkeiten beziehen sich auf die Induktion von Enzymsystemen in den Nutzpflanzen, die die Herbizide rasch abbauen. Die Bedeutung solcher Arbeiten wird unterstrichen durch die Tatsache, daß 45–50% aller heute weltweit eingesetzten Herbizide (etwa 250000 t reiner Wirkstoff pro Jahr) über den Photosyntheseapparat wirken und die unkrautbedingten Einbußen einen sehr beträchtlichen Anteil der Ernteverluste ausmachen. In das Spektrum dieser Vorhaben gehören auch die Bemühungen, gezielt die Resistenz der Pflanzen gegenüber abiotischen Faktoren (über frühere bzw. gesteigerte Bildung von Schockproteinen) und biotischen Faktoren (wie Einwirkungen auf das Immunsystem bzw. Zellwandstrukturen) zu erhöhen. Eine zwar noch sehr perspektivische, aber durchaus erwähnenswerte Zielstellung bezieht sich auf die gentechnologische Erzeugung von „Superproduzenten“. Dem liegt zugrunde, vor allem geeignete Großalgen so zu optimieren, daß die gesamte Energiekonvertierung auf die Akkumulation von Biomasse gerichtet ist. Damit würden alle energiebedürftigen zur Systemstabilisierung und Reproduktion erforderlichen „Aufwendungen“ entfallen.

Durch die in Kulturnahme von isolierten Zellen oder Geweben erhöhen sich die Möglichkeiten der Nutzung beträchtlich. Die diesbezüglichen Ansätze reichen von der Erzeugung spezieller, hochwertiger Biomasse (Enzyme, Pharmaka) bis zur breiten Anwendung solcher Systeme in der Pflanzenzüchtung und Grundlagenforschung. Hierbei ist jedoch bemerkenswert, daß bei der vegetativen Hybridisation von Einzelzellen über isolierte Protoplasten in den Folgezellen über Entmischungen fast ausschließlich Chloroplasten eines Ausgangspartners auftreten. Bei den Mitochondrien wurden demgegenüber öfter Hybridisierungseffekte beobachtet.

Auf der Organellebene zielen gentechnische Arbeiten darauf hin, durch die Abkopplung der biochemischen und physiologischen

Prozeßfolgen von den Primärvorgängen und damit wiederum mit höherem energetischen Wirkungsgrad Energieträger zu erzeugen. Dazu wurden Verfahren entwickelt, isolierte Chloroplasten in geeigneten Trägern so zu immobilisieren, daß sie möglichst lange aktiv bleiben und eine Abführung der gewünschten Primärprodukte gestatten. Während letzteres einfacher realisierbar scheint, ist die Lebensdauer des von der Gesamtzelle isolierten plastidalen proteinsynthetisierenden Systems (vergl. 4.3.) doch recht begrenzt. Entsprechende Untersuchungen zur Klärung der genetischen und regulativen Wechselbeziehungen zwischen Genom und Plastom sind jedoch sehr geeignet, weitere Fortschritte der Grundlagenforschung zu vermitteln, aber ebenso zur Schaffung von Pflanzenformen mit einem ausgewogenen und damit leistungsförderlichen Zusammenspiel von plastidischem und nichtplastidischem Teil der Zelle (6.4.) beizutragen.

Eine der aufwendigsten Maßnahmen in der modernen Landwirtschaft betrifft die ausreichende Versorgung der Pflanzen mit mineralischen Nährstoffen, unter denen die Bereitstellung von Stickstoffdünger quantitativ und energetisch überwiegt. Die biotechnologischen Ansätze auf diesem Gebiet erstrecken sich in zwei Richtungen. So wird versucht, über gentechnische Methoden das N_2-fixierende Syndrom der Knöllchenbakterien in Nichtleguminosen (nif-Gen-Transfer bevorzugt in Getreidepflanzen) zu übertragen. Allerdings bedarf dies noch der Aufklärung der genetischen Bedingtheit dieses multifaktoriellen Komplexes. Aus physiologischer Sicht bleibt die Frage zu beantworten, ob die Photosynthesekapazität ausreicht, um zusätzlich, d. h. ohne Leistungseinbuße, die Energie zur Ernährung der Bakterien und deren N_2-Fixierung bereitzusellen. Ähnliches gilt für die oft favorisierte zweite Variante, die Luftstickstoffbindung über freilebende N_2-Fixierer zu realisieren (wozu etwa 1% der Rhizosphären-Organismen befähigt sein sollen). Hierbei gilt der Schwerpunkt der Arbeiten dem Auffinden effektiverer N_2-Binder (evtl. mit Hilfe gentechnisch optimierter Bakterien), der Zusammensetzung einer geeigneten Rhizosphäre und der Sicherung ausreichender Kohlenhydratversorgung der Mikroben. Die ersten diesbezüglichen Publikationen reichen noch nicht aus, die Effektivität dieses Weges voll zu begründen. Denn auch die Wurzelexudate der Kulturpflanzen (sie sollen täglich bis zu 10% des jeweiligen Wurzeltrockengewichtes betragen und durch den Einfluß der Rhizobien-Bakterien bis auf das Doppelte ansteigen können) könnten sich bei übermäßiger Abgabe negativ auf die gesamte Stoffbildungsbilanz der Kulturpflanze auswirken.

Unter diesen Aspekten sind künftig nicht nur Pflanzen zu selektieren, die möglichst hohe Stickstoffbeträge im Boden noch zu nutzen vermögen. Um auch aus umweltökologischen Gründen die N-Überdüngung einzuschränken, sind ebenso Pflanzen gefragt, die noch geringe Nährstoffmengen effektiv nutzen können, mit weniger Aufwand also relativ mehr produzieren.

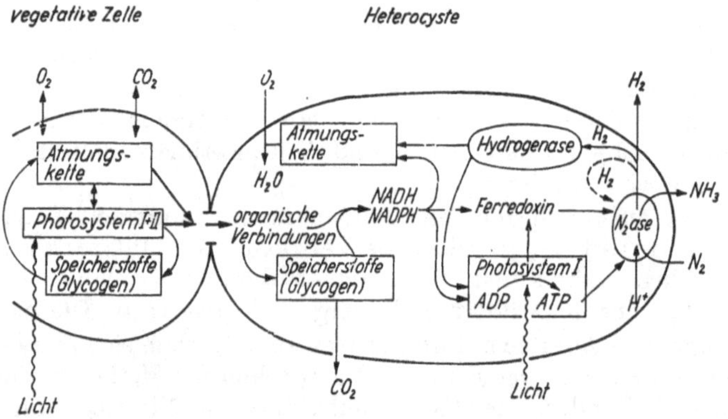

Abb. 100. Vereinfachtes Schema des Energie- und Gasstoffwechsels im Zusammenwirken von vegetativer Zelle und Heterozyste filamentöser Blaualgen. Die Pfeile geben in der vegetativen Zelle Stofftransportwege, in der Heterozyste den Fluß der Reduktanten bzw. Elektronen an. Ein besonderes Problem stellt nach wie vor der auch morphologisch mehrfach regulierte Stoffaustausch zwischen vegetativer Zelle und Heterozyste dar (nach Scherer, Alman u. Böger 1986).

Ein biotechnologisch in mehrfacher Hinsicht interessantes und möglicherweise auch perspektivisches System stellen die Blaualgen dar, die unter spezifischen Bedingungen zur photosynthetischen N_2-Fixierung befähigt sind, wobei diese grundsätzlich mit einer Wasserstoffmobilisierung gekoppelt ist. Die Grundlage dieser Kopplung sind die in vegetative Zellen und Heterozysten kompartimentierten Teilsysteme, die letztlich die Funktion der O_2-sensitiven Nitrogenase und Hydrogenase trotz photosynthetischer O_2-Freisetzung ermöglichen. Wie Abbildung 100 zeigt, sind die beiden Photosysteme dadurch räumlich voneinander getrennt (bei einzelligen, unter mikroaeroben Bedingungen ebenfalls N_2-

fixierenden Blaualgen liegt eine zeitliche Kompartimentierung vor: photosynthetische Bildung von Reserveglykogen im Licht, N_2-Reduktion im Dunkeln auf Kosten des respiratorischen Abbaus des Glykogens).

Schon seit Jahrhunderten dienen Blaualgen in einigen Ländern Asiens als Nahrungsmittel. Darüber hinaus werden sie in der Symbiose in *Azolla* (mit *Anabaena*) als Einzeller direkt auf N-armen, aber feuchten Böden zur biologischen Stickstoffbindung genutzt.

Seit einigen Jahren mehren sich die Ansätze, Blaualgen zur photobiologischen Produktion von Wasserstoff einzusetzen. Mit diesem Gas läge ein universell einsetzbarer Energieträger vor (vergl. 10.3.). Wie aus dem Schema der Abbildung 100 hervorgeht, wird der von der Nitrogenase gebildete Wasserstoff nicht freigesetzt, sondern von einer Hydrogenase wieder aufgenommen und an die Atmungskette abgegeben. Dabei reduzieren seine Elektronen letztlich den Sauerstoff über die bekannte Oxihydrogen- oder Knallgasreaktion. Dies trägt zum Schutz der Nitrogenase vor einer Inaktivierung durch Sauerstoff bei. Alternativ vermag diese Hydrogenase aber auch in einer lichtabhängigen Reaktion unter Beteiligung von PS I den Wasserstoff der Nitrogenase wieder zuzuführen. Für eine effektive photobiologische H_2-Entwicklung

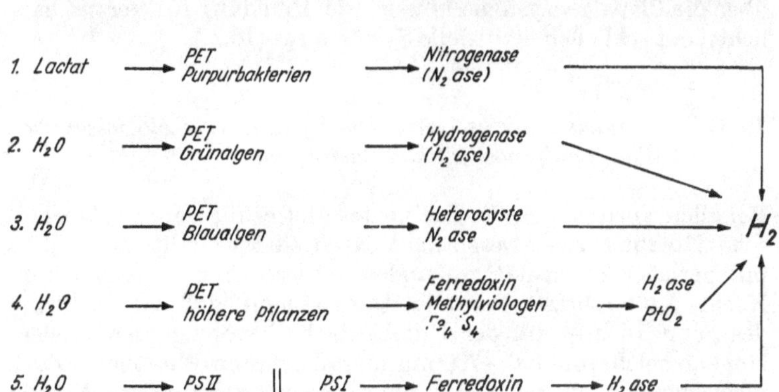

Abb. 101. Systeme, mit denen molekularer Wasserstoff produziert werden kann. Nr: 1–3 – zelluläre, Nr: 4–5 – zellfreie Systeme, Nr 5: repräsentiert isolierte Thylakoidstücke höherer Pflanzen, deren PS I u. PS II in durch ein Diaphragma getrennte Kompartimente gebracht wurden. PET = photosynthetisches Elektronentransportsystem (nach Böger, in Metzlar 1983).

sind somit die Kenntnis jener Kulturbedingungen erforderlich, unter denen N_2-fixierende Blaualgen möglichst hohe Nitro- und Hydrogenaseaktivitäten realisieren und solche Bedingungen zu schaffen, unter denen Wasserstoff freigesetzt wird, z. B. durch Unterbrechung des Elektronentransports nach der Hydrogenasereaktion durch Sulfid oder durch Nickel-Mangelkultur, in der keine aktive aufnehmende Hydrogenase entsteht.

Obwohl es bisher noch keine Pilotanlagen zur photobiologischen H_2-Produktion gibt, schätzt man dennoch, daß es etwa 10mal teurer sein dürfte, Wasserstoff mit Blaualgen zu erzeugen als auf herkömmlichem Wege. Gegenwärtig sind pro Liter Algensuspension etwa 0,6 l H_2 zu erzielen, wozu eine Fläche von 100 cm^2 erforderlich ist. Perspektivisch wird von Böger eine Steigerung auf das 5fache für möglich gehalten. Bei sich weiter verknappenden fossilen Energieträgern bleiben die Blaualgensysteme potentiell, zumindest begrenzt an geeigneten Orten, durchaus zu berücksichtigende Alternativen.

Über Erfolge gentechnischer Arbeiten, die Nitrogenase und Hydrogenase aus Photosynthesebakterien O_2-unempfindlich zu machen, ist noch nicht berichtet worden. Die biotechnologischen Ansätze zur photobiologischen H_2-Produktion gehen aber weit über die Blaualgensysteme hinaus, wie Abbildung 101 veranschaulicht, und schließen artifizielle Systeme ein (10.3.).

10.3. Semiartifizielle und künstliche Systeme zur photobiologischen Wasserstoff- oder Elektrizitätserzeugung

Bei allen Vorteilen des Sonnenlichtes gibt es für seine großtechnische Nutzung zwei wesentliche Nachteile: es fällt sehr diffus mit geringer Intensität ein und unterliegt einer extremen Tag-Nacht- (und Jahres-) -Periodik. Dazu kommt, daß das Spektrum des Sonnenlichtes auf der Erdoberfläche bevorzugt den Wellenlängenbereich von 400—700 nm umfaßt, dessen Photonen jedoch nicht energiereich genug sind, um die Photooxidation des Wassers in einem 1-Quantenprozess zu realisieren (Abb. 102). Der im Zuge der Evolution entstandene Photosyntheseapparat vermag im wasserspaltenden Komplex des PS II (5.3.) kurzzeitig die Energie von 4 Quanten so zu speichern, daß lokal Bedingungen entstehen, die in einem 4-Stufen-Prozeß zur O_2-Entwicklung führen und Protonen und Elektronen für endogene Reaktionen bereitstellen. Ein Ziel der semiartifiziellen bzw. künstlichen Systeme be-

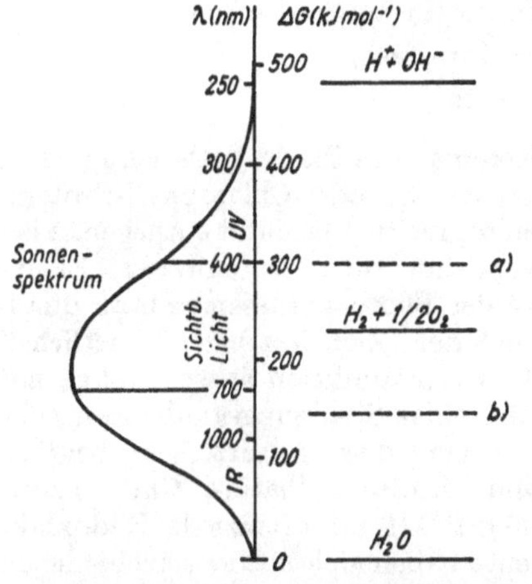

Abb. 102. Die Photonen des Sonnenlichts vermögen nur im schädigenden UV-Bereich ($\ll$400 nm) das Wasser zu oxidieren. Im Maximum der eintreffenden Strahlung ist die (photosynthetische) Kooperation von 4 Photonen für die Photolyse erforderlich. a) Grenzwert, von dem an 40% der Photonen in einem 2-Quantenschritt zur O_2-Freisetzung befähigt sind. b) Grenzwert, von dem ab nur die Akkumulation von 4 Quanten zur Wasserspaltung führt. Ein experimenteller Nachvollzug dieser Quantenakkumulation ist bisher nirgends gelungen.

steht darin, diese durch die Photooxidation des Wassers mobilisierten Elektronen und Protonen zu H_2 zu rekombinieren (vgl. 10.2.) oder den Gesamtprozeß der Wasserstofferzeugung zu simulieren. Die besonderen Vorteile des angestrebten molekularen Wasserstoffs als universellen Energieträger liegen im folgenden begründet:

- hohe Umweltfreundlichkeit; denn bei seiner Verbrennung entstehen, von den bei allen Verbrennungsprozessen auftretenden Stickoxiden abgesehen, keine Rückstände; die natürlichen Kreisläufe zwischen H^+ und O_2 zum Wasser schließen sich.
- Synthesekomponente der chemischen Industrie
- Effektive Umsetzungsmöglichkeiten in Elektrizität.
- Hohe Energieausbeute (etwa 3facher Heizwert im Vergleich zu Benzin)
- Kopplung photochemischer Systeme mit thermischen Systemen.

— Gute Speicherung unter Druck (in unterirdischen Tanks).
— Einfacher Transport (durch Pipelines)
— Nicht gefährlicher als Naturgas.

Der Verwendung von Teilsystemen des Photosyntheseapparates (wie isolierte Thylakoide, Photosysteme oder Chlorophyll-Protein-Komplexe) steht generell deren begrenzte Stabilität entgegen. Vielfältige Entwicklungen gelten daher dem stufenweisen Ersatz von essentiellen Verbindungen der Photosynthesemembran durch besser geeignete Substanzen mit dem Ziel, letztlich „künstliche" Chloroplasten zu schaffen. Da deren Funktion ausschließlich auf die photobiologische Errichtung eines Spannungsgradienten oder die H_2-Freisetzung gerichtet ist, sind diese Ansätze sehr begründet. Bisher fanden u. a. Cesium-, Iridium-, Platin-, Zink-, Titanoxide und Kaliumhexacyanoferrat III als artifizielle Redoxfaktoren Verwendung. Als Pigmente haben sich neben verschiedenen Porphyrinen das Rutheniumtrisbipyridyl und das Bakteriorhodopsin (6.5.) am besten geeignet.

Erfolgversprechende Versuche gibt es auf diesem Gebiet unter Einbeziehung von Liposomen. So ist über Proteoliposomen berichtet worden, denen aus Spinatchloroplasten isolierte PS I-, Chlorophyll-Protein- und ATPase-Komplexe eingelagert wurden. Sie vermögen nicht nur einen lichtgetriebenen Elektronenstrom zu realisieren, sondern auch die absorbierte Lichtenergie zur ATP-Bildung zu verwerten. Auch Fusionen zwischen Liposomen und Chromatophoren von *Rhodopseudomonas spheroides* sind beschrieben worden.

Weniger Publikationen gibt es in jüngster Zeit über die Entwicklung von Systemen zur direkten photobiologischen Erzeugung von Elektrizität an entsprechenden Membranen. Die diesbezüglichen Ansätze gelten der Herstellung photochemisch aktiver Reaktionszentren, die, in planare Phospholipidmembranen eingeordnet, photogalvanische Ströme erzeugen, analog dem elektrischen Gradienten über die Thylakoidmembran im Verlauf der photochemischen Primärprozesse (5.4.).

Bei der Einschätzung aller bisherigen Ansätze zur Biosolarkonversion sind grundsätzlich zwei zentrale Aspekte zu berücksichtigen: einmal sind allen Optimierungsverfahren gewisse Grenzen gesetzt, die im biologischen System selbst begründet sind. Dabei erweisen sich die auf höchste Leistung ausgerichteten Systeme recht labil; sie sind nur unter einem engen Bedingungsgefüge zu Höchstleistungen befähigt. Es bleibt also systemtheoretisch komplex zu prüfen, ob der Aufwand zur Sicherung dieser Systembedingungen, also das input-output-Verhältnis, unter gesamtgesellschaftlichen Aspekten, auch unter Berücksichtigung von Aus- oder Rückwirkungen auf andere Bereiche, den dabei erzielten Gewinn noch rechtfertigt. Zum anderen ist für jedes Konvertierungssystem eine gewisse Fläche erforderlich. In unseren Breiten sollten nur solche Verfahren angestrebt werden, die auf Flächen einsetzbar sind, die sich zur bisher üblichen Pflanzenskultur nicht eignen.

11. Zusammenfassende und weiterführende Literatur

11.1. Lehr- und Handbücher

AKOYUNOGLOU, G. (Ed.): Photosynthesis. Proceedings of the fifth Internat. Congress on Photosynthesis, (Vol. 1—6). Balaban Internat. Science Service, Philadelphia 1981

AVRON, M.: Proceedings of the 3rd Internat. Congress on Photosynthesis, (Vol. 1—3). Elsevier Amsterdam 1975

BARBER, J. (Ed.): Topics in Photosynthesis, (Vol. 1—6). Elsevier Amsterdam 1976—1986

BORRISS, H. u. E. LIBBERT: Wörterbücher der Biologie — Pflanzenphysiologie. VEB G. Fischer Verlag Jena 1984

BUSCHMANN, C. u. K. GRUMBACH: Physiologie der Photosynthese. Springer Verlag Berlin, Heidelberg, New York 1985

CLAYTON, R. K.: Photosynthesis — Physical Mechanism and Chemical Patterns. Cambridge University Press, Cambridge 1980

CHOLL, D. u. K. RAO: Fotosintes. Moskva MIR 1983

ERNSTER, L. (Ed.): Bioenergetics. New Comprehensive Biochemistry, Vol. 9. Elsevier Amsterdam 1984

FORTI, G., AVRON, M. and A. MELANDRI: Proceedings of the 2nd Internat. Congress on Photosynthesis Research, (Vol. 1—3). Dr. W. Junk Publ. Den Haag 1972

FOYER, Ch. H.: Photosynthesis. John Wiley & Sons New York, Chichester, Brisbane, Toronto, Singapore 1984

GIBBS, M. and E. LATZKO: Encyclopedia of Plant Physiology. Vol. 6 Photosynthesis II, Photosynthetic Carbon Metabolism and Related Processes. Springer Verlag Berlin 1979

GOVINDJEE (Ed.): Energy Conversion by Plants and Bacteria. Acad. Press. New York, London, Paris 1982. Vol. 1

—: Development, Carbon Metabolism and Plant Productivity. Acad. Press New York, London, Paris 1982 Vol. 2

HALL, D. O., J. COOMBS and T. W. GOODWIN: Proceedings of the 4th Internat. Congress on Photosynthesis. The London Biochemical Society 1978

HATCH, M. D. and N. K. BOARDMAN (Eds.): Photosynthesis. Vol. 8 STUMPF, P. K. (Ed.): The Biochemistry of Plants. Acad. Press New York 1981

HOPPE, W., W. LOHMANN, H. MARKL u. H. ZIEGLER (Hrsg.): Biophysik. Springer Verlag Berlin, Heidelberg, New York, Tokyo 1982

KOMISSAROV, G. G.: Chimiya i Fizika Fotosinteza. Znanie Moskva 1984

KURSANOW, A. L.: Current trends in plant physiology (russ.) Publ. House Nauka Moskva 1985

METZNER, H. (Ed.): Progress in Photosynthesis Research (Vol. I–III) Verl. H. Laupp Jr. Tübingen 1969

MITSUI, A. and C. C. BLACK: CRC Handbook of Biosolar Resourses. Vol. 1 Photosynthetic Energy Processes. CRC Press Boca Raton Florida 1982

MOHR, H. u. P. SCHOPFER: Lehrbuch der Pflanzenphysiologie. Springer Verlag 1978

NICHIPOROVICH, A. A.: Physiologie der Photosynthese. (russ.) Verlag Nauka Moskva 1982

RABINOVICH, E. and GOVINDJEE: Photosynthesis. J. Wiley, New York 1969

RICHTER, G.: Stoffwechselphysiologie der Pflanzen. Thieme Stuttgart 1982

RUBIN, A. B.: Termodinamika biologicheskich prosessov. (russ.) Isd. Moskva Universiteta 1984

RUHLAND, W.: Handbuch der Pflanzenphysiologie Bd. 5: Die CO_2-Assimilation. Springer Verlag Berlin, Heidelberg 1960

ŠETLIK, I. (Ed.): Biochemie a Biofizika Fotosyntezy. Academia Prag 1986

STRASBURGER, E., F. NOLL, H. SCHENK u. A. F. W. SCHIMPER: Lehrbuch der Botanik. VEB G. Fischer Verlag Jena 1983

SYBESMA, C.: Advances in Photosynthesis Research. Vol. I–IV. Martinius Nijhoff/Dr. W. Junk Publ., The Hague, Boston, Lancaster 1984

TEVINI, M. u. D.-P. HÄDER: Allgemeine Photobiologie. Thieme Verlag Stuttgart, New York 1985

TREBST, A. and A. AVRON: Encyclopedia of Plant Photosynthesis. Vol. 5, Photosynthetic Electron Transport and Photophosphorylation. Springer Verlag Berlin, Heidelberg, New York 1977

WIESSNER, W.: Bioenergetik bei Pflanzen. VEB G. Fischer Verlag Jena 1975

WILLSTÄTTER, R. u. H. STOLL: Untersuchungen über die Assimilation der Kohlensäure. Berlin 1918

11.2. Zusammensetzung und Struktur des Photosyntheseapparates

ABDULLAEV, H. A., P. D. USMANOV, S. V. TAGEEVA and Y. S. NASYROV: Quantitative Estimation of Plastid Microstructure in *Arabidopsis thaliana*. Arab. Inf. Service **9**, 26–27, 1972

AKOYUNOGLOU, G. and J. H. ARGYROUDI-AKOYUNOGLOU (Eds.): Chloroplast Development. Elsevier Amsterdam 1978

ANDERSON, J. M. and B. ANDERSON: Trend Biochem. Sci. 7, 288–292, 1982

APPELQUIST, L.-A. and C. LILJENBERG: Advances in the Biochemistry. Physiology of Plant Lipids. Elsevier Amsterdam 1979

BAKER, N. R. and J. BARBER (Eds.): Chloroplast Biogenesis. Topics in Photosynthesis. Vol. 5, Elsevier Amsterdam 1984

BARBER, J.: The Intact Chloroplast. Elsevier Amsterdam 1976

BENDALL, D. S.: Photosynthetic Cytochromes of Oxygenic Organisms. Biochim Biophys. Acta **683**, 119–151, 1982

BENNETT, J.: Regulation of Photosynthesis Light-harvesting Chlorophyll a/b Protein. Biochem. J. **212**, 1–13, 1983

BIRKY, C. W., P. S. PERLMAN and T. J. BYERS (Eds.): Genetics and Biogenesis of Mitochondria and Chloroplasts. Ohio State Univ. Press, Columbus 1975

BOHNER, H., H. MERKLE, P. KRONECK and P. BÖGER: High Variability of the Electron Carrier Plastocyanin in Microalgae. Eur. J. Biochem. **105**, 603–609, 1980

BOHNERT, H. J., E. J. CROUSE and J. M. SCHMITT: Organization of Plastid Genomes. In: B. PARTHIER and D. BOULKER (Eds.): Encyclopedia of Plant Physiology. New Series, Nucleic Acids and Proteins in Plants. Vol. II, Springer Verlag Berlin, Heidelberg, 475–530, 1982

BOSCHETTI, A.: Biogenese der Chloroplasten und Mitochondrien. G. Fischer Verlag Stuttgart, New York 1978

BUCHANAN, B. B. and D. I. ARNON: Ferredoxins from Photosynthetic Bacteria, Algae, and Higher Plants. In: A. S. PIETRO (Ed.): Methods in Enzymology **23** A, 413–440, 1971 Academic Press New York, London

CIFERRI, O. and L. DURE: (Eds.): Structure and Function of Plant Genomes. Plenum Press 1983 New York

COGDELL, R. J.: Photosynthetic Reaction Centres. Ann. Rev. Plant Physiol. **34**, 21–45, 1983

CZYGAN, F.-Ch.: Pigments in Plants. Akademie Verlag Berlin 1981

DEAMER, D. W. (Ed.): Light Transducing Membranes. Academic Press New York, London 1978

ETTL, H. (Ed.): Grundriß der allgemeinen Algologie. G. Fischer Verlag Jena 1980

FRENCH, C. S. and V. K. M. YOUNG: The Absorption, Action, and Fluorescence Spectra of Photosynthetic Pigments in Living Cells and Solutions. In: HOLLAENDER, A.: Radiation Biology III, 343–391, 1956. Mc. Graw-Hill Book Camp., Inc. New York, Toronto, London.

GLAZER, A. N.: Phycocyanins: Structure and Function. In: SMITH, K. C.: Photochemical and Photobiological Reviews. Vol. 1, Plenum Press, New York, London 1979

GANTT, E.: Phycobilisomes. Ann. Rev. Plant Physiol. **32**, 327–347, 1981

GERHARDT, B. (Ed.): Microbodies/Peroxisomen pflanzlicher Zellen. (Cell Biol. Monographie Vol. 5), Springer Verlag Berlin, Heidelberg, New York 1978

GOODWIN, T. W. (Ed.): The Biochemical Functions of Terpenoids in Plants. Royal Society London 1978

GRANICK, S.: The Chloroplasts: Inheritance, Structure and Function. In: The Cell. (Ed.): J. BRACHET and T. E. MIRSKY. Academic Press, New York, London 1961, 489–602,

—: The Heme and Chlorophyll Biosynthesis Chain. In: GOODWIN, T. W. (Ed.): Biochemistry of chloroplasts; London, New York, Academic Press **2**, 373–410, 1967

GUNNING, B. E. S. and M. P. JAGOE: The Prolamellar Body. Zit. in GRANICK, 1967

HAGEMANN, R.: Genetics and Molecular Biology of Plastids of Higher Plants. Stadler Symp, Vol. 11, 91–116, 1979

HALLIWELL, B. (Ed.): Chloroplast Metabolism: The Structure and Function of Chloroplasts in Green Leaf Cells. Oxford University Press, Oxford 1984

HARWOOD, J. L.: Biosynthesis and Function of Plant Lipids. Phytochemistry **23**, 2979–2981, 1984

HÖXTERMANN, E., B. WIESNER, P. HOFFMANN und D. LEUPOLD: Zur Chemie und Photophysik des Chlorophylls. Biol. Rdsch. **24**, 27–53, 1986

HOOBER, J. K.: Chloroplasts. Plenum Press, New York, London 1984

HUANG, A. H., R. N. TRELEASE and Th. S. MOORE, Jr.: Plant Peroxisomes. Academic Press, New York 1983

HUDAK, J., R. HERICH and M. BOBAK: Plastiden. VEDA, Vyd. Clov. Akademie Vied. Bratislava 1983

JENSEN, R. G.: Biochemistry of the Chloroplast. In: STUMPF, P. K. and E. E. CONN (Eds.): The Biochemistry of Plants. Vol. 1 Academic Press, New York 1980

KAPLAN, S. and C. J. ARNTZEN: Photosynthetic Membrane Structure and Function. In: GOVINDJEE, (Ed.): Photosynthesis. Vol. 1, Academic Press, New York, pp. 65–152, 1982

KIRK, J. T. O. and R. A. E. TILNEY-BASETT: The Plastids. Their Chemistry, Structure, Growth and Inheritance. Elsevier Amsterdam 1978

LEHMANN, J. u. B. PARTHIER: Ribulose-1,5-biphosphat-Carboxylase/Oxygenase — Schlüsselenzym der Kohlenstoffassimilation. Biol. Rdsch. **23**, 207–224, 1985

LEDBETTER, M. C. and R. K. PORTER: Introduction to the Fine Structure of Plant Cells. Springer Verlag Berlin, Heidelberg, New York 1970

LEMOINE, M. Y.: Sur l'existence des structures paracristallines ou fibreuses dans le stroma des chloroplastes de plantules de haricot (*Phaseolus vulgaris L.*). C. R. Acad. Sc. Paris **263**, 105–108, 1966

LICHTENTHALER, H. K.: Occurence and Function of Prenyllipids in the Photosynthetic Membrane. In: APPELQVIST, L.-A. and C. LILJENBERG

(Eds.): Advances in the Biochemistry and Physiology of Plant Lipids. Elsevier Amsterdam 1979, 57–78

MATHEWS, F. S.: The Structure, Function and Evolution of Cytochromes. Progress in Biophysics Molecular Biology **45**, 1–56, 1985

MAZLIAK, P., P. BENVENISTE, C. COSTES and R. DOUCE (Eds.): Biogenesis and Function of Plant Lipids. Elsevier Amsterdam 1980

METZNER, H.: Die Zelle. Struktur und Funktion. Wiss. Verlagsges. Stuttgart. 1971

REMSEN, C. C., S. W. WATSON and J. B. WATERBURG: Fine Structure of *Ectothiorhodospira mobilis* Pelsk. J. Bact. **95**, 2374–2392, 1968

SANE, P. V.: The Topography of the Thylakoid Membrane. In TREBST, A. and M. AVRON (Eds.): Encyclopedia of Plant Physiology. Vol. 5 1977

SCHINDLER, S. and LICHTENTHALER, H. K.: Distribution and Levels of Ubiquinone Homolegues in Higher Plants. In: WINTERMANNS, J. F. M. and KUIPER, P. J. C. (Eds.): Biochemistry and Metabolism of Plant Lipids. Elsevier Amsterdam 1982

SCHWEMMLER, W. and H. E. A. SCHENK (Eds.): Endocytobiology. Verlag Walter de Gruyter, Berlin, New York 1980

SHLYK, A. A.: Biosynthese und Zustand der Chlorophylle in Pflanzen (russ.). Verlag Nauka i Technika, Minsk 1975

SPREY, B.: Zur Feinstruktur des Plastidenstromas von *Hordeum vulgare* L., Protoplasma **66**, 469–479, 1968

STAEHELIN, L. A., J. R. GOLECKI and G. DREWS: Supramolecular Organization of Chlorosomes (*Chlorobium* vesicles) and of their Membrane Attachment Sites in *Chlorobium limicola*. Biochim. Biophys. Acta 589, 30–45, 1980

TRIBE, M. and P. WHITTAKER: Chloroplasts and Mitochondria. Edward Arnold Publishers Ltd., London 1985

TRUMPOWER, B. (Ed.): Function of Quinones in Energy Coupling Systems. Academic Press, New York 1981

WOLF, F. T.: The Development of Photosynthetic Capacity by Etiolate Seedlings upon Illumination. Z. Pflanzenphysiol. **64**, 124–129, 1971

11.3. Biophysik und Photochemie der Photosynthese

ALFANO, R. R.: Biological Events Probed by Ultrafast Laser Spectroscopy. Academic Press 1982

ANDERSON, J. M.: Consequences of Spatial Separation of Photosystem I and II in Thylakoid Membranes of Higher Plant Chloroplasts. FEBS Letters **124**, 1–10, 1981

ANDREYEVA, N. E. and A. CHIBISOV: Role of Triplet Exciplex in the Reaction of Electron Transfer. Biofizika **25**, 965–971, 1980

BARBER, J.: Influence of Surface Charges on Thylakoid Structure and Function. Ann. Rev. Plant Physiol. **33**, 261–295, 1982

BARBER, J. (Ed.): Electron Transport and Photophosphorylation. Elsevier, Amsterdam 1982

BEDDARD, G. S. and R. J. COGDELL: Structure and Excitation Dynamics of Light-harvesting Protein Complexes. In: FONG, F. K. (Ed.): Light Reaction Path of Photosynthesis. Springer Verlag Berlin, Heidelberg, New York 1982

BENNET, J.: Chloroplast Protein Phosphorylation and the Regulation of Photosynthesis. Physiologia plantarum **60**, 583—590, 1984

BÖHME, H.: Der photosynthetische Elektronentransport und die Photophosphorylierung. Prax. Naturwiss. Biologie, **29**, 296—302, 1980

BORISOV, A. Yu.: Photosynthesizing Organisms: Converters of Solar Energy. In: BARBER, J. (Ed.) Photosynthesis in Relation to Model Systems. Vol. 3, Elsevier, Amsterdam 1979

BOSE, S.: Chlorophyll Fluorescence in Green Plants and Energy Transfer Pathways in Photosynthesis. Photochem. Photobiol. **36**, 725—731, 1982

BUTLER, W. L.: Energy Distribution in the Photochemical Apparatus of Photosynthesis. Ann. Rev. Plant Physiol. **29**, 345—378, 1978

CRAMER, W. A. and A. R. CROFTS: Electron and Proton Transport. In: GOVINDJEE (Ed.): Photosynthesis, Vol. 1, Academic Press New York, pp. 387—448, 1982

DÖRR, F. u. H. KUHN: Energieübertragungsmechanismen. In: HOPPE, W., W. LOHMANN, H. MARKL u. H. ZIEGLER (Hrsg.): Biophysik. Springer Verlag Berlin, 275—299, 1982

FONG, F. K.: Light Reaction Path of Photosynthesis. Springer Verlag Berlin, Heidelberg, New York 1982

GAFFRON, H.: Energy Storage: Photosynthesis. In: F. C. STEWARD, Plant Physiology I B, 3—277, 1960; Academic Press New York, London.

GOVINDJEE and P. A. JURSINIC: Photosynthesis and Fast Changes in Light, Emission by Green Plants. In: SMITH, K. C. (Ed.): Photochemical and Photobiological Reviews, Vol. 4, Plenum Press, New York, London 1979

GRÄBER, P. u. G. RENGER: Die funktionelle und strukturelle Organisation der photosynthetischen Primärprozesse bei Pflanzen. Wiss. Z. Humboldt-Universität, Math. Nat. Reihe **33**, 280—283, 1984

HAEHNEL, W.: Photosynthetic Electron Transport in Higher Plants. Ann. Rev. Plant Physiol. 35, 659—693, 1984

HOFFMANN, P. u. D. LEUPOLD: Photophysikalische Primärprozesse der Photosynthese. Mitteilungsbl. Chem. Gesellsch. d. DDR, Beiheft **67**, 151—161, 1982

HUBER, H.-L.: Die Steuerung der Elektronentransport-Geschwindigkeit bei der Photosynthese. Eine Analyse der Chlorophyll-A_1-Reaktion. Diss. Techn. Univ. Berlin 1982

JUNG, W. and J. B. JACKSON: The Development of Electrochemical Potential Gradients Across Photosynthetic Membranes. In: GOVINDJEE

(Ed.): Photosynthesis, Vol. 1, Academic Press, New York, pp. 590–646, 1982

KRASNOVSKY, A. A., Jr.: Delayed Fluorescence of Plant Pigments. Photochem. Photobiol. **36**, 733–741, 1982

KYLE, D. J., T. Y. KUANG, J. L. WATSON and C. J. ARNTZEN: Movement of a Sub-population of the Light Harvesting Complex from Grana to Stroma Lamellae as a Concequence of its Phosphorylation. Biochim. Biophys. Acta **765**, 89–97, 1984

LAVOREL, J. and A. L. ETIENNE: In vivo Chlorophyll Fluorescence. In: BARBER, J. (Ed.): Primary Processes of Photosynthesis. Elsevier, Amsterdam 203–268, 1977

MALKIN, R.: Photosystem I. Ann. Rev. Plant Physiol. 33, 455–479, 1982

MATHIS, P.: Primary Photochemical Reactions in Photosystem-II. In: AKOYUNOGLOU, G. (Ed.): Photosystem II. Structure and Molecular Organisation of the Photosynthetic Apparatus. Balaban Int. Sci. Serv. Philadelphia, pp. 827–837, 1981

MATTES, S. L. and S. FARID: Exciplexes and Electron Transfer Reactions. Science **226**, 917–922, 1984

MAUZERALL, D.: Energy and Electron Transfer in Photosynthetic Units. Israel J. Chemistry **21**, 321–324, 1981

PARSON, W. W. and B. KE: Primary Photochemical Reactions. In: GOVINDJEE (Ed.): Photosynthesis, Vol. 1 Academic Press, New York, pp. 331–385, 1982

PASCHENKO, V. Z. and L. B. RUBIN: Pulsed Fluorometry of Primary Photosynthesis Processes in Higher Plants (russ.). Quantovaja Elektronika 8, 2569–2585, 1981

RENGER, G.: Photosynthese. In: HOPPE, W., W. LOHMANN, H. MARKL und H. ZIEGLER (Hrsg.): Biophysik. Springer Verlag Berlin, Heidelberg, pp. 532–585, 1982

RENGER, G. and GOVINDJEE: The Mechanism of Photosynthetic Water Oxidation. Photosynthesis Research **6**, 33–55, 1985

SATO, R. and Y. KAGAWA (Ed.): Transport and Bioenergetics in Biomembranes. Plenum Press, New York 1982

SCHLODDER, E., P. GRÄBER and H. T. WITT: Mechanism of Phosphorylation in Chloroplasts. In: BARBER, J. (Ed.): Electron Transport and Photophosphorylation. Elsevier, Amsterdam 1982

SELMAN, B. R. and S. SELMAN-REIMER: Energy Coupling in Photosynthesis. Elsevier, Amsterdam 1981

SHIPMAN, L. L., T. M. COTTON, J. R. NORRISS and J. J. KATZ: Proc. Nat. Acad. Sci USA **73**, 1791–1794, 1976

SHYVIT, N.: Energy Transduction in Chloroplasts: Structure and Function of the ATPase Complex. Ann. Rev. Plant Physiol. **49**, 111–138, 1980

SKULACHEW, V. P.: FEBS Letters **74**, 1–9, 1977

STRAIN, H. H., B. T. COPE Jr., G. N. MCDONALD, W. A. SVEC and J. J. KATZ: Chlorophylls c_1 and c_2. Phytochemistry 10, 1109–1114, 1971

SÜSS, K.-H.: Molekulare Organisation und Funktion der Kopplungsfaktoren (F_1) und Protonentransport — ATP Synthetasen (F_1—F_0) energieumwandelnder Membranen der Bakterien, Mitochondrien und Chloroplasten. Diss. B, AdW Berlin, 1986

TIEMANN, R., G. RENGER, P. GRÄBER and H. T. WITT: The Plastoquinone Pool as Possible Hydrogen Pump in Photosynthesis. Biochim. Biophys. Acta **546**, 498—519, 1979

VELTHUYS, B. R.: Mechanisms of Electron Flow in Photosystem II and Toward Photosystem I. Ann. Rev. Plant Physiol. **31**, 545—567, 1980

WITT, H. T.: Energy Conversion in the Functional Membrane of Photosynthesis. Analysis by Light Pulse and Electric Pulse Methods. The Central Role of the Electric Field. Biochim Biophys. Acta **505**, 355—427, 1979

11.4. Biochemie der Photosynthese

BASSHAM, J. A. and B. B. BUCHANAN: Carbon Dioxide Pathways in Plants and Bacteria. In: GOVINDJEE (Ed.): Development, Carbon Metabolism and Plant Productivity. Vol. II. Academic Press, New York 1982

BELL, L. N.: Energetik der photosynthetisierenden Pflanzenzelle (russ.); Verl. Nauka, Moskau 1980

BENNOUN, P.: Evidence for a Respiratory Chain in the Chloroplast. Proc. Nat. Acad. Sci. (USA) 79, 4352—4356, 1982

BUCHANAN, B. B.: Role of Light in the Regulation of Chloroplast Enzymes. Ann. Rev. Plant Physiol. **31**, 341—374, 1980

CHAMPIGNY, M.-L. and A. MOYSE: Les diffèrents types mètaboliques végétaux et l'assimilation de CO_2, leur diversité botanique. Bull. Soc. Bot. France **130**, 71—83, 1983

EDWARDS, G. and D. WALKER: C_3, C_4: Mechanisms and Cellular and Environmental Regulation of Photosynthesis. Blackwell Scientific Publ., Oxford 1983

EVANS, J. R. and J. R. SEEMANN: Differences between Wheat Genotypes in Specific Activity of Ribulose-1,5-bis-phosphate Carboxylase and the Relationship to Photosynthesis. Plant Physiol. **74**, 759—765, 1984

GIBBS, M. and E. LATZKO: Photosynthetic Carbon Metabolism and Related Processes. Encyclopedia of Plant Physiology, Vol. 6; Springer-Verl. Berlin, Heidelberg, New York 1979

GOODWIN, T. W. and E. I. MERCER: Introduction to Plant Biochemistry. Pergamon Press, Oxford, New York, Paris, Frankfurt 1983

HATCH, M. D. and C. B. OSMOND: Compartmentation and Transport in C_4-photosynthesis. In: HEBER, U. and C. R. STOCKING (Eds.): Encyclopedia of Plant Physiology, Vol. 3, pp. 144—184, 1976; Springer-Verl. Berlin, Heidelberg, New York

HATCH, M. D. and BOARDMAN, N. K. (Eds.): The Biochemistry of Plants. Photosynthesis, Vol. 8; Academic Press, New York 1981

KLUGE, M.: Der CO_2-Austausch der Sukkulenten: Biochemische Grundlagen einer ökologischen Anpassung. Ber. Dtsch. Bot. Ges. **84**, 417–424, 1971

KLUGE, M.: Crassulacean Acid Metabolism (CAM). In: GOVINDJEE (Ed.): Development, Carbon Metabolism, and Plant Productivity, Vol. 2, pp. 231–262; Academic Press 1982

LORIMER, G. H.: The Carboxylation and Oxygenation of Ribulose-1,5-biphosphate: the Primary Events in Photosynthesis and Photorespiration. Ann. Rev. Plant Physiol. **32**, 349–383, 1981.

OGREN, W. L.: Photorespiration: Pathways, Regulation, and Modification. Ann. Rev. Plant Physiol. **35**, 415–442, 1984

OSMOND, C. B.; K. WINTER and H. ZIEGLER, H.: Functional Significance of Different Pathways of CO_2 Fixation in Photosynthesis. In: PIRSON, A. and M. H. ZIMMERMANN (Eds.): Encyclopedia of Plant Physiology, Vol. 12 B; Springer-Verl. Berlin, Heidelberg, New York 1982

SCHERER, S.; H. ALMON and P. BÖGER: Bioenergetik der Blaualgen: Interaktion von Photosynthese, Respiration und Stickstoff-Fixierung. Biol. Rundsch. **25**, 155–165, 1987

VOGEL, J. C.: Fractionation of the Carbon Isotopes During Photosynthesis. G. Fischer-Verl. Stuttgart 1980

WHEATLEY, D. N.: On the Possible Importance of an Intracellular Circulation. Life Sciences **36**, 299–309, 1985

WILDNER, G. F.: Ribulose-1,5-biphosphate Carboxylase-oxygenase: Aspects and Prospects. Physiol. Plant. **52**, 285–389, 1981

11.5. Photosynthesevorgänge bei Bakterien

AIBA, S.: Growth Kinetics of Photosynthetic Microorganisms. In: FIECHTER, A. (Ed.): Microbial Reactions. Akademie-Verl. Berlin 1983

BLANKENSHIP, R. E.: Primary Photochemistry in Green Photosynthetic Bacteria. Photochem. Photobiol. **40**, 801–807, 1984

CLAYTON, R. K. and W. R. SISTROM (Eds.): The Photosynthetic Bacteria. Plenum Publ., New York, London 1978.

DREWS, G. u. P. GRIESBRECHT: Die Bauelemente der Bakterien und Blaualgen. In: METZNER, H. (Ed.): Die Zelle. Wiss. Verlagsges. Stuttgart 1981

GOTTSCHALK, G.: Bacterial Metabolism, 2nd ed. Springer-Verl. Heidelberg, Berlin, New York, Toronto 1986

JONES, C. W.: Unity and Diversity in Bacterial Energy Conservation. In: ELLWOOD, D. C.; J. N. HEDGER; M. J. LATHAM; J. M. LYNCH, and J. H. SLATER (Eds.): Contemporary Microbial Ecology; Academic Press, London 1980

KANDLER, O.: Archebacteria. G. Fischer-Verl., Stuttgart 1982

KLUGE, S.: Mikrobiologie. Volk und Wissen-Verl. Berlin 1984

OESTERHELT, D.: Lichtenergieumwandlung in Halobakterien – ein zweiter Weg der Natur zur Photosynthese. Nova Acta Leopoldina NF **55**, Nr. 246, 21—38, 1982

Ormerod, J. G. (Ed.): The Phototrophic Bacteria: Anaerobic Life in the Light. In: Studies in Microbiology, Vol. 4; Blackwell Sci. Publ., Oxford, London, Edinburg, Boston, Melbourne 1983

Ovchinnikov, Yu. A., N. G. Abdulaev, M. Yu. Feigina, A. V. Kiselov, and N. A. Lobanov: The Structural Basis of the Functioning of Bacteriorhodopsin: an Overview. Febs Lett., 100, 219—224, 1979

Prince, R. C. and P. L. Dutton: Physical, Chemical, and Structural Descriptions of Energetic Processes in Photosynthetic Bacteria: Comparisn with Green Plants and Respiratory Systems. In Deamer, D. W. (Ed.): Light Trunsducing Membranes; pp. 167—186; Acad. Press New York, London 1978

Schlegel, H. G. and J. Barnea (Eds.): Microbial Energy Conversion. Erich Goltzke K. G., Göttingen 1976

Schlegel, H. G.: Allgemeine Mikrobiologie. Thieme-Verl., Stuttgart 1981

11.6. Physiologie der Photosynthese

(endogene und exogene Faktoren)

Aerov, I. L.: Photosynthesis Light Curves of Heliophilous Plants in Different Spectral Regions. Fiziol. biochim. Kulturn. rastenij **4**, 61—67, 1972

Berry, J. A. and W. J. S. Downton: Environmental Regulation of Photosynthesis. pp. 263—343, In: Govindjee (Ed.) Vol. II Development, Carbon metabolism and Plant Productivity. Academic Press 1982

Bolin, B., E. T. Degens, S. Kempe and P. Ketner: The Global Carbon Cycle. John Wiley & Sons, Chichester, New York, Toronto 1979

Edwards, G. and D. Walker: C_3, C_4-Mechanism and Cellular and Environmental Regulation of Photosynthesis. Blackwell, Oxford 1983

Eller, B. M.: Energiebilanz und Blattemperatur. Diss. Juris-Verlag 1971

Farquhar, G. D. and T. D. Sharkey: Stomatal Conductance and Photosynthesis. Ann. Rev. Plant Physiol. **33**, 317—365, 1983

French, C. S., and V. K. M. Young: The Absorption, Action, and Fluorescence Spectra of Photosynthetic Pigments in Living Cells and in Solutions. In: Hollaender, A.: Radiation Biology III, 343—391, 1956. Mc Graw-Hill Book Camp., Inc. New York, Toronto, London

Gates, D. M., Paplan and E. La Verne: Atlas of Energy Budgets of Plant Leaves. Academic Press, London, New York 1971

Gates, D. M.: Biophysical Ecology. Springer Verlag, Berlin, Heidelberg, New York 1980

McHale, J.: The Ecological Context. Studio Vista Limited, London 1971

Haupt, W.: Light Mediated Movement of Chloroplasts. Ann. Rev. Plant Physiol. **33**, 205–233, 1982

Heath, O. V. S.: Physiologie der Photosynthese. G. Thieme Verlag Stuttgart, 1972

Heber, U., and K. A. Santarius: Empfindlichkeit und Resistenz der Zelle gegen Frost. Umschau, H. **5**, 930–936, 1971

Hoffmann, P.: Zur Physiologie der Photosynthese bei höheren Pflanzen. Bot. Studien, 18, VEB G. Fischer Verlag Jena 1968

Holzner, W., M. J. A. Werger and K. Ikusima: Mans Impact on Vegetation. Dr. W. Junk Publ., Den Haag 1983

Kohl, J.-G. u. A. Nicklisch: Ökophysiologie der Algen – Wachstum und Ressourcennutzung. Akademie Verlag Berlin, (1987, im Druck).

Kursanov, A. L.: Assimilattransport in Pflanzen. Verlag „Nauka", Moskau 1980

Lange, O. L., P. S. Nobel, C. B. Osmond and H. Ziegler: Physiological Plant Ecology. New Series. Encyclopedia of Plant Physiology Vol. 12 A–D, (Ed.) A. Pirson, M. H. Zimmermann Springer Verlag, Berlin, Heidelberg, New York 1981

Larcher, W.: Physiological Plant Ecology. Springer Verlag, Berlin, Heidelberg, New York 1980

Lerch, G.: Pflanzenökologie. Teil I: Das Pflanzenleben in seiner natürlichen Umwelt. Akademie Verlag, Berlin 1980

Lonergan, Th. A.: Regulations of the Photosynthetic Light Reactions by the Biological Clock. Photochemistry Photobiology **40**, 789–795, 1984

Martin, E. S., M. E. Donkin, and R. A. Stevens: Stomata. Edward Arnold Publ. Ltd., London 1985

Natr, L.: Influence of Mineral Nutrients on Photosynthesis of Higher Plants. Photosynthetica **6**, 1972.

Osmond, C. B., O. Björkman, and D. J. Anderson: Physiological Processes in Plant Ecology. Springer Verlag, Berlin, Heidelberg, New York 1980

Raschke, K.: Movements of Stomata. In: W. Haupt and M. E. Feinleib (Eds.): Encyclopedia of Plant Physiology. Vol. 7: Physiology of Movements. Springer Verlag, Berlin, Heidelberg, New York 1979

Sagromsky, H.: Beitrag zur Kenntnis der Rotalgenpigmente II. Ber. Dtsch. Bot. Ges. **73**, 3–7, 1960

Schilling, N.: Ökologische Varianten der Photosynthese. Prax. Naturwiss. Biol. **29**, 289–295, 1980

Schubert, R. (Hrsg.): Lehrbuch der Ökologie. VEB G. Fischer Verlag Jena 1984.

Senger, H. (Ed.): Blue Light Effects in Biological Systems. Springer Verlag, Berlin, Heidelberg, New York 1984

Smith, H. (Ed.): Plants and the Day Light Spectrum. Academic Press, New York 1981

Šesták, Ž. (Ed.): Photosynthesis During Leaf Development. Academia Praha 1985

Sutcliffe, J.: Plants and Temperature. Edward Arnold Publ. Ltd., London 1985

Wild, A.: Physiologie der Photosynthese höherer Pflanzen. Die Anpassung an die Lichtbedingungen. Ber. Dtsch. Bot. Ges. **92**, 341–364, 1979

Wolf, F. T.: The Development of Photosynthetic Capacity by Etiolated Seedlings Upon Illumination. Z. Pflanzenphysiol. **64**, 124–129, 1971

11.7. Biomasseproduktion und Ertragsbildung

Apel, P.: Ertragsphysiologische Aspekte der Getreidezüchtung. Diss. B; Akademie d. Wiss. d. DDR; Berlin 1983

Bell, L. N.: Energetik der photosynthetisierenden Pflanzenzelle (russ.); Verl. Nauka, Moskau 1980

Coombs, J.; D. O. Hall; S. P. Long, and J. M.-O. Scurlock (Eds.): Techniques in Bioproductivity and Photosynthesis, 2nd Edition; Pergamon Press, Oxford, New York, Toronto, Paris, Frankfurt 1982

Geisler, G.: Ertragsphysiologie von Kulturarten des gemäßigten Klimas. Paul Parey-Verl., Hamburg 1983

Govindjee (Ed.): Photosynthesis, Vol. 2: Development, Carbon Metabolism, and Plant Productivity. Academ. Press, New York, London, Paris 1983

Hoffmann, P.: Ecophysiological Aspects of Biomass Production in Higher Plants. Photosynthesis Res. **7**, 3–17, 1985

Hunt, R.: Plant Growth Analysis. Edward Arnold (Publ.) Ltd., London 1985

Johnson, C. B. (Ed.): Physiological Processes Limiting Plant Productivity. Butterworth, London 1981

Kursanow, A. L.: Assimilattransport in Pflanzen (russ.); Verl. Nauka, Moskau 1980

Lambers, H.: Cyanide – Resistant Respiration: a Non-phosphorylating Electron Transport Pathway Acting as an Energy Overflow. Physiol. Plant. **55**, 478–485, 1984

Lerch, G.: Pflanzenökologie Teil 2: Zur Ökologie von Stoffproduktion und Ertragsbildung. Akademie-Verl., Berlin 1986

Lieth, H.: Globaler Kohlenstoffkreislauf und seine Wechselwirkung zu Klima und Pflanzenwachstum. Veröff. d. Naturforsch. Ges. zu Emden, 1985

Lieth, H. and R. H. Whittaker (Eds.): Primary Productivity of the Biosphere. Springer-Verl. Berlin, Heidelberg, New York 1975

Metzner, H. (Ed.): Photosynthesis and Plant Productivity: Joint Meeting of O. E. C. D. and Studienzentrum Weikersheim; Stuttgart, Wiss. Verlagsges. 1984

NICHIPOROVICH, A. A.: To the 200th Anniversary of the Discovery of Photosynthesis (russ.). Fiziol. rastenij **18**, 1077–1087, 1971

—: Physiologie der Photosynthese (russ.). Verl. Nauka, Moskau 1982

PENNING DE VRIES, F. W. T. and H. H. VAN LAAR (Eds.): Simulation of Plant Growth and Crop Production. Centre for Agricult. Publ. and Documentation, Wageningen 1982

TANAKA, A.: Photosynthesis and Respiration in Relation to Productivity of Crops. In: MITSUI, A.; S. MIYACHI; A. SAN PIETRO, and S. TAMURA (Eds.): Biological Solar Energy Conversion. Academic Press, New York 1977

WIEDENROTH, E.-M.: Das grüne Kraftwerk. Urania-Verl. Leipzig, Jena, Berlin 1981

ZELITCH, I.: Photosynthesis, Photorespiration, and Plant Productivity. Academic Press, New York, London 1971

11.8. Evolution der Photosynthese

BRODA, E.: The Evolution of the Bioenergetic Processes. Pergamon Press Oxford 1975

CANUTO, V. M.; J. S. LEVINE, T. R. AUGUSTSSON, C. L. IMHOFF and M. S. GIAMPAPA: The Young Sun and the Atmosphere and Photochemistry of the Early Earth. Nature **305**, 281–286, 1983

EBELING, W. u. R. FEISTEL: Physik der Selbstorganisation und Evolution. Akademie Verlag Berlin 1982

GOTTLIEB, O. R.: Micromolecular Evolution, Systematics and Ecology. Springer Verlag Berlin, Heidelberg, New York 1982

HAKEN, H.: Synergetik. Selbstorganisationsvorgänge in Physik, Chemie und Biologie. Naturwiss, Rdsch. **38**, 171 pp. 1985

HECHT, M. K., W. C. STEERE and B. WALLACE: Evolutionary Biology Vol. 11. Plenum Press New York, London 1978

HOFFMANN, P.: Evolutionäre Aspekte im pflanzlichen Energiestoffwechsel. Gleditschia **13**, 21–28, 1985

HOPP, V.: Energie- und Stoffumwandlungsprozesse im Kohlenstoffzyklus der Natur. Naturwiss. Rdsch. **38**, 64–70, 1983

KRASNOVSKY, A. A.: Chemical Evolution of Photosynthesis: Models and Hypotheses. In: The Origin of Life and Evolutionary Biochemistry. DOSE, K. et al. (Eds.) Plenum Press 1974

LAKE, J. A., M. W. CLARK, E. HENDERSON, S. P. FAY, M. OAKES, A. SCHEINMAN, J. P. THORNBER and R. A. MAH: Eubacteria, Halobacteria, and the Origin of Photosynthesis: The Photocytes. Proc. Natl. Acad. Sci. USA **82**, 3716–3720, 1985

MARGULIES, L.: Symbiosis in Cell Evolution. Life and its Environment on Early Earth. San Francisco 1981

MÖHN, E.: System und Phylogenie der Lebewesen. Physikalische, chemische und biologische Evolution. Bd. 1. Schweizerbartsche Verlagsbuchhandlung Stuttgart 1984

PARTHIER, B.: Ribonucleinsäure — Sequenzen und die Evolution der energieliefernden Zellorganellen. Biol. Rdsch. **20**, 321—329, 1982

PFLUG, H. D.: Die Spur des Lebens. Springer Verlag Berlin, Heidelberg, New York 1984

PIANKA, E. R.: Evolutionary Ecology. Harper & Row New York 1983

ROSE, M. and B. CHARLESWORTH: A Test of Evolutionary Theories of Senescence. Nature **287**, 141—143, 1980

SCHIFF, J. A. and H. LYMAN: On the Origin of Chloroplasts. Elsevier Amsterdam 1982

SCHWEMMLER, W.: The Endocytobiotic Cell Theory and the Periodic System of Cells. Acta Biotheoretica **31**, 45—68, 1982

SCHWEMMLER, W. and B. LUURING: Methodical Analogies between Endocytobiont and DNA-Organelle Research. Annals of the New York Acad. of Sciences **361**, 284—297, 1981

11.9. Ansätze zur biotechnologischen Nutzung und zum „künstlichen" Nachvollzug der Photosynthese

ALLEN, M. J.: Direct Conversion of Radiant into Electrical Energy Using Plant Systems. In: R. BUVET, M. J. ALLEN and J. P. MASSUÉ (Eds.): Living Systems as Energy Converters. North-Holland Publishing Company, 271—275, 1977

BAJAJ, Y. P. S. (Ed.): Biotechnology in Agriculture and Forestry. Springer Verlag, Berlin, Heidelberg, New York 1985

BÖGER, P.: Nutzung des Sonnenlichtes durch Photobiologie. Aus. K. DOHMEN (Hrsg.): Biotechnologie. J. B. Metzler, Stuttgart 1983

BOLTON, J. R.: Photochemical Storage of Solar Energy. Solar Energy **20**, 181—183, 1978.

BORZANI, W.: The Ethanol Based Economy — the Brazilian Experiment. pp. 495—511. In: L. E. PIERRE and G. R. BROWN (Eds.): Future Sources of Organic Raw Materials Chemrawn I. Pergamon Press, Oxford, New York 1980

BUVET, R., M. J. ALLEN, and J.-P. MASSUÉ: Living Systems as Energy Converters. Elsevier, Amsterdam 1977

CALVIN, M.: Artificial Photosynthesis: Quantum Capture and Energy Storage. Photochem. Photobiol. **37**, 349—361, 1983

CALVIN, M., E. K. NEMETHY, K. REDENBAUCH, and J. W. OTVOS: Plants as a Direct Source for Fuel. Experientia **38**, 18—22, 1982

CASTELLANI, A. (Ed.): Research in Photobiology. Plenum Publ. Corporation, New York 1977

DEBRY, G. (Ed.): Nutrition, Food and Drug Interactions in Man. Karger, Basel, 1984

DELLWEG, H. (Ed.): Biomass, Microorganisms for Special Applications, Microbial Products I, Energy from Renewable Resources. Weinheim Verlag Chemie, 1981

DOHMEN, K. (Ed.): Biotechnologie. J. B. Metzler, Stuttgart, 1983

FEDTKE, C.: Biochemistry and Physiology of Herbicide Action. Springer Verlag, Berlin, Heidelberg, New York 1982

GOLDSTEIN, I. S. (Ed.): Organic Chemicals from Biomass. CRC Press, Boca Raton, Florida, 1985

GUKASYON, G. B., V. I. POPOV, G. P. KUKARSKIKH, T. E. KRENDELEVA, B. S. KAUROV, B. L. ALLAKHVERDOV and A. B. RUBIN: Structural Organization of Proteoliposomes Containing Photosystem 1 Reaction Centre from Spinach Chloroplasts. Photosynthetica **18**, 209–215, 1985

HALL, D. O.: Biomass for Energy Fuels Now and in the Future. In: W. A. COTE (Ed.): Biomass Utilization. Plenum Press New York, 1–25, 1983

HALL, D. O., W. PFALZ, and D. PIRRWITZ (Eds.): Solar Energy R & D in the European Community. Series D, Vol 2., Photochemical, Photoelektrochemical Processes. D. Reidel Publ. Company, Dordrecht, Boston, Lanchester 1983

HOPP, V.: Energie und Stoffumwandlungsprozesse im Kohlenstoffzyklus der Natur. Naturwiss. Rdsch. **36**, 64–70, 1983

HOLZMÜLLER, W.: Unsere Umwelt, ihre Entwicklung und Erhaltung. Teubner, Leipzig 1981

KRASNOWSKI, A. A.: Biologische Umwandlung der Sonnenenergie. (russ.). Westnik Akad. Nauk SSR, **1**, 83–96, 1979

KREITH, F., and R. E. WEST: Economics of Solar Energy and Conservation Systems. CRC Press. Boca Raton, Florida 1980

LIPINSKY, E. S., and S. KRESOVICH: Sugar Crops as a Solar Energy Converter. Experientia **38**, 13–17, 1982

MCMULLAN, J. T., R. MORGAN, and R. B. MURRAY: Energy Resources. Edward Arnold Publ. Ltd., London 1985

MITSUI, A., Sh. MIYACHI, A. SAN PIETRO, and S. TAMURA: Biological Solar Energy Conversion. Academic Press, New York 1977

PIMENTEL, D. (Ed.): Energy Utilization in Agriculture. CRC Handbook, CRC Press, Boca Raton, Florida 1979

PLAZ, W., P. CHARTIER, and D. O. HALL: Energy from Biomass. Applied Sev. Publ., London 1981

PRÄVE, P. (Hrsg.): Handbuch der Biotechnologie. München, Oldenbourg 1984

SALUNKHE, D. K., and B. B. DESAI: Postharvest Biotechnology of Vegetables. CRC Press, Boca Raton, Florida 1985

SCHERER, S., H. ALMON, and P. BÖGER: Bioenergetik der Blaualgen: Interaktion von Photosynthese, Respiration und Stickstoff-Fixierung. Biol. Rdsch. 25, 155–165, 1987

SCHULER, M. L. (Ed.): The Utilization and Recycle of Agricultural Wastes and Residues. CRD Press Boca Raton, Florida, 1980

SHELEF, G., and C. J. SOEDER (Ed.): Algae Biomass Production and Use. Elsevier, Amsterdam 1980

WALKER, D. A.: In vitro Photosynthesis. In: A CASTELLANI (Ed.): Research in Photobiology. Plenum Publ. Corporation, New York 1977

Wise, D. L. (Ed.): Bioconversion Systems. CRC Series in Bioenergy systems. CRC Press, Boca Raton, Florida, 1981

11.10. Methoden in der Photosyntheseforschung

Alfano, R. R.: Biological Events Probed by Ultrafast Laser Spectroscopy. Academic Press New York, London 1982

Buschmann, C., H. Prehn and H. K. Lichtenthaler: Photoacustic Spectroscopy (PAS) and its Application in Photosynthesis Research. Photosynthesis Research 5, 29–46, 1984

Buschmann, C. u. K. Grumbach: Physiologie der Photosynthese. Springer Verlag Berlin, Heidelberg, New York, Tokio 1985

Coombs, J. and D. O. Hall: Techniques in Bioproductivity and Photosynthesis. Pergamon Press Oxford 1982

Edelman, M., R. B. Hallwick and N. H. Chua (Eds.): Methods in Chloroplast Molecular Biology. Elsevier Amsterdam 1982

Hall, J. L. and A. L. Moore (Eds.): Isolation of Membranes and Organelles from Plant Cells. Academic Press New York 1983

Jacobi, G.: Biochemische Cytologie der Pflanzenzelle. Thieme Verlag Stuttgart 1974

Krause, G. H. and E. Weis: Chlorophyll Fluorescence as a Tool in Plant Physiology. II. Interpretation of Fluorescence Signals. Photosynthesis Research 5, 139–157, 1984

Lichtenthaler, H. u. K. Pfister: Praktikum der Photosynthese. Biologische Arbeitsbücher Nr. 21, Quelle und Meyer Heidelberg 1978

Linskens, H. F. and J. F. Jackson: Modern Methods of Plant Analysis. New Series Vol. I Cell Components. Springer Verlag Berlin, Heidelberg, New York, Tokio 1985

Metzner, H.: Pflanzenphysiologische Versuche. G. Fischer Verlag Stuttgart 1982

Rühle, W. and A. Wild: Measurements of Cytochrome f and P_{700} in Intact Leaves of *Sinapis alba* Grown Under High Light and Low Light Conditions. Planta 146, 377–385, 1979

San Pietro, A. (Ed.): Methods in Enzymology. (Photosynthesis, part A, Vol. 23), Academic Press New York 1971

– Methods in Enzymology (Photosynthesis and Nitrogen Fixation, Part B, Vol. 24), Academic Press New York 1972

– Methods in Enzymology (Photosynthesis and Nitrogen Fixation, part C, Vol. 69), Academic Press New York 1980

Šesták, Ž., J. Čatsky and P. G. Jarvis (Eds.): Plant Photosynthesis Production. Manual of Methods. Dr. W. Junk Publishers The Hague 1971

Urbach, W., W. Rupp u. H. Sturm: Praktikum zur Stoffwechselphysiologie der Pflanzen. G. Thieme Verlag Stuttgart 1983

Williams, B. L. u. K. Wilson: Praktische Biochemie. G. Thieme Verlag Stuttgart 1978

Sachregister

Tafeln

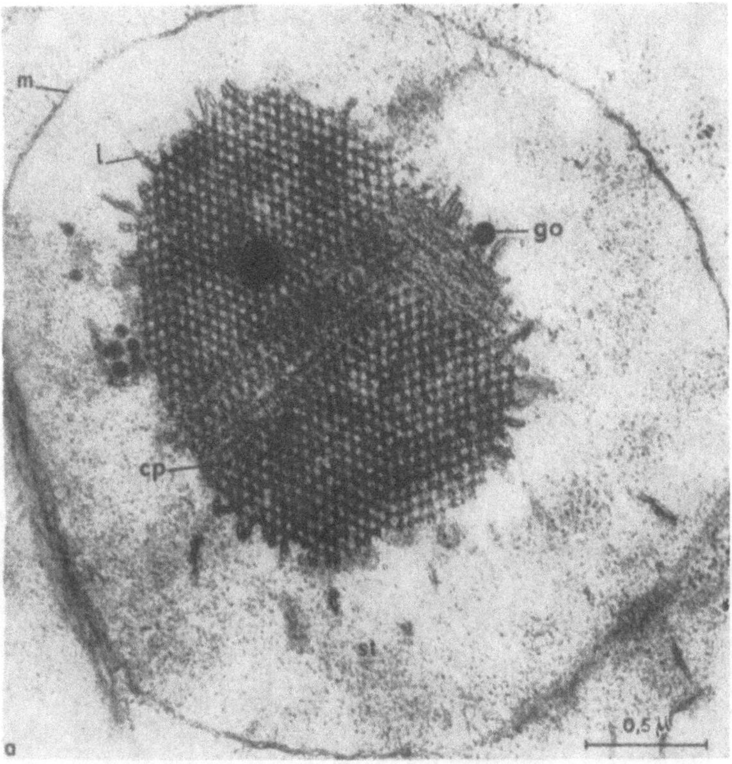

Tafel 1. Etioplast aus *Phaseolus vulgaris* – Blättern mit charakteristischem Prolammelarkörper (cp), osmiophilen Globuli (go), Stroma (st), kurzen Lamellen (l) und der Plastidenmembran (m); (44000fach, aus LEMOINE 1968).

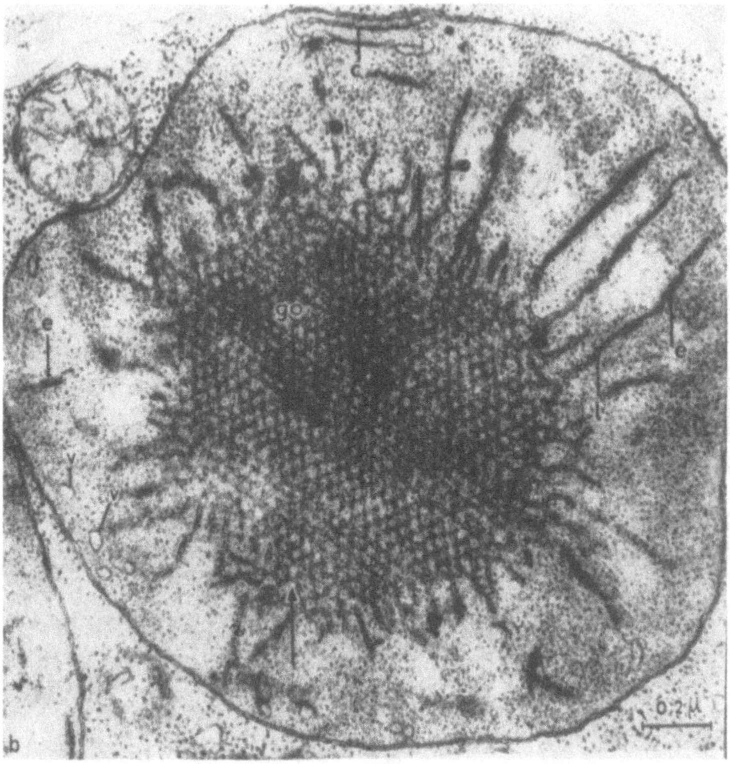

Tafel 2. Etioplast aus *Phaseolus vulgaris*-Blättern nach 25 Minuten Belichtung. Aus dem Prolammellarkörper wachsen Lamellen (l) aus, die sich zu Thylakoiden formieren (e). Daneben beobachtet man Vesikel (v) und Abschnürungen (c) sowie osmiophile Globuli (go). Der Pfeil zeigt auf die beginnende Desorganisation des Prolammellarkörpers (65000fach; aus LEMOINE 1968).

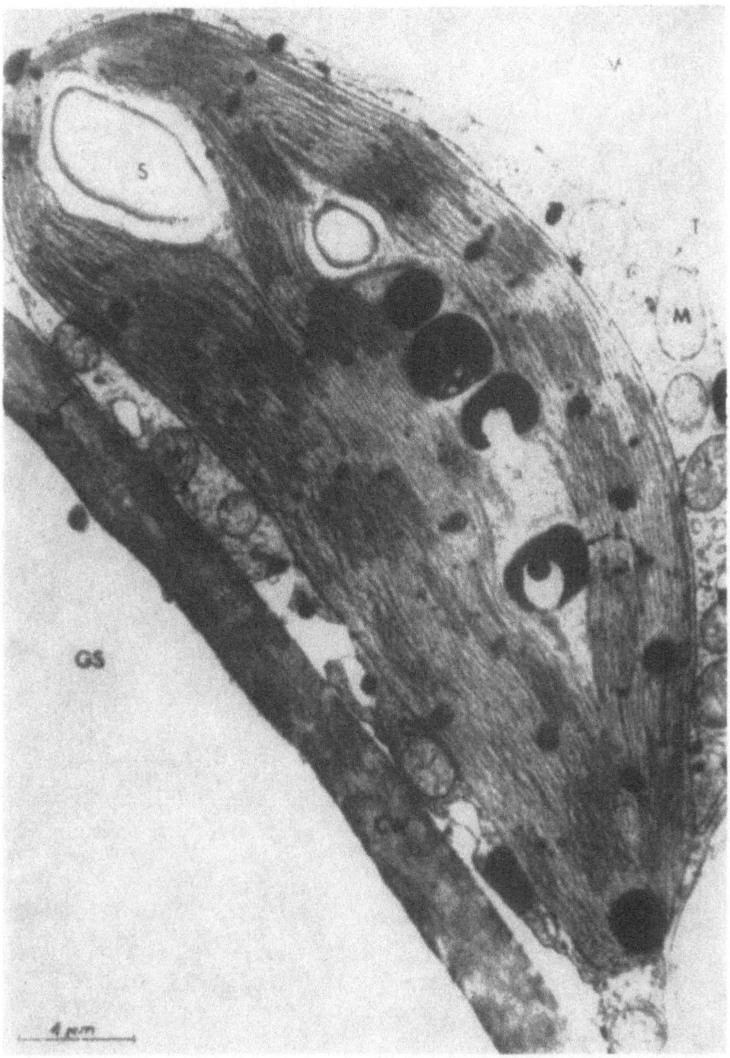

Tafel 3. Chloroplast aus einer Mesophyllzelle von *Crassula argentea*. M – Mitochondrien; ER – endoplasmatisches Reticulum; PM – Plasmamenbran; T – Tonoplast; V – Vakuole; CW – Zellwand; S – Stärke (aus Ledbetter und Porter 1970).

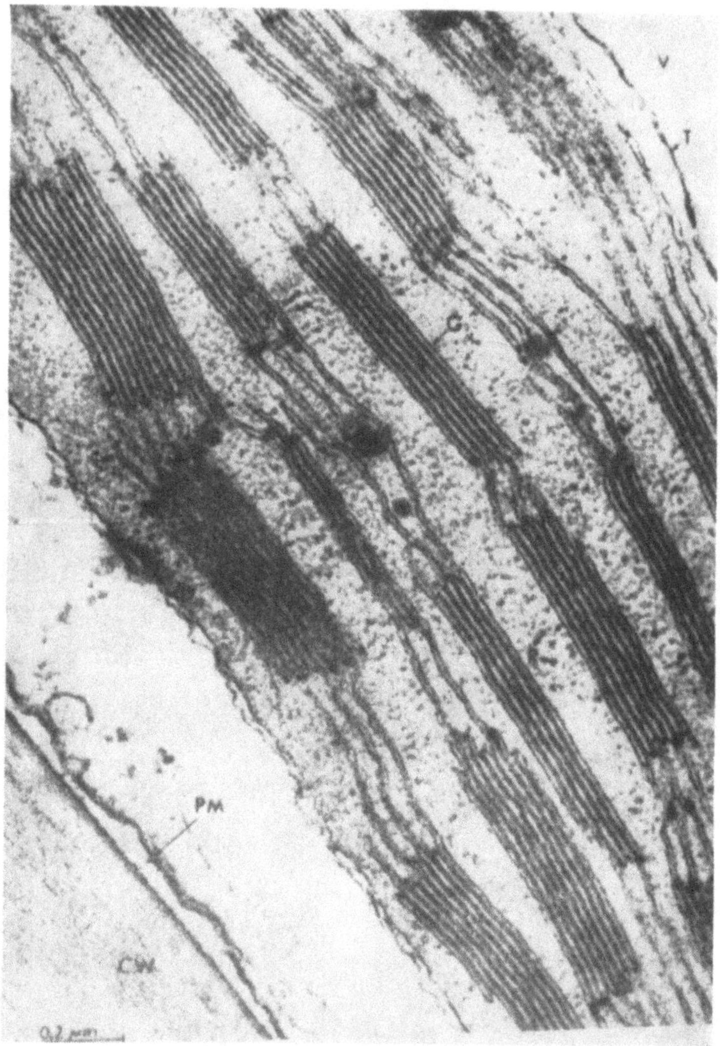

Tafel 4. Elektronenmikroskopische Aufnahme der Thylakoide; R — Ribosomen; G — Grana (vergl. Tafel 3).

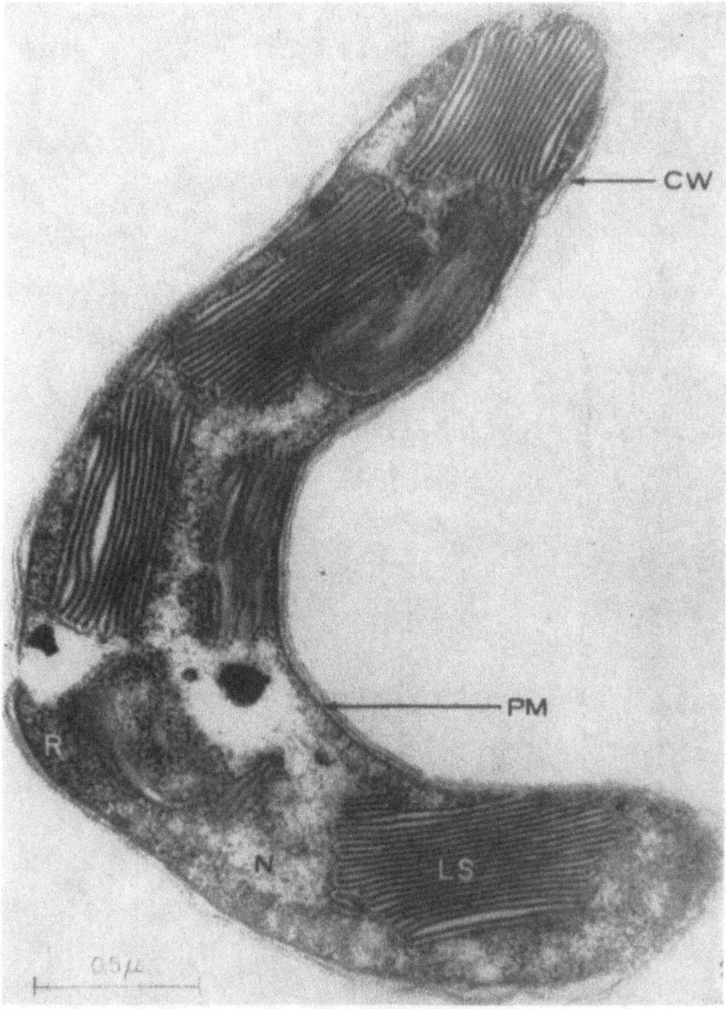

Tafel 5. Dünnschnitt einer Zelle von *Ectothiorodopsia mobilis* PELSH mit den bakteriochlorophylltragenden Lamellarsystemen LS; CW — Zellwand; PM — Plasmamembran; N — Nukleoplasma; R — Ribosomen (aus REMSEN et al. 1968).

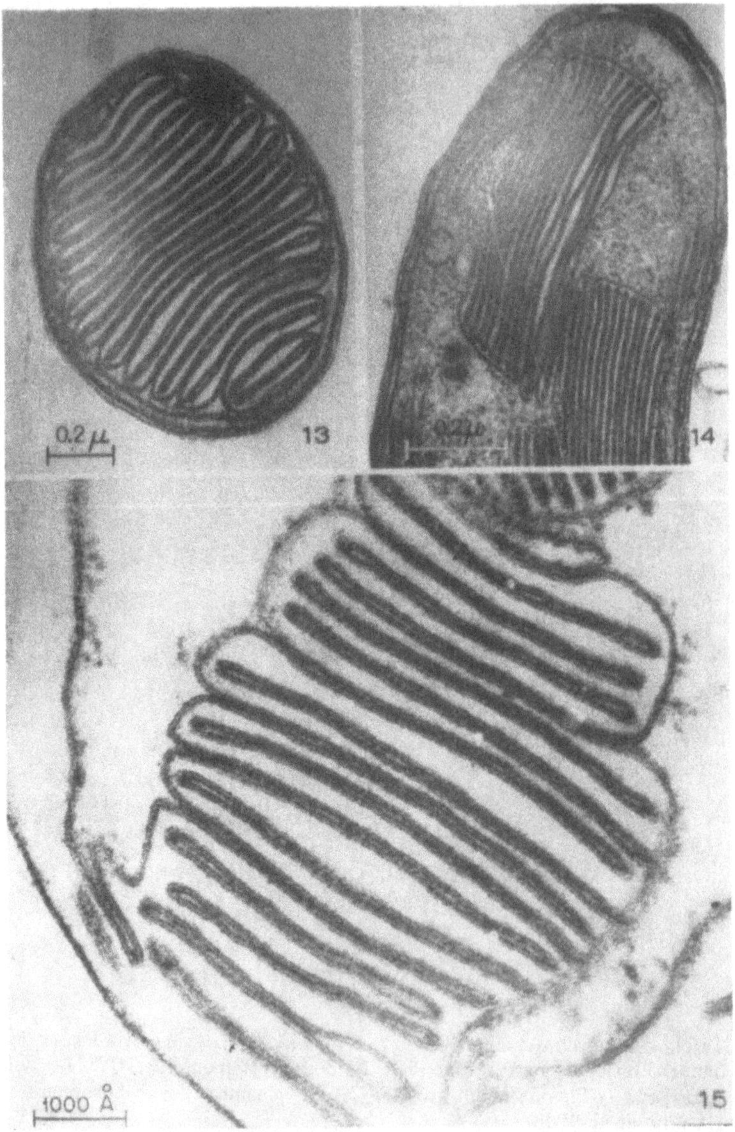

Tafel 6. Lamellarsystem im Detail (vergl. Tafel 5).

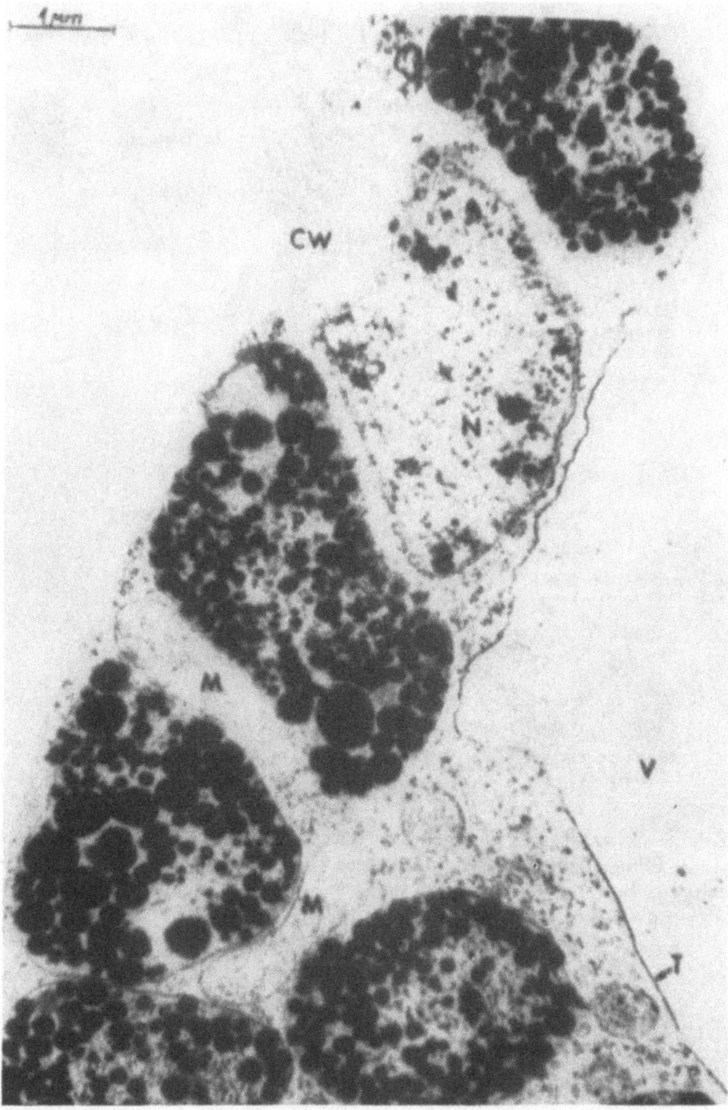

Tafel 7. Chromoplasten aus der Epidermis der Blüten von *Forsythia ovata*. CW — Zellwand; N — Kern; V — Vakuole; M — Mitochondrien; T — Tonoplast; P — Plastiden (aus LEDBETTER und PORTER 1970).

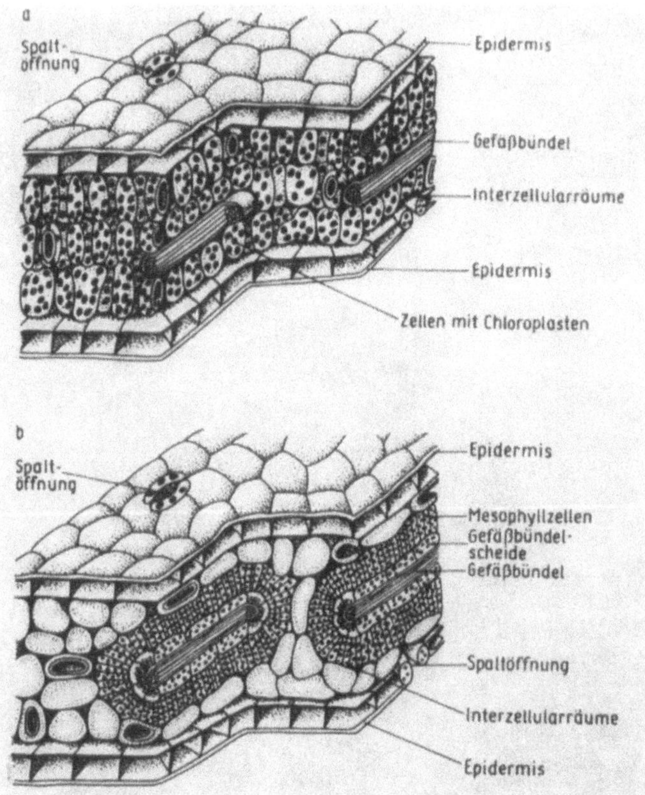

Tafel 8. Schema eines Querschnitts durch ein Blatt von *Atriplex patula* (a; C_3-Pflanze) und von Atriplex rosea (b; C_4-Pflanze, mit Kranzanatomie; aus Borriss und Libbert 1984).

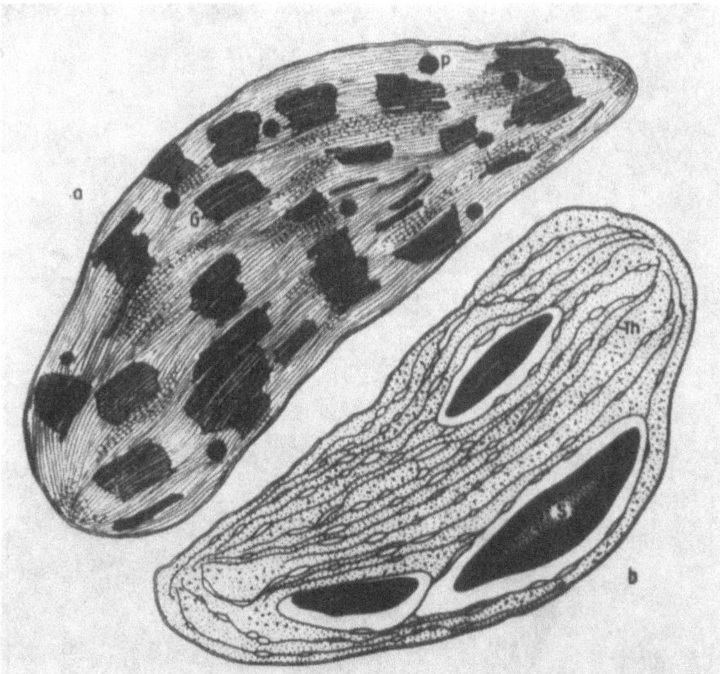

Tafel 9. Schema zum Chloroplastendimorphismus im Blatt von *Zea mays* (C_4-Pflanze); a) Granahaltiger stärkefreier Chloroplast aus dem Mesophyll b) Granafreier stärkehaltiger Chloroplast aus der Bündelscheide (Th – Thylakoid; G – Granum; S – Stärkekorn; P – Plastoglobulus; aus BORRISS und LIBBERT 1984).

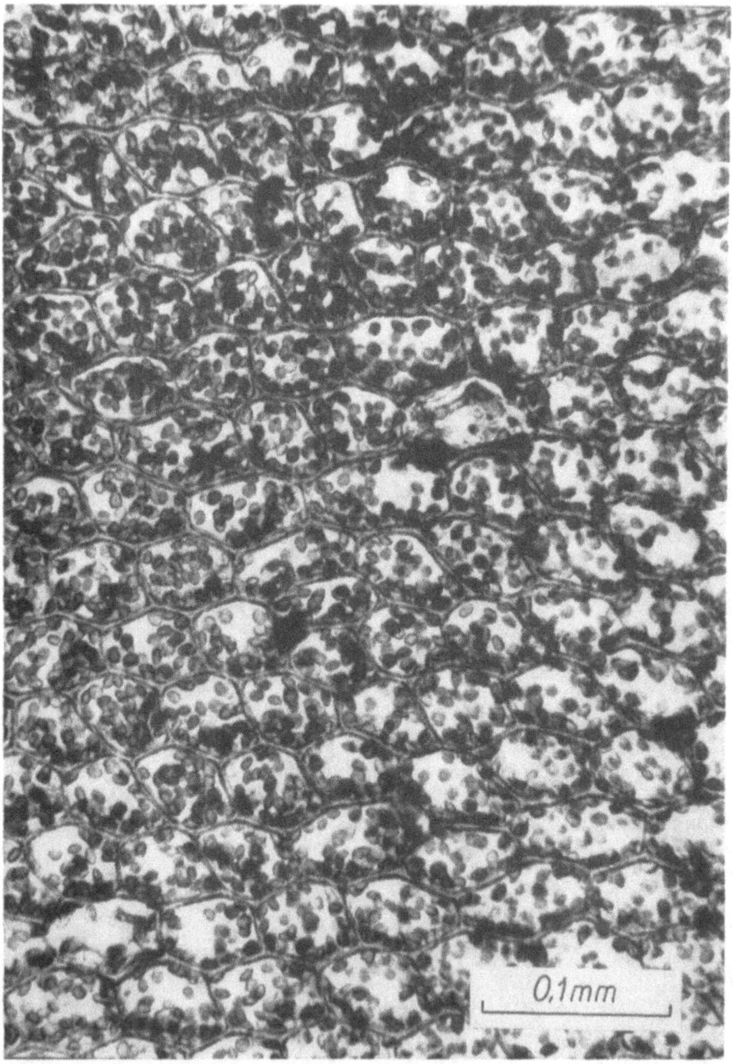

Tafel 10. Unregelmäßige Verteilung der Chloroplasten in den Zellen von *Mnium* spec. im Dunklen (Originalaufnahme von Herrn Dr. Passourek, Prag).

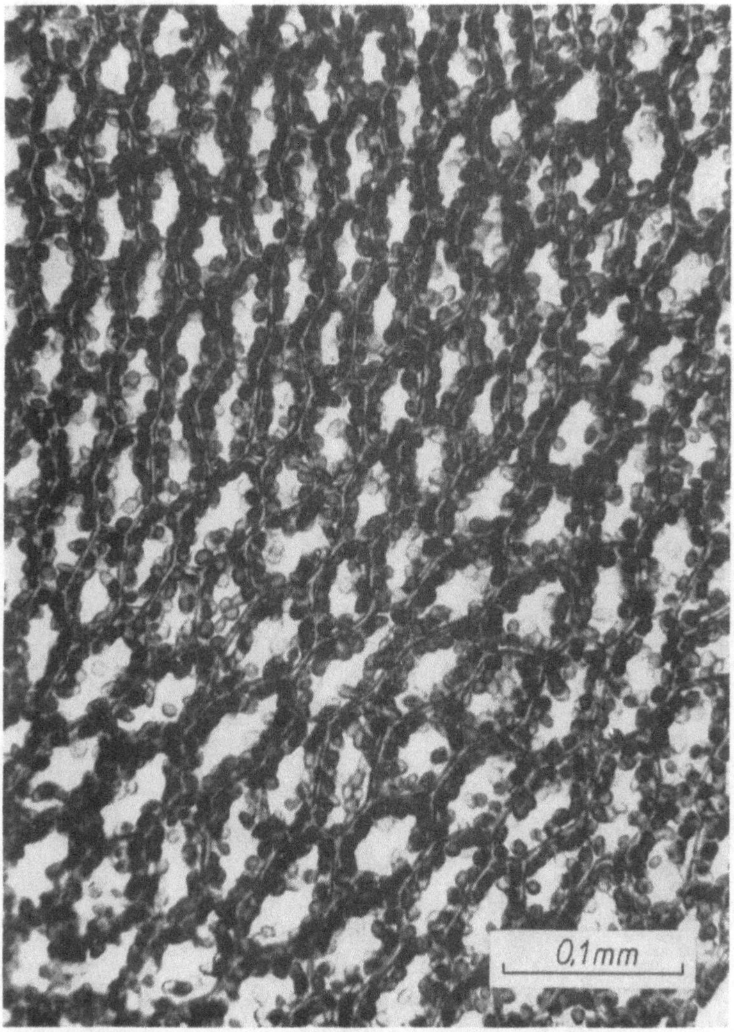

Tafel 11. Regelmäßige Anordnung der Chloroplasten in den Zellen von *Mnium* spec. im Licht (Originalaufnahme von Herrn Dr. PASSOUREK, Prag).

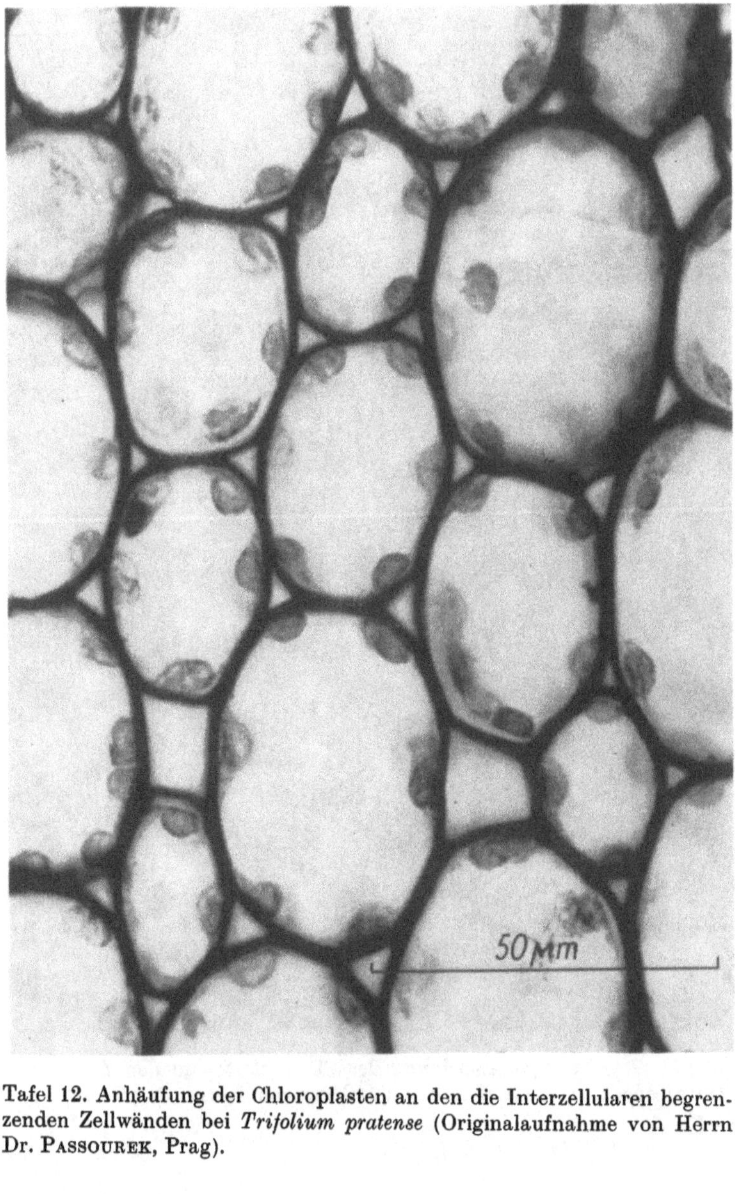

Tafel 12. Anhäufung der Chloroplasten an den die Interzellularen begrenzenden Zellwänden bei *Trifolium pratense* (Originalaufnahme von Herrn Dr. Passourek, Prag).

Der Verfasser

- gibt einen sehr umfassenden und modernen Überblick über die Photosynthese als Basis des Lebens

- behandelt die Biosynthese der verschiedenen Photosynthesepigmente, die Chloroplastenentwicklung, Modelle der Ultrastruktur der Photosynthesemembran und die wichtigsten Chloroplastenbestandteile

- beschreibt die photophysikalischen und biochemischen Grundlagen der Energieumwandlung und Biomassebildung

- erörtert die Physiologie und Ökologie der Photosynthese und Beziehungen zur Ertragsbildung

- geht auf biotechnologische Ansätze zur Optimierung und zum künstlichen Nachvollzog der Photosynthese ein

- wendet sich an Pflanzenphysiologen, Biophysiker, Biochemiker, Molekularbiologen, Genetiker, Ökologen, Pflanzenproduzenten, Gärtner, Studenten dieser Fachrichtungen und Biologielehrer

WISSENSCHAFTLICHE TASCHENBÜCHER

FSC
www.fsc.org
MIX
Papier | Fördert
gute Waldnutzung
FSC® C083411

Zeitfracht Medien GmbH
Ferdinand-Jühlke-Straße 7
99095 Erfurt, Deutschland
produktsicherheit@kolibri360.de